国家科学技术学术著作出版基金资助出版

压力梯度作用下的超声速湍流边界层

孙明波　王前程　著

科　学　出　版　社

北　京

内 容 简 介

对于高超声速飞行器内外流动，流向压力梯度会显著改变边界层瞬时结构和时均参数分布，并影响飞行器工作特性。本书针对受压力梯度影响的超声速湍流边界层问题，主要介绍了受顺压力梯度、逆压力梯度等影响的超声速边界层特性。全书一共包含6章。第1章主要介绍压力梯度作用下超声速湍流边界层的研究背景和基础概念；第2章梳理顺压力梯度影响边界层时均和统计特性的基本规律；第3章阐述逆压力梯度对边界层的影响规律和机制；第4章介绍曲面压缩边界层的组织结构和统计特性；第5章和第6章则针对实际内外流问题，重点阐述由激波/湍流边界层、柱形涡流发生器等外界扰动引入压力梯度的边界层特性。

本书可作为航空航天和流体力学相关专业院校教师与研究生的参考书，也可供相关工程技术人员与研究人员参考使用。

图书在版编目（CIP）数据

压力梯度作用下的超声速湍流边界层 / 孙明波，王前程著. -- 北京：科学出版社，2024. 11. -- ISBN 978-7-03-079874-9

Ⅰ. O354.3

中国国家版本馆CIP数据核字第20244DY785号

责任编辑：范运年 / 责任校对：王萌萌
责任印制：师艳茹 / 封面设计：陈 敬

科 学 出 版 社 出版

北京东黄城根北街 16 号
邮政编码：100717
http://www.sciencep.com
三河市春园印刷有限公司印刷
科学出版社发行 各地新华书店经销

*

2024 年 11 月第 一 版 开本：720 × 1000 1/16
2024 年 11 月第一次印刷 印张：18 1/2
字数：370 000

定价：**168.00** 元

（如有印装质量问题，我社负责调换）

前　言

临近空间高超声速飞行器技术是影响未来战略格局的颠覆性技术。其中受压力梯度影响的超声速边界层既是重要基础问题，也是高超声速技术需要面对的关键工程问题。流向压力梯度会显著改变边界层瞬时结构和时均参数分布，影响飞行器工作特性，包括飞行器升阻特性、进气道起动、隔离段激波串振荡、燃烧室火焰稳定等，深刻影响飞行器内外流型面设计。近些年来国内外针对边界层的研究方兴未艾，关于边界层和黏性流体力学的经典著作中对超声速边界层的压力梯度问题都有些总结，每年能看到大量论文，其是近年来边界层理论研究中一个活跃的方向。

作者在国内较早开展超声速压力梯度边界层问题研究，系统深入研究了超声速顺压力梯度边界层、逆压力梯度边界层、凹曲壁边界层以及真实受扰流场中的压力梯度效应等，提升了对边界层压力梯度效应的认识。本书根植于作者在高超声速飞行器关键技术与基础问题研究中的长期实践，总结了作者在压力梯度边界层领域的多年研究成果，从不同角度阐述了压力梯度影响超声速边界层的机制与规律，是对经典边界层理论的补充。

全书共含 6 章：第 1 章主要介绍压力梯度作用下超声速湍流边界层的研究背景和基本概念；第 2 章主要针对顺压力梯度平板、膨胀拐角和凸角壁等典型情况，梳理了顺压力梯度影响湍流边界层时均和统计特性的基本规律；第 3 章阐述了边界层平均特性、湍流结构及统计特征对逆压力梯度的响应，进一步揭示逆压力梯度影响湍流结构的物理机制；第 4 章主要介绍高超声速飞行器中广泛存在的曲面压缩边界层的组织结构和统计特性；第 5 章和第 6 章则针对实际内外流问题，重点阐述由外界扰动引入压力梯度的边界层特性，其中第 5 章介绍激波/湍流边界层干扰中的压力梯度效应，第 6 章则总结柱形涡流发生器湍流边界层的受扰和恢复机制。

孙明波、王前程确定本书的章节安排，完成资料的收集整理，具体撰写在从事相关课题研究的硕士研究生和博士研究生的协助下完成。其中，第 1 章由李岩松、王旭协助完成；第 2 章由刘铭江、王旭协助完成；第 3 章由张锦成、王旭协助完成；第 4 章由王泰宇协助完成；第 5 章由李凡、朱轲协助完成，第 6 章由陈慧锋、刘源协助完成。全书由孙明波和王前程统稿和审校。

本书的研究工作得到了国家自然科学基金项目（11925207、92252206、

11802336、T2221002）的支持，本书的出版得到了国家科学技术学术著作出版基金的支持，在此表示衷心的感谢！

关于高超声速基础流动问题的研究不断深入，依然有诸多关键基础和技术问题亟待揭示和解决，作为研究成果，书中也会存在不足和疏漏，恳请读者不吝批评和指正。

孙明波

2023 年 11 月

目　　录

第1章 基本概念

1.1 超声速湍流边界层

1.1.1 概述

研究近壁面有黏性流动已有相当长的历史，但对于该类型流动物理机理的理解过程却是艰辛且缓慢的。路德维希·普朗特(Ludwig Prandtl)在20世纪初即引入了边界层的概念，揭示出近壁面约束流动的黏性效应。边界层现象普遍存在于与固体表面接触的流动中，如飞行器、船艇、汽车的绕流和发动机内流等。壁面约束流动可按简单的几何构型分成主要的三类流动，即空间发展的(平板)边界层流动、槽道流动和管道流动。可压缩壁面约束湍流是高速飞行器研究的重要领域。它们既出现在飞行器的外流中，也出现在发动机的进气道和燃烧室，近年来超声速、高超声速飞行器的发展进一步促进了该领域的发展。

20世纪中叶以来，人们对超声速飞行及航天器高超声速再入等问题进行了有益探索，促使超声速湍流等基础科学问题得到日益广泛的关注。特别是近些年来，航空航天大国相继开展了一系列针对高超声速推进系统的实验研究，这些努力再一次掀起了超声速湍流研究的新的浪潮。这些领域的早期研究主要依赖于各种形式的实验手段。自20世纪60年代中期开始，计算流体力学就已发展为一门独立的学科分支，并逐渐成为除理论、实验之外的第三大流体研究手段。随着高速巨型并行计算机计算能力的长足发展，以及计算方法的不断创新，诸如大涡模拟、直接数值模拟方法已成为研究这类问题的重要手段。尽管如此，受制于有限的理论基础、实验手段和巨大的计算开销，直到今天，人们依然无法全面理解超声速湍流的复杂机理，如如何建立精确的边界层模型、高雷诺数下强烈的尺度效应以及外部扰动作用下的响应规律等仍是摆在研究者面前的难题。

事实上，在任何速度条件下，飞行器真实的内外流场均十分复杂。附着于飞行器推进系统内壁及外部壁面的流动往往伴随着剧烈的扰动，从而使流动状态无法维持长程稳定，层流向湍流的转捩或湍流向层流的逆转捩过程在整个飞行包线中也无法可靠预测。由于飞行器构型的复杂性，压力梯度对内外流动的影响几乎是不可避免的(图1.1)。此外，在高速飞行时，强烈的三维效应、激波的干扰、流体自身的体积压缩与膨胀以及流动分离等复杂的流动效应总是相伴相生，特别是对内流而言，常常耦合更加复杂的燃烧和传热传质问题。随着近年来实验技术特别是非侵入式测量技术的不断进步以及大规模精细数值模拟技术的突飞猛进，复杂构型的壁面湍流研究正在受到更多的重视。考察压力梯度扰动影响下的超声速湍流边界层是研究复杂构型超声速湍流的重要内容，其中就耦合了压力梯度、壁面曲率、体积膨胀等因素对超声速湍流边界层的影响以及与激波的相互作用。

图1.1　采用曲壁构型的高超声速飞行器概念图(波音公司)

Bradshaw[1]从应变率的角度对不同的扰动类型进行了区分，特别将主应变之外的应变率统称为额外应变率。额外应变率主要包括流向压力梯度、流线曲率、展向收缩/扩张以及体积压缩/膨胀等。这一类受到额外应变率扰动的超声速湍流边界层最典型的特征是包含了多重因素的强耦合作用，从而使得考虑单一因素对超声速边界层影响的效果变得极为困难[2-4]，既有的关于不可压缩流动的研究结论无法直接用于此类流动。

对于带有流向曲率的亚声速流动而言，额外应变率的作用往往并不明显。对于受扰动的超声速流动，压力梯度几乎总是与曲率效应及体积膨胀效应强烈地耦合在一起。与此同时，马赫数和几何构型的影响与这些耦合因素紧密相关。强耦合作用带来的强非线性效应，进一步给研究受扰动的超声速湍流边界层带来了挑战。由于超声速边界层流动各向异性特点相较于亚声速流动更加显著，密度、温度及速度等流体属性变化对边界层内流动的影响体现出明显的随机性和非线性特点。例如，由于斜压效应程度不同，边界层内层和外层由斜压扭矩产生的涡量强度差异会导致湍流结构的显著变化。流向压力梯度的存在会使涡管受到挤压或扩张，从而增强或减弱速度及压力脉动且会导致边界层流动特性出现分层化现象[3]。

激波的存在更会使湍流流动与激波本身产生相互作用从而导致激波非定常运动甚至激波面扭曲，不同尺度湍流结构对于激波的响应也存在差异。当激波强度足够高时，流动还会发生分离，加剧了流动的非线性特性[5,6]。受扰动超声速湍流流动特性明显有别于亚声速流动,强烈的耦合作用极大地增加了这类流动的研究难度,受限于实验技术,受扰动超声速湍流中不同尺度湍流结构在额外应变率作用下的演化规律依然不十分清晰,而这些尺度的演化规律与流动的宏观力学、热力学特性息息相关,直接影响着湍流建模及工程计算的准确性,因此亟待通过更先进的实验测量手段及大规模精细数值模拟进一步深入研究。

边界层的压力梯度扰动可能由诸多途径产生,其中壁面几何构型的变化是诱导边界层中产生压力梯度的重要来源。流动经过平板后接连经过较小曲率的弧形壁板会受到来自曲壁的弱扰动,较大曲率或存在曲率突变的型面则会引入较强的扰动,如大曲率弧形壁板流动、压缩/膨胀拐角流动等。由此可见,尽管不同扰动对于边界层的影响具有各自的特点,边界层流动对于壁面几何构型的响应却"天然"地混合了不同扰动的影响,加剧了问题研究的复杂性。解耦不同扰动的混合效应,从而降低研究的复杂度是进一步理解复杂构型的超声速湍流边界层流动机理的关键。

1.1.2　超声速湍流边界层中的湍流结构

湍流的特征不只包含随机脉动,相干结构(或称拟序结构)也是重要的组成部分。特别是早期针对射流[7,8]和混合层[9-11]的研究,不断加深着人们对湍流随机性和有序性并存这一特点的认识。随后,在尾流[12]和壁面湍流中同样观察到相干结构的存在。湍流结构在湍动能的生成和湍流输运中发挥着重要的作用,更好地理解湍流结构,可以更好地预测湍流的行为。边界层中 75%的湍流生成发生在 $y/\delta < 0.2$ (y 为高度,δ 为边界层厚度)的近壁区域。线性底层主要由交替分布的高、低速条带结构组成[13,14]。条带结构的间距在采用内尺度无量纲化后,其均值约为 100。条带结构被认为是近壁处拉长且反向旋转的流向涡所致的结果。Kline 等[13]观察到低速条带会逐渐从壁面处抬升、蜿蜒,最后破碎,并将流质从壁面带入边界层外层。他们用猝发过程来描述这一系列事件并发现组成猝发过程的所有事件与被拉长且抬升的涡演化过程完全吻合。Kim 和 Adrian[15]认为近壁区几乎所有的湍流生成都源自猝发过程,从而明确了猝发过程与近壁湍流的动力学行为之间的重要关联。Cantwell[16]通过当地涡量分布考察了边界层内层的相干结构,指出存在一流向对转涡阵列,其紧密地覆盖了整个光滑壁面。涡阵列上部的近壁区域由于猝发过程的作用会形成大量的小尺度含能结构,即含能近壁涡。尽管低速条带由对转涡对产生,但这些条带结构并不一定与对转涡对具有相同的流向尺度[16,17]。Martin[18]通过直接数值模拟研究了马赫数为 3~8 的超声速平板边界层,观察到随着马赫数的增大,近壁条带结构的流向尺度及展向间距均有所减小,特别是流向尺度减小的幅度更大。这种现象可能是由于近壁处剧烈的温度变化改变了当地的黏性尺度。通过增加壁面温度同样观察到了近壁条带结构类似的变化。

　　无论是超声速流动还是亚声速流动,湍流边界层外层的典型组织结构均为大尺度运动(large-scale motion,LSM)结构,这些大尺度结构会逐渐向边界层下游发展并缓慢衰减,平均后的结果显示这些结构总是与壁面呈一定的倾角。大尺度结构通常会在下游若干边界层厚度距离处仍保持与上游的相干性。大尺度结构对于边界层外层的大尺度湍流输运、裹挟外部无旋流从而加厚边界层以及诱发近壁不稳定性等均扮演着重要的角色[19]。在圆管湍流和槽道湍流中,这些大尺度结构甚至携带了一半的湍动能和雷诺应力[20,21]。其典型特征表现为向下游倾斜的、由上游高速流体和下游低速流体构成的剪切层界面。Spina 等[22]指出,有多达40%的边界层外层耗散发生在这一倾斜界面,这些倾斜界面的前缘(下游)往往会形成边界层凸包结构,而背部(上游)则裹挟着边界层外的无旋流动,从而导致边界层外层具有间歇性特点,如图 1.2 所示(图中 U_0 表示自由来流速度,δ 表示边界层厚度)。理解湍流结构的形成原因、演化规律以及相互间的作用影响对于揭示湍流流动机理尤为重要。Theodorsen[23]首先提出了湍流边界层大尺度结构的物理模型,通过对涡量输运方程的分析,他证明仅有马蹄形的涡结构可以维持无耗散湍流的发展,同时他还指出马蹄涡是所有剪切湍流的基本组成结构。Head 和 Bandyopadhyay[24]进一步指出低雷诺数时,大尺度结构仅由单一马蹄涡构成,而在高雷诺数时大尺度结构则由许多拉长的发卡涡结构聚落而成并形成发卡涡涡团。后期的实验和数值模拟研究[25-28]进一步验证了发卡涡涡团的存在并发展出大尺度湍流结构的基本模型(图 1.3)。

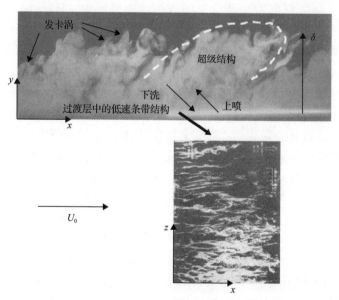

图 1.2　湍流边界层中的典型结构的[27]上喷/下洗结构和对应的近壁低速条带结构

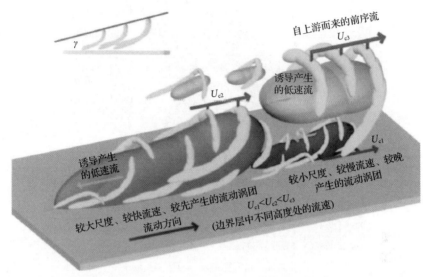

图 1.3 大尺度湍流结构的基本模型[27]

针对湍流结构的统计分析同样为这种基本模型提供了有力的支撑[29,30]。Adrian 等[26]指出发卡涡团所包含的发卡涡数量与尺度跨度会随着雷诺数的增加而相应增加，与此同时边界层外层与主流的裹挟效应及边界层增长率也随之降低[24]。

内层近壁湍流结构与外层结构并不是相互独立的，它们彼此之间存在着相互影响。Delo 等[31]通过分析边界层的三维标量场发现大尺度结构往往聚拢成流向长度达 5 倍边界层厚度的团状结构，这些增强的大尺度结构将相邻的及流经的近壁面独立涡结构包含于其中。在这些团状结构后部，上喷事件(ejection event)显著增多，不仅促进了近壁条带结构的扰动，也维系着外层大尺度结构的生成和演化。Falco[32]通过流动显示发现大尺度结构的背部存在向壁面发展的一系列"典型涡"结构，这些涡结构使近壁面处下洗事件增多，这些典型涡结构可能联系着边界层内层和外层的湍流结构。Wu 等[33,34]在比较充分发展湍流边界层与转捩边界层的时空湍流结构时发现在零压力梯度湍流边界层中可能存在由发卡涡包及周围游离涡丝聚集形成的湍流时空结构(图 1.4)。

该结构被称为湍流型湍流涡斑(turbulent-turbulent spot，TUT)，其在转捩边界层中的对应结构被称为转捩型湍流涡斑(transition-turbulent spot，TRT)。这种湍流涡斑结构被认为在联系边界层内层、外层湍流结构中可能发挥重要的作用。

图 1.4　湍流型湍流涡斑结构[34]

1.2　湍流数值模拟方法

1.2.1　流动控制方程

对于满足牛顿假设的连续介质流动来说,纳维-斯托克斯(Navier-Stokes, N-S)方程被公认为是能够描述此类流动的一组控制方程或规范方程。N-S 方程考虑了质量、动量和能量等三大守恒定律,由连续性方程、动量守恒方程和能量守恒方程组成。这里给出张量形式的 N-S 方程:

$$\frac{\partial \rho}{\partial t} + \frac{\partial \rho u_i}{\partial x_i} = 0 \tag{1.1}$$

$$\frac{\partial \rho u_i}{\partial t} + \frac{\partial \rho u_i u_j}{\partial x_j} = -\frac{\partial p}{\partial x_i} + \frac{\partial \tau_{ij}}{\partial x_j} \tag{1.2}$$

$$\frac{\partial \rho}{\partial t}\left(e + \frac{1}{2}V^2\right) + \frac{\partial \rho u_j}{\partial x_j}\left(e + \frac{1}{2}V^2\right) = -\frac{\partial p u_j}{\partial x_j} + \frac{\partial \tau_{ij} u_i}{\partial x_j} - \frac{\partial q_i}{\partial x_i} \tag{1.3}$$

式中,p、ρ、u 分别为压力、密度和速度;u_i 为 x_i 方向的速度分量;u_j 为 x_j 方向的速度分量;$e + V^2/2$ 为流动的总能量,e 为流体内能,$V^2/2$ 表示流体的动能;q_i

为传入流体微元的热量；τ_{ij} 为黏性应力张量，其与应变率 s_{ij} 之间的关系式为

$$\tau_{ij} = 2\mu s_{ij} + \zeta \frac{\partial u_k}{\partial x_k} \delta_{ij} \tag{1.4}$$

式中，μ 为分子黏性系数；$s_{ij} = \left(\partial u_i / \partial x_j + \partial u_j / \partial x_i \right) / 2$ 为瞬时应变率张量；在标准气体假设下可认为 $\zeta = -2\mu / 3$；δ_{ij} 为克罗内克(Kronecker)矩阵。

总焓形式的能量方程为

$$\frac{\partial \rho h}{\partial t} + \frac{\partial \rho u_j h}{\partial x_j} = \frac{\partial p}{\partial t} - \frac{\partial}{\partial x_i} \left(\kappa \frac{\partial T}{\partial x_i} \right) + \frac{\partial \tau_{ij} u_i}{\partial x_j} \tag{1.5}$$

式中，h 为流体微元的总焓；κ 为流体的热传导系数。

1.2.2 雷诺平均方法

无规则运动是湍流的主要特点之一，因此通常采用统计平均的方法进行描述，这也是雷诺平均数值模拟(Reynolds averaged numerical simulation，RANS)方法的基础。RANS 的出发点是将湍流运动分解成平均运动与脉动运动，并认为脉动运动是完全无规则的随机运动，不考虑其时空变化，主要关注平均运动，以及与平均运动关联的脉动统计特性。雷诺平均的定义与动能平衡分析参考 Bailly 和 Comte-Bellot[35]的著作 *Turbulence*。任一湍流参数 φ 的时间平均可以描述为

$$\varphi(t) = \overline{\varphi} + \varphi'(t) \tag{1.6}$$

式中，物理量上的 "–" 符号表示时间平均值；上标 "′" 表示对应物理量的脉动值。

将式(1.6)代入 N-S 方程中并取时均值可以得到可压湍流时间平均运动方程。为使时均方程中由密度脉动引起的二阶和三阶脉动相关项得到简化，引入质量加权平均(Favre 平均)：

$$u_i = \tilde{u}_i + u''$$
$$\tilde{u}_i = \frac{1}{\overline{\rho}} \lim_{T \to \infty} \frac{1}{T} \int_0^T \rho(x,t) u_i(x,t) \mathrm{d}t \tag{1.7}$$

式中，物理量上的 "~" 表示 Favre 平均值；上标 "″" 表示对应物理量经 Favre 平均后的脉动值；T 为统计时间，$T \to \infty$ 是指 T 远大于湍流脉动的时间尺度。

对可压缩流体方程中的瞬时变量采用 Favre 平均分解，对其他变量采用时均分解后代入 N-S 方程中：

$$\frac{\partial \overline{\rho}}{\partial t} + \frac{\partial}{\partial x_i}\left(\overline{\rho}\tilde{u}_i\right) = 0 \tag{1.8}$$

$$\frac{\partial}{\partial t}\left(\overline{\rho}\tilde{u}_i\right) + \frac{\partial}{\partial x_j}\left(\overline{\rho}\tilde{u}_j\tilde{u}_i\right) = -\frac{\partial p}{\partial x_i} + \frac{\partial}{\partial x_j}\left(\overline{\tau_{ij}} - \overline{\rho u_j'' u_i''}\right) \tag{1.9}$$

$$\frac{\partial}{\partial t}\left[\overline{\rho}\left(\tilde{e} + \frac{\tilde{u}_i\tilde{u}_i}{2}\right) + \frac{\overline{\rho u_i'' u_i''}}{2}\right] + \frac{\partial}{\partial x_j}\left[\overline{\rho}\tilde{u}_j\left(\tilde{h} + \frac{\tilde{u}_i\tilde{u}_i}{2}\right) + \tilde{u}_j\frac{\overline{\rho u_i'' u_i''}}{2}\right]$$
$$= \frac{\partial}{\partial x_j}\left[-q_j - \overline{\rho u_j'' h''} + \overline{\tau_{ji} u_i''} - \overline{\rho u_j'' \frac{1}{2} u_i'' u_i''}\right] + \frac{\partial}{\partial x_j}\left[\tilde{u}_i\left(\overline{\tau_{ij}} - \overline{\rho u_i'' u_j''}\right)\right] \tag{1.10}$$

$$P = \overline{\rho} R \tilde{T} \tag{1.11}$$

式中，R 为气体常数。这样即得到了 Favre 平均下的流动 N-S 方程。在求解时需要对式(1.7)～式(1.11)中的雷诺应力项 $-\overline{\rho u_i'' u_j''}$ 进行封闭，描述可压缩流体湍流运动的雷诺应力输运方程为

$$\frac{\partial \overline{\rho u_i'' u_j''}}{\partial t} + \frac{\partial \tilde{u}_k \overline{\rho u_i'' u_j''}}{\partial x_k} = D_{ij} + P_{ij} + \varepsilon_{ij} + \pi_{ij} + W_{ij} \tag{1.12}$$

$$D_{ij} = \frac{\partial}{\partial x_k}\left[-\overline{p' u_i''}\delta_{jk} - \overline{p' u_j''}\delta_{ik} - \overline{\rho u_i'' u_j'' u_k''} + \left(\overline{\tau_{ij} u_j'' + \tau_{jk} u_i''}\right)\right] \tag{1.13}$$

$$P_{ij} = -\overline{\rho u_i'' u_k''}\frac{\partial \tilde{u}_j}{\partial x_k} - \overline{\rho u_j'' u_k''}\frac{\partial \tilde{u}_i}{\partial x_k} \tag{1.14}$$

$$\varepsilon_{ij} = -\left(\overline{\tau_{ik}\frac{\partial u_j''}{\partial x_k} + \tau_{jk}\frac{\partial u_i''}{\partial x_k}}\right) \tag{1.15}$$

$$\pi_{ij} = \overline{p'\left(\frac{\partial u_i''}{\partial x_j} + \frac{\partial u_j''}{\partial x_i}\right)} \tag{1.16}$$

$$W_{ij} = -\left(\overline{u_i''}\frac{\partial p}{\partial x_j} + \overline{u_j''}\frac{\partial p}{\partial x_i}\right) \tag{1.17}$$

式(1.12)中，等式左面代表雷诺应力的随体导数，D_{ij} 表示雷诺应力扩散项，

P_{ij} 表示雷诺应力生成项，ε_{ij} 表示耗散项，π_{ij} 表示压力应变相关量，W_{ij} 表示时均压强功率项。

定义湍动能为 $k = \overline{\rho u_i'' u_i''}/2\overline{\rho}$，令式(1.12)～式(1.17)中 $i = j$ 并进行整理可以得到湍动能方程，其中能量方程由式(1.18)～式(1.23)给出：

$$\frac{\partial \overline{\rho} k}{\partial t} + \frac{\partial \overline{\rho} k \tilde{u}_k}{\partial x_k} = D + P + \varepsilon + \pi + W_t \tag{1.18}$$

$$D = \frac{\partial}{\partial x_k} \left[-\overline{p' u_k''} - \frac{1}{2}\overline{\rho u_i'' u_j'' u_k''} + \overline{\tau_{ik} u_i''} \right] \tag{1.19}$$

$$P = -\overline{\rho u_i'' u_j''} \frac{\partial \tilde{u}_i}{\partial x_j} \tag{1.20}$$

$$\varepsilon = -\overline{\tau_{ij} \frac{\partial u_i''}{\partial x_j}} \tag{1.21}$$

$$\pi = -\overline{u_i'' \frac{\partial p}{\partial x_i}} \tag{1.22}$$

$$W_t = \overline{p' \frac{\partial u_i''}{\partial x_i}} \tag{1.23}$$

式中，D 为湍动能扩散项；P 为湍动能生成项；ε 为耗散项；π 为脉动压强膨胀功率项；W_t 为时均压强功率项。

对雷诺应力方程和湍动能方程中各项进行展开和建模从而封闭雷诺应力项的方法即雷诺平均方法。

1.2.3 SST k-ω 模型

剪应力输运(SST)k-ω 模型是目前常用的一种湍流模型，源于标准的两方程 k-ω 模式。标准的两方程 k-ω 模式包括湍动能 k 方程和单位湍动能耗散率 ω 方程：

$$\frac{\partial \overline{\rho} k}{\partial t} + \frac{\partial \overline{\rho} \tilde{u}_j k}{\partial x_j} = \underbrace{-\overline{\rho u_i'' u_j''} \frac{\partial \tilde{u}_i}{\partial x_j}}_{(a)} - \underbrace{\beta^* \overline{\rho} \omega k}_{(b)} + \underbrace{\frac{\partial}{\partial x_j}\left[\left(\mu + \overline{\rho} \sigma_k v_t \right) \frac{\partial k}{\partial x_j} \right]}_{(c)} \tag{1.24}$$

$$\frac{\partial \overline{\rho} \omega}{\partial t} + \frac{\partial \overline{\rho} \tilde{u}_j \omega}{\partial x_j} = \alpha \frac{\omega}{k} \overline{\rho} \tau_{ij} - \beta \overline{\rho} \omega^2 + \frac{\sigma_d \overline{\rho}}{\omega} \frac{\partial k}{\partial x_j} \frac{\partial \omega}{\partial x_j} + \frac{\partial}{\partial x_j}\left[\left(\mu + \sigma_\omega \frac{\overline{\rho} k}{\omega}\right) \frac{\partial \omega}{\partial x_j} \right] \tag{1.25}$$

式中，σ_k、σ_ω、σ_d、α、β 和 β^* 均为经验常数；$v_t = k/\omega$ 表示湍流黏性；单

位湍动能耗散率 ω 和雷诺应力 $-\overline{\rho u_i'' u_j''}$ 的模化形式如下：

$$\omega = c\frac{k^{1/2}}{l}$$
$$-\overline{\rho u_i'' u_j''} = \left(2\mu_t - \frac{2}{3}\overline{\rho}k\right)\delta_{ij} \tag{1.26}$$

其中，c 为常数，在具体模型中可具有不同数值；l 为混合长度；$\mu_t = \overline{\rho}\nu_t$。

k-ω 模式中，式 (1.24) 所示的 k 方程为其原始形式 (1.18) 的模化形式：式 (1.24) 右端项下方所标识的 (a) 项为湍动能生成项，用于式 (1.18) 中 P 项的模化；(b) 项为耗散项，对应于式 (1.18) 中 ε 项；(c) 项则模化了式 (1.18) 中的湍动能扩散项 D 与压力相关项。

SST k-ω 模式和标准 k-ω 模式具有相似的形式，但由于 SST k-ω 模式需要建立 k-ε 和 k-ω 之间的转换形式，其 ω 方程中会出现一个附加的交叉扩散，具体形式如下：

$$\frac{\partial \overline{\rho}k}{\partial t} + \frac{\partial \overline{\rho}\tilde{u}_i k}{\partial x_j} = \overline{\rho}\tau_{ij}\frac{\partial u_i}{\partial x_j} - \beta^*\overline{\rho}\omega k + \frac{\partial}{\partial x_j}\left[\left(\mu + \overline{\rho}\sigma_k \nu_t\right)\frac{\partial k}{\partial x_j}\right] \tag{1.27}$$

$$\frac{\partial \overline{\rho}\omega}{\partial t} + \frac{\partial \overline{\rho}\tilde{u}_j \omega}{\partial x_j} = \frac{\gamma}{\nu_t}\tau_{ij}\frac{\partial \tilde{u}_i}{\partial x_j} - \beta\overline{\rho}\omega^2 + \frac{\partial}{\partial x_j}\left[\left(\mu + \sigma_\omega \mu_t\right)\frac{\partial \omega}{\partial x_j}\right] + 2(1 - F_1)\frac{\rho \sigma_{\omega 2}}{\omega}\frac{\partial k}{\partial x_j}\frac{\partial \omega}{\partial x_j} \tag{1.28}$$

式中，τ_{ij} 和湍流黏性 μ_t 的模化形式为

$$\tau_{ij} = 2\mu_t\left(S_{ij} - \frac{1}{3}\frac{\partial \tilde{u}_k}{\partial x_k}\delta_{ij}\right) - \frac{2}{3}\overline{\rho}k\delta_{ij} \tag{1.29}$$

$$\mu_t = \frac{\overline{\rho}\alpha_1 k}{\max\left(\alpha_1 \omega, \ \Omega F_2\right)} \tag{1.30}$$

此处

$$S_{ij} = \frac{1}{2}\left(\frac{\partial \tilde{u}_i}{\partial x_j} + \frac{\partial \tilde{u}_j}{\partial x_i}\right)$$
$$\Omega = \sqrt{2\Omega_{ij}\Omega_{ij}}$$
$$\Omega_{ij} = \frac{1}{2}\left(\frac{\partial \tilde{u}_i}{\partial x_j} - \frac{\partial \tilde{u}_j}{\partial x_i}\right)$$
$$S = \sqrt{2S_{ij}S_{ij}}$$

式中，S_{ij} 为平均应变率张量；Ω_{ij} 为平均涡量张量；S 为应变率绝对值；Ω 为平均涡量绝对值；F_1、F_2 为预测层中的湍流流动的混合函数，其作用是有效地将 k-ε 模型与 k-ω 模型结合起来[36]，使得模型在近壁面处具有较精确的预测能力，同时避免模型在自由边界位置过于敏感，其表达式如下：

$$F_1 = \tanh\left(\text{arg}_1^4\right), \quad \text{arg}_1 = \min\left[\max\left(\frac{\sqrt{k}}{\beta^*\omega y}, \frac{500\nu}{y^2\omega}\right), \frac{4\bar{\rho}\sigma_{\omega 2}k}{\text{CD}_{k\omega}y^2}\right]$$

$$\text{CD}_{k\omega} = \max\left(2\frac{\bar{\rho}\sigma_{\omega 2}}{\omega}\frac{\partial k}{\partial x_j}\frac{\partial \omega}{\partial x_j}, 10^{-20}\right)$$

$$F_2 = \tanh\left(\text{arg}_2^2\right), \quad \text{arg}_2 = \max\left(\frac{2\sqrt{k}}{\beta^*\omega y}, \frac{500\nu}{y^2\omega}\right)$$

由于湍流模型的建立一部分也是基于经验的，因此模型参数对于预测的精度是人为影响的，常使用的部分 SST k-ω 模型中的参数在这里给出：

$$\sigma_{k1} = 0.85, \quad \sigma_{\omega 1} = 0.5, \quad \sigma_{k2} = 1.0, \quad \sigma_{\omega 2} = 0.856$$
$$\alpha_1 = 0.31, \quad \beta^* = 0.09, \quad \beta_1 = 0.075, \quad \beta_2 = 0.0828 \tag{1.31}$$

SST k-ω 模型具有广泛的适用范围，如逆压力梯度流动、翼型表面流动、跨声速激波等。

1.2.4 大涡模拟方法

大涡模拟(large eddy simulation，LES)是对湍流的一种空间平均模拟方式，通过滤波函数将大尺度的涡和小尺度的涡分离开，大尺度的涡直接模拟，小尺度的涡通过模型来封闭。对于某一物理量 $f(x)$，其滤波过程定义如下：

$$\bar{f}(x) = \int f(\xi)F(x-\xi)\text{d}\xi \tag{1.32}$$

式中，$F(x-\xi)$ 为大涡模拟滤波器。常见的大涡模拟滤波器有谱空间的阶段滤波器、物理空间的盒式滤波器等。滤波守恒方程需要考虑因滤波而求解的亚格子部分：

$$f = \bar{f} + f', \quad f = \tilde{f} + f'' \tag{1.33}$$

式中，$\bar{f}$ 为滤波部分(求解部分)；f' 为亚格子部分(未求解部分)，大涡模拟的控

制方程可以通过对 N-S 方程的滤波获得

$$\frac{\partial \rho}{\partial t} + \frac{\partial}{\partial x_j}\left(\overline{\rho}\tilde{u}_j\right) = 0 \tag{1.34}$$

$$\frac{\partial\left(\overline{\rho}\tilde{u}_i\right)}{\partial t} + \frac{\partial\left(\overline{\rho}\tilde{u}_i\tilde{u}_j + \overline{p}\delta_{ij} - \tilde{\tau}_{ij} + \tau_{ij}^{\text{sgs}}\right)}{\partial x_j} = 0 \tag{1.35}$$

$$\frac{\partial\overline{\rho}\tilde{E}}{\partial t} + \frac{\partial\left[(\overline{\rho}\tilde{E} + \overline{p})\tilde{u}_i + \overline{q}_i - \tilde{u}_j\tilde{\tau}_{ji} + H_i^{\text{sgs}} + \sigma_{ij}^{\text{sgs}}\right]}{\partial x_i} = 0 \tag{1.36}$$

式中,黏性通量 $\tilde{\tau}_{ij} = 2\tilde{\mu}\left(\tilde{S}_{ij} - 1/3\tilde{S}_{kk}\delta_{ij}\right)$;热通量 $\overline{q}_i = -\tilde{\kappa}\partial\tilde{T}/\partial x_i$,$\tilde{\kappa}$ 为平均热传导系数,$\tilde{T}$ 为平均温度;τ_{ij}^{sgs}、H_i^{sgs}、σ_{ij}^{sgs} 分别为亚格子黏性应力项、亚格子焓通量以及亚格子黏性项,可以表达如下:

$$\begin{cases} \tau_{ij}^{\text{sgs}} = \overline{\rho}\left(\widetilde{u_i u_j} - \tilde{u}_i\tilde{u}_j\right) \\ H_i^{\text{sgs}} = \overline{\rho}\left(\widetilde{u_i E} - \tilde{u}_i\tilde{E}\right) + \left(\overline{pu_i} - \overline{p}\tilde{u}_i\right) \\ \sigma_{ij}^{\text{sgs}} = -\left(\widetilde{\tau_{ij}u_j} - \tilde{\tau}_{ij}\tilde{u}_j\right) \end{cases} \tag{1.37}$$

τ_{ij}^{sgs} 通常基于亚格子模型进行模化,具体在 1.2.5 节中介绍。

1.2.5　亚格子模型

在大涡模拟中,首先可建立一个滤波函数,将流体的瞬态变量分为大尺度的平均分量和小尺度分量,其中,$\tau_{ij}^{\text{sgs}} = \overline{\rho}\left(\widetilde{u_i u_j} - \tilde{u}_i\tilde{u}_j\right)$ 通常可以类比于没有过滤的 N-S 方程中的黏性应力 τ_{ij} 的模化方法,代表小尺度涡对求解运动方程的影响,是过滤掉的小尺度脉动和可解尺度湍流间的动量输运。可以认为 τ_{ij}^{sgs} 由偏分量和各向同性分量组成,$\tau_{ij}^{\text{sgs}} = \tau_{ij,d}^{\text{sgs}} + \tau_{kk}^{\text{sgs}}$,认为 τ_{ij}^{sgs} 的偏分量 $\tau_{ij,d}^{\text{sgs}}$ 与可解尺度的应变分量 $\tilde{S}_{ij} = 1/2\left(\partial\tilde{u}_i/\partial x_j + \partial\tilde{u}_j/\partial x_i\right)$ 成正比,可模化如下:

$$\tau_{ij,d}^{\text{sgs}} = -2\overline{\rho}\nu_{\text{t}}\left(\tilde{S}_{ij} - \frac{1}{3}\tilde{S}_{kk}\delta_{ij}\right) \tag{1.38}$$

注意到此处 $\tau_{kk}^{\text{sgs}} = (2/3)\overline{\rho}k^{\text{sgs}}\delta_{ij}$,总的亚格子应力张量可以表达为

$$\tau_{ij}^{\text{sgs}} = -2\overline{\rho}\nu_{\text{t}}\left(\tilde{S}_{ij} - \frac{1}{3}\tilde{S}_{kk}\delta_{ij}\right) + \frac{2}{3}\overline{\rho}k^{\text{sgs}}\delta_{ij} \tag{1.39}$$

为了完成亚格子应力的封闭,需要确定亚格子涡黏性 ν_{t} 以及亚格子动能 k^{sgs}。Yoshizawa[37]、Chakravarthy 和 Menon[38] 都给出了修正的以亚格子湍动能作为湍流特征参数的输运方程:

$$\frac{\partial\left(\overline{\rho}k^{\text{sgs}}\right)}{\partial t} + \frac{\partial\left(\overline{\rho}k^{\text{sgs}}\tilde{u}_j\right)}{\partial x_j} = \frac{\partial}{\partial x_j}\left[\left(\overline{\rho}\frac{\nu_{\text{t}}}{Pr_{\text{t}}}\right)\frac{\partial k^{\text{sgs}}}{\partial x_j}\right] + P_k^{\text{sgs}} - D^{\text{sgs}} \tag{1.40}$$

式中,Pr_{t} 为湍流普朗特数;P_k^{sgs}、D^{sgs} 为亚格子动能的产生项和扩散项:

$$P_k^{\text{sgs}} = -\tau_{ij}^{\text{sgs}}\left(\partial\tilde{u}_i / \partial x_j\right) \tag{1.41}$$

$$D^{\text{sgs}} = \frac{\partial}{\partial x_i}\left(\tilde{u}_j\tau_{ij}^{\text{sgs}}\right) \tag{1.42}$$

Yoshizawa[37]、Chakravarthy 和 Menon[38] 都给出了如下的方程:

$$\nu_{\text{t}} \approx C_\mu\sqrt{k^{\text{sgs}}}\,\overline{\Delta} \tag{1.43}$$

$$D^{\text{sgs}} \approx C_d\overline{\rho}\left(k^{\text{sgs}}\right)^{3/2} / \overline{\Delta} \tag{1.44}$$

式中,$\overline{\Delta}$ 为平均过滤尺度;C_μ、C_d 为用于模化的常数。

这里有两个需要确定的常数 C_μ 和 C_d。在当地局部平衡时,Yoshizawa 模型给出的有效 Smagorinsky 系数用式(1.45)表示:

$$\left(C_{\text{s}}\right)^2 = \sqrt{2}C_\mu\left(C_\mu / C_d\right)^{\frac{1}{2}} \tag{1.45}$$

Chakravarthy 和 Menon 给出系数组合为 $C_\mu = 0.067$ 以及 $C_d = 0.916$。

1.3 压力梯度边界层

湍流结构在压力梯度作用下的响应行为与零压力梯度湍流边界层具有显著的区别[39-41]。在实际流动中,超声速流动往往会伴随着压力梯度的影响,湍流边界层也会由于直接的压力梯度作用或由凸起、凹陷、壁面曲率变化等引起的压力梯度作用产生变化。相较于零压力梯度湍流边界层，压力梯度湍流边界层更复杂。在不同实际条件下，压力梯度边界层包括顺压力梯度边界层、逆压力梯度边界层以及受壁面曲率效应影响的边界层等。

1.3.1　顺压力梯度边界层

压力梯度通常用 Clauser 压力梯度参数[42] $\beta = (\mathrm{d}p / \mathrm{d}x) / (\tau_{\mathrm{w}} / \delta^*)$（其中 δ^* 是位移厚度；τ_{w} 是壁面剪应力；$\mathrm{d}p / \mathrm{d}x$ 是流向压力梯度）表征。正值 β 表示逆压力梯度（adverse pressure gradient，APG），负值 β 表示顺压力梯度（favorable pressure gradient，FPG）。特别地，当 $\beta = 0$ 时表示零压力梯度（zero pressure gradient，ZPG）。超声速边界层流动加速时通常会受到顺压力梯度的影响，这种压力梯度往往还伴随着其他效应，如壁面几何形状引起的体积膨胀（divU）和流线曲率（$\partial v / \partial x$）效应等。这些额外的应变率在改变边界层的行为方面起着至关重要的作用。对于超声速流动而言，顺压力梯度通常由凸曲壁或膨胀拐角引入。壁面几何形状的变化所引起的耦合效应会使边界层的平均性质发生明显的改变。在这些耦合效应的作用下，速度剖面中的对数区域会被延长并相较零压力梯度边界层经典对数律有明显的上移，同时尾迹区强度显著降低[2,3,43-45]。

在超声速湍流的膨胀和恢复过程中（包括膨胀拐角[46,47]以及具有较强顺压力梯度的凸曲壁边界层流动[48]），以往研究观察到边界层内部行为表现出明显的分层化（或称为双层化）特点，它包含一个各向异性的内层，其中湍流仍在产生，和一个几乎"冻结"的外层，其继承了上游流动各向同性特征。Luker 等[45]观察到近壁区域中雷诺应力与平板边界层相比减小了约 25%，而在整个边界层中雷诺应力对壁面曲率的响应却是不同的。在边界层外层区域观察到雷诺应力通常为负值，而主应变率则一直保持正值。与此同时，外层中总湍流生成项为负，这意味着存在湍流向平均流的能量反馈。

Arnette 等[49]和 Tichenor 等[50]同样观察到在顺压力梯度作用下，超声速湍流边界层内、外层湍流强度展现出了不同响应行为。Humble 等[39,51]通过对凸曲壁超声速湍流边界层的实验研究证实，在膨胀过程中，分布于边界层外层的小尺度结构会因体积膨胀而湮灭。Tichenor 等[50]研究了 $Ma = 4.9$ 的高雷诺数（$Re_\theta = 43000$）湍流边界层。从湍流结构的角度观察，大尺度结构相较湮灭的小尺度结构似乎"存活"了下来。大尺度结构对施加的顺压力梯度响应缓慢，在壁面附近大尺度结构的尺寸呈减小趋势。大尺度结构的保留被认为是湍流生成主要局限于具有较大平均梯度的近壁区内的结果。Konopka 等[52]使用大涡模拟研究了不同马赫数下的膨胀拐角超声速边界层。研究观察到再层流现象随着马赫数的增加变得更为显著，诱导阻力明显也随之下降。Humble 等[39]利用凝聚瑞利散射研究了马赫数为 4.9 的湍流边界层对凸曲壁的响应规律。研究发现，在顺压力梯度作用下，边界层外无旋流动进入边界层内的频率明显较低，湍流/非湍流界面的不规则性随顺压力梯度的增大而减小(图 1.5)。

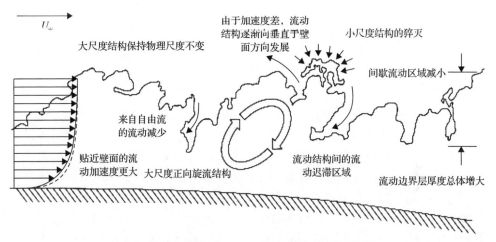

图 1.5　超声速湍流边界层对凸曲壁的响应模型[53]

Arnette 等[49]通过实验研究了 $Ma = 3$ 的湍流边界层分别在中心扩张以及渐变扩张角拐角流动中的行为。研究发现，在膨胀过程中，湍流水平会明显降低，在靠近壁面处则变得更为显著。在强膨胀作用下，甚至会出现逆转捩现象，表现为湍动能水平的急剧下降和负雷诺应力值的出现。Fang 等[54]利用直接数值模拟研究了超声速湍流边界层在串联膨胀-压缩拐角中的响应规律。超声速湍流边界层经过膨胀拐角后出现了明显的双层化特点，外层湍流结构在斜坡位置受到明显抑制，如图 1.6 所示。

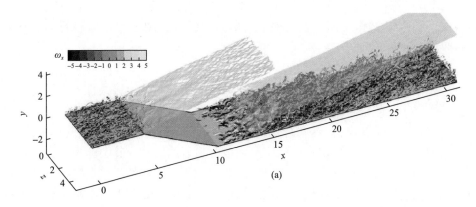

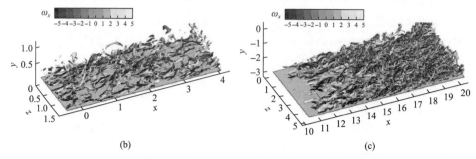

图 1.6　串联膨胀-压缩拐角中的湍流结构

(a)全域流场结构，ω_x为 x 方向无量纲涡量；(b)和(c)分别为放大的未膨胀边界层和膨胀拐角区域下游的结构[54]

　　Sun 等[47]通过直接数值模拟研究了湍流边界层通过膨胀拐角后的恢复机制。研究表明，与平板边界层相比，膨胀拐角增加了近壁条带结构的间距。在边界层内部，湍流脉动的生成和分布呈现出典型的双层结构特点，近壁区域内层湍流比外层具有更快的恢复速度。童福林等[55-57]利用直接数值模拟研究了马赫数为 2.9 条件下膨胀拐角对激波边界层干扰问题的影响。研究发现，膨胀拐角能够明显减小激波所致流动分离区及由流动分离带来的三维效应，同时有利于湍流恢复。该研究同样观察到膨胀拐角下游的湍流场中，边界层外层湍流水平明显下降，而内层湍流仍持续生成的现象。

　　Bradshaw[58]指出，对于受到顺压力梯度影响的超声速湍流边界层，体积膨胀是影响湍流剪切层的主要因素，尤其是在降低雷诺应力方面。考虑到体积膨胀本身主要是由压力变化直接引起的，体积膨胀的作用效果同样反映了压力梯度对边界层的影响能力。Dussauge 和 Gaviglio[59]用解析和实验方法研究了体积膨胀对超声速湍流边界层湍流脉动的影响。结果表明，体积膨胀是导致雷诺应力变化的主要原因，但体积膨胀效应并不是导致壁面附近湍流水平降低的唯一因素。Arnette 等[49]研究了可压缩涡量输运方程，并估计了流线曲率、加速度和体积膨胀引起的扰动脉动。体积膨胀被证实是膨胀超声速湍流边界层的主要稳定因素。由于压力梯度、流线曲率和体积膨胀等不同效应的强烈耦合，其导致的边界层非线性行为仍有待进一步研究。

　　在以往的许多研究中，研究人员发现膨胀拐角与凸曲壁表面形成的边界层存在诸多相似之处，如对衰减湍流、扩展对数区、上移对数律层位置、降低尾迹区强度等[2,3,44,45]。体积膨胀和流向顺压力梯度在诱导边界层湍流特性发生以上变化的过程中发挥了重要作用。这两种效应对于边界层外层湍流具有相似的衰减效果。但在近壁区，二者对边界层的影响则存在较为显著的区别：其中体积膨胀主要在膨胀斜坡的拐角处对近壁湍流存在显著的衰减作用，而在随后的发展中，近壁湍流特征则逐渐恢复[60]；而与体积膨胀的影响不同，流向顺压力梯度对湍流的衰减作用主要表现在外层，其在整个压力梯度影响区域内对近壁湍流的衰减则较为微弱[61]。Knight 等[62]指出，膨胀过程中湍流的衰减是超声速气流通过膨胀拐角的一个重要特征。Wang 等[63]利用基于纳米粒子的平面激光散射方法，在膨胀拐角后的湍流边界层近壁区域同样观察到这种再层流化的现象。Humble 等[39]证实，在膨胀过程中，小尺度结构因体积膨胀而湮灭。Wang 等[63]也通过实验指出，体积膨胀对边界层湍流衰减的贡献要强于离心力效应。Teramoto 等[60]通过大涡模拟发现了湍流边界层的再层流化(图 1.7，$x = 0 \sim 5$ 时涡结构明显减小)，同样指出由体积膨胀所引入的负湍流生成项导致了该现象的发生。

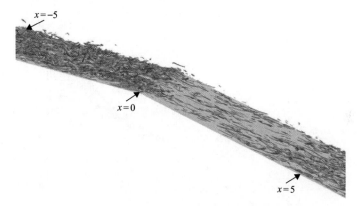

图 1.7 膨胀拐角边界层的瞬时流场结构图像[60]

TUT 结构在顺压力梯度作用下，会受到明显抑制。从结构特征上来看，TUT 结构的减弱也是超声速凸曲壁边界层湍流特性减弱的直观体现。流向凸曲壁能够诱导边界层厚度增加、湍流度降低、摩阻系数减小、对流换热系数减小等。体积膨胀和流向顺压力梯度是诱导超声速湍流边界层的时均和统计特性变化的重要因素。这两个因素影响下的湍流边界层的分层响应机制依然是目前研究人员关心的问题，也是进一步深入研究超声速凸曲壁边界层中湍流结构和流动特性的变化规律的突破点之一。

1.3.2 逆压力梯度边界层

由于逆压力梯度主要由凹曲壁及压缩拐角等具有收缩特性的几何构型产生，边界层流动特性的变化同时还受到流线曲率的耦合作用。与零压力梯度湍流边界层相比，在逆压力梯度下，不可压缩流动的壁面摩阻系数呈降低趋势[42,64-68]，而可压缩流动的壁面摩阻系数则会增大[69-71]。

除了壁面摩阻系数在逆压力梯度作用下会发生显著的改变，由于黏性耗散尺度的变化，平均速度沿边界层厚度方向上的分布相较于零压力梯度边界层通常也会发生明显的变化。然而由于早期的研究多以实验为主，受限于测量手段和精度，不同实验得到的速度剖面常具有一定差别。对于不可压缩边界层，逆压力梯度可能导致速度剖面经典对数律区的下移[64,66,72,73]，但也有文献发现即使存在逆压力梯度，经典的对数律分布仍会维持[74]。Fernando 和 Smits[75]通过实验研究了外加反射压缩波系作用下的超声速湍流边界层，结果发现对数律区在逆压力梯度作用下基本与零压力梯度来流保持一致，这一结果可能受到实验流向长度的影响。Wang 等[4,76]通过类似的实验得到了相同的结果。除了对数律区的可能偏移外，实验研究中还发现对数律区斜率的改变[58,75]。在逆压力梯度的影响下，速度剖面的尾迹区强度相较于零压力梯度边界层出现了明显的加大[66,71,77,78]，如图 1.8 所示，U^+为无量纲速度，y^+为无量纲高度。

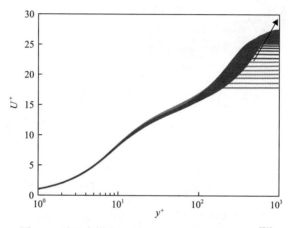

图 1.8　逆压力梯度边界层的平均流向速度分布[78]

　　相较于零压力梯度的超声速湍流边界层，边界层厚度增长会受到壁面法向压力梯度的影响而被抑制，边界层的厚度在持续的压力梯度作用下会相应变薄[79,80]，与此同时，壁面的换热系数在逆压力梯度的作用下明显提高[81]。Franko 和 Lele[81]对来流马赫数为 6 的等温壁平板湍流边界层进行了直接数值模拟研究，其通过控制来流边界条件施加逆压力梯度。结果表明，逆压力梯度增加了湍流结构的线性增长率，加速了边界层的转捩，如图 1.9 所示。

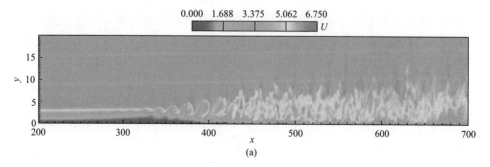

(a)

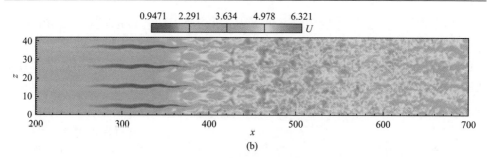

图 1.9 流向速度云图
(a)x-y 平面; (b)x-z 平面[81]

与零压力梯度边界层流动相比,逆压力梯度下的高阶统计特征会出现显著的变化。湍动能和雷诺应力在逆压力梯度的作用下会被显著放大,当用壁面参数无量纲化湍流脉动时,边界层外层区域会观察到第二峰值[65,66,82]。Bobke 等[78]研究了在恒定和可变逆压力梯度下,相应摩擦雷诺数下湍流边界层的历史效应。结果表明,逆压力梯度对湍流边界层的影响具有时间累积效应,如图 1.10 所示。

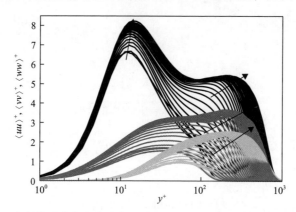

图 1.10 选定的雷诺应力张量分量(100<x<2300 范围内的 31 个分布)[78]
黑色线为流向速度脉动$\langle uu \rangle^+$,深灰色线为展向速度脉动$\langle vv \rangle^+$,浅灰色线为法向速度脉动$\langle ww \rangle^+$

研究显示[40,67,68,83-85],在压力梯度的作用下,大尺度结构会在改变流动结构方面表现得更为活跃。Wang 等[4]通过外加反射压缩波系产生逆压力梯度的方法研究了 $Ma = 2.95$ 的平板超声速湍流边界层。结果表明,由于逆压力梯度的存在,边界层内主应变率和湍流强度都有所增加,由此产生的新的速度模态使湍流结构发生了改变。Houra 和 Nagano[86]指出上喷和下洗事件在逆压力梯度流动的热输运中起着关键作用,但动量输运主要受到下洗事件的影响。同时,他们还指出温度脉动和壁面法向运动间的非当地相互作用是导致逆压力梯度流动发生结构性变化的主要原因。

Yoon 等[87]通过直接数值模拟的方法对比研究了逆压力梯度作用下的湍流结

构，根据相对于距壁面的最小距离和高度，可将所识别的湍流结构分为附着自相似、附着非自相似、非附着自相似和非附着非自相似运动(图 1.11)。其中，附着结构是主要的含能运动，在对数区域和外部区域承载大约一半的流向雷诺应力和雷诺剪应力。

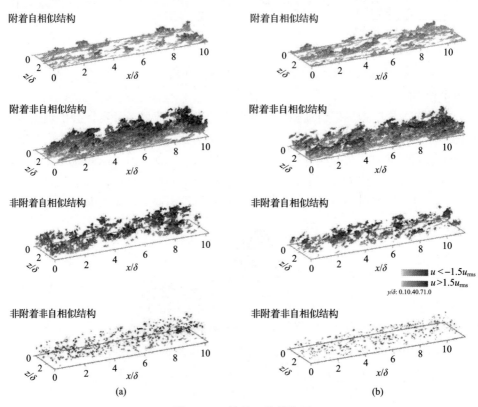

图 1.11　u 簇的三维等值面

(a)逆压力梯度湍流边界层；(b)零压力梯度平面边界层[87]

1.3.3　受壁面曲率效应影响的边界层

在 1.3.1 节和 1.3.2 节中多次提到曲壁是产生压力梯度变化的典型因素，顺、逆压力梯度常常由凸、凹曲壁产生，但并不能认为二者存在简单的对应关系。除可能产生相应压力梯度变化外，壁面曲率变化还会对超声速湍流边界层产生独特的曲壁效应影响。

凸曲壁和扩张拐角都具有衰减湍流度的效果[3,88,89]。Bowersox 和 Buter[90]通过实验测量发现，在 $Ma = 2.9$ 的凸曲壁边界层中，顺压力梯度对雷诺应力的大小和分布均有显著的影响，其中剪切应力相较于零压力梯度边界层降低了 50%～100%，而边界层内 Favre 平均横向速度脉动增加了 170%。Ekoto 等[91]通过平面粒子图像测速(particle image velocimetry，PIV)技术研究了 $Ma = 2.9$ 时的不同曲率半径的凸曲壁湍流边界层，同时考虑了表面粗糙度的影响。研究表明，在凸曲壁的影响下超声速湍流边界层的流向湍流强度会显著降低，且减弱程度取决于流向凸曲率半径的大小。Luker 等[45]进行了类似的实验，数据显示边界层剪应力降低了70%～100%，同时凸曲壁后段的边界层还出现了逆转捩的现象。

此外，凹曲壁表面的流动会受到离心不稳定性的影响，Görtler[92]首先指出凹曲壁边界层中三维不稳定的存在形式为流向反转旋涡对，一般称其为 Görtler涡，实验结果也表明凹曲壁边界层中的不稳定结构具有类似形态[93-95]，其结构如图 1.12 所示。

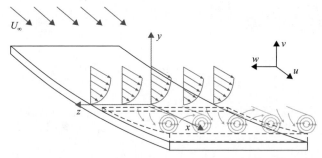

图 1.12　凹曲壁边界层中的 Görtler 涡示意图[96]

Görtler 涡的形成和发展(初始不稳定)会引起边界层的失稳，但并不直接导致边界层转捩，Görtler 涡的二次不稳定和破碎才是边界层转捩的直接原因。Swearingen 和 Blackwelder[97]首次在实验中观测到了 Görtler 涡的形成、发展、破碎和曲壁边界层的转捩过程，显示非线性的二次不稳定的增长速度要明显高于初始的 Görtler 不稳定。实验和稳定性分析都表明，Görtler 涡的二次不稳定主要有三种模态：一是曲张模态(也称马蹄涡模态)，即旋转的 Görtler 涡对之间形成搭桥，逐渐发展成马蹄涡或发卡涡结构，由偶模态(even mode)引起，如图 1.13(a)所示；二是弯曲模态，即 Görtler 涡沿展向摆动，由奇模态(odd mode)引起，如图 1.13(b)所示；三是曲张和弯曲同时存在的混合模态，即 Görtler 涡既沿展向摆动，旋转涡对

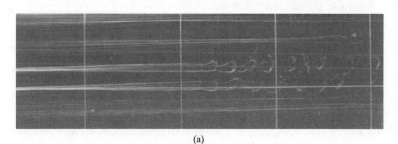

(a)

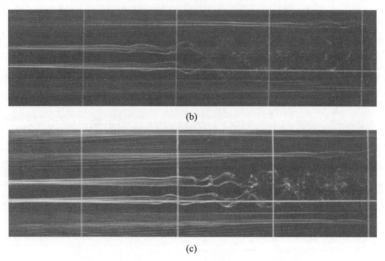

图 1.13　Görtler 涡二次不稳定的三种模态[97]

(a)曲张或马蹄涡模态，由偶模态引起；(b)弯曲模态，由奇模态引起；(c)马蹄涡和弯曲同时存在的混合模态

之间也搭桥形成马蹄涡结构，由亚谐模态(subharmonic mode)引起，如图 1.13(c)所示。

　　凹曲壁同样能够对边界层速度剖面产生明显影响，针对超声速凹曲壁流动恢复的实验[71,98,99]观察到在凹曲壁的后段及平板恢复段速度剖面在对数律区和尾迹区的交接区域会出现明显的"凹陷"（即出现斜率的正负交替），这种现象同样出现在对应的亚声速流动[100]中，且"凹陷"更为剧烈。此外，与凸曲壁效应不同，凹曲壁可增强湍流强度。Donovan 等[71]在 $Ma = 2.86$ 条件下发现，与平板边界层相比，凹曲壁边界层壁面剪切应力相比于平板边界层增长了约 125%。通过对外加压缩波系平板边界层流动和相同流向压力梯度下的凹曲壁边界层的实验结果进行对比，还发现由凹曲壁带来的湍流脉动增强效果更加显著[101]。

　　Tong 等[102]在马赫数为 2.9 条件下的直接数值模拟研究也发现了平板边界层在进入到弯曲段之后，边界层中会形成明显大尺度的类 Görtler 涡结构，同时这种大尺度结构会诱导边界层的时均摩阻分布形成展向周期性分布（图 1.14），这也表明类 Görtler 涡结构的展向位置是总体稳定的。

　　Hoffmann 等[99]通过实验发现 Görtler 不稳定能够在边界层中引入大尺度的流向涡旋结构，其他研究[102-104]中也称其为类 Görtler 涡，这些结构能够诱导湍流边界层中形成明显强于一般平板边界层的内、外层间对流及动量交换。对超声速凹曲壁湍流边界层开展直接数值模拟研究[79]，并与实验[4,76]对比分析表明，Görtler 不稳定性增强了发卡涡团结构的尺度，并在边界层外层产生了丰富的小尺度涡结构，如图 1.15 所示，δ_i 为来流边界层厚度。由增强的大尺度结构诱导而进一步加强的上喷、下洗事件被认为是在边界层外层形成湍流脉动的第二峰值的主要原因。

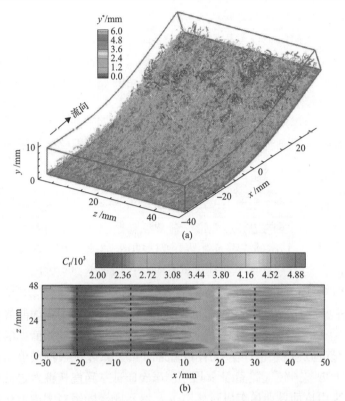

图 1.14 凹曲壁边界层中瞬时涡结构和时均摩阻分布云图[103]

(a) 三维瞬时涡结构，y^* 为距离壁面的法向高度；(b) 展向瞬时涡结构，C_f 为摩阻系数

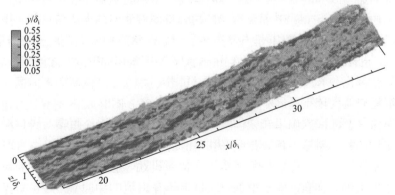

图 1.15 流向凹曲壁边界层中的瞬时大尺度结构[79]

1.4 受扰动的超声速湍流边界层

除壁面曲率变化导致的压力梯度变化会干扰湍流边界层外，由流道构型、燃

烧反压等引起的激波同样会产生压力梯度变化干扰湍流边界层。激波对边界层产生的干扰可视为强逆压力梯度作用下的壁面边界层流动与外部超声速无黏流耦合问题，激波所产生的强压力梯度造成的边界层分离，与普通的弱逆压力梯度下的边界层流场又存在明显区别。实际流动中常见的喷注射流、侵入流场的实体结构等也会产生三维激波，引起复杂的强压力梯度变化，对超声速湍流边界层产生干扰。受扰动的边界层流体经过分离泡时先压缩后膨胀而后再压缩，相比于单纯的逆压力梯度边界层流场情况更为复杂，是超声速流动领域研究热点之一。

1.4.1　受二维激波干扰的超声速湍流边界层

受激波干扰的超声速湍流边界层可以描述为激波作用于壁面附近时，激波前后强逆压力梯度所引发的边界层变形、分离、再附、激波反射及湍流脉动增强等一系列现象[105-107]，其本质是壁面边界层流动与外部超声速无黏流之间的复杂耦合问题[105]。由于边界层底层亚声速区的存在，作用于壁面附近的激波只能延伸至边界层声速线处，因而激波前后的压力间断在壁面附近难以维持。尽管激波下游的压力跃升无法在超声速流中逆流前传，却可以通过边界层底层的亚声速区域前传，使得激波入射点上游压力升高，外部压力间断与边界层底层连续压力变化之间的动量平衡得以建立。通常认为激波诱导的边界层分离与普遍意义上的壁面分离流动没有本质区别[105]，从黏性流体的角度看，其分离流动特征与低速不可压流动类似。因此，从某种意义上可将反射激波视为边界层变形的衍生现象，也即变形的边界层迫使主流中产生激波与膨胀波，从而改变外流条件[108]。激波干扰的超声速湍流边界层问题的最显著特征也正是与近壁分离流相伴的外层无黏流波系结构的存在。这些外层波系结构的存在使得近壁流动对整个流场产生深刻影响。因此激波干扰的湍流边界层流场形态与来流边界层状态密切相关，对湍流边界层来说，边界层内部的亚声速底层较薄，波后高压前传的范围比层流边界层小得多。在相同激波强度下，层流激波干扰的湍流边界层作用区域通常可达边界层厚度的几十倍，而湍流激波干扰的湍流边界层影响区长度通常只有来流边界层厚度的几倍。

二维激波干扰的湍流边界层主要存在于二维超声速及高超声速飞行器进气道中，包括正激波/边界层干扰、压缩拐角和反射式激波/边界层干扰[109]。这里的“二维”存在于统计意义之下，即在除该二维平面之外的方向上流场统计参数分布均匀，而其实际瞬态流场仍可能呈现高度三维状态。

由于应用研究的迫切需求，近些年关于反射式激波干扰的湍流边界层问题研究逐渐增多。早期研究表明[106,110]反射式激波干扰的湍流边界层与压缩拐角流动具有很多共同的流动特性和内在机理，包括时均壁面压力分布特征以及下面将要提到的“自由干扰”理论、低频不稳定特性等。因此基于压缩拐角问题研究的许多结论可定性地推广至反射式激波干扰的湍流边界层问题。值得一提的是由于流动发展历程的不同，压缩拐角与反射式激波干扰的湍流边界层分离区流动特性也存在一定差异，特别是干扰区时均流线的凹曲特性对剪切层整体稳定性及分离区与外界的质量和动量交换特性的影响[106]。

根据入射激波作用强度的不同，反射式激波干扰的湍流边界层可大致划分为无分离和有分离两种情形。实验观测表明[110]，随着入射激波的逐渐增强以及近壁初始分离区的形成，反射激波角度突然增大，总压损失迅速增强，因而初始分离在无分离和有分离激波干扰的湍流边界层之间形成了一个明显的界限，标志着激波干扰的湍流边界层流场结构实质性的变化。无分离激波干扰的湍流边界层流场中结构相对简单，边界层通过自身的结构变形即可实现与外部逆压力梯度的匹配，其边界层底层亚声速区的增厚导致压缩波的产生，压缩波在到达边界层外侧之前汇集为定常反射激波，整个流场结构可近似通过无黏理论进行分析。与之相比，有分离流场中近壁湍流结构及外层波系结构都要复杂得多[111]。

如图 1.16 所示，δ 为边界层厚度，分离区的出现使整个流场中流线显著弯曲，

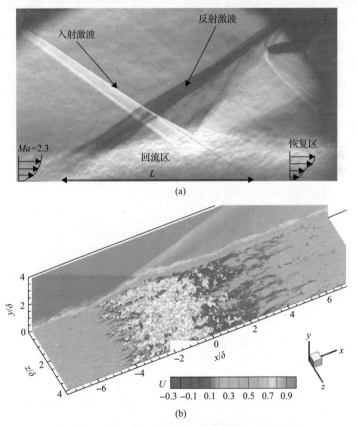

图 1.16　反射式激波干扰的湍流边界层流场结构
(a)纹影显示[112]；(b)数值模拟云图[113]

此时变形的边界层与其外层波系结构之间出现复杂的耦合。分离点附近形成的分离激波（通常意义上的反射激波）与入射激波在边界层外层无黏区相交构成典型的 λ 激波，并从其三波点向下游延伸出明显的滑移线；流动分离使得上游边界层流体向上偏折而远离壁面，在分离区上层形成典型的剪切层；入射激波直接射入该剪切层，并在声速线附近反射形成扇形膨胀波束；随后气流逐渐折回到与壁面相平行的方向，从而形成新的压缩波区，并聚成第二道反射激波；在分离区上层高速气流的带动下，边界层能量逐渐恢复并实现再附。整个过程中，干扰作用不再局限于边界层内部，通常需要经历较长的流向发展才能得到充分恢复。

图 1.16 还展示了斜激波入射平板边界层并诱导边界层分离的流场结构及相应的壁面沿程静压分布的示意图。在强激波所产生的逆压力梯度的作用下，边界层流动会发生分离，分离流动诱导产生分离激波，分离区内的压力显著高于来流静压。由于分离区内的流动为低速回流，因此分离区静压基本保持一致，在壁面沿程压力曲线上呈一平台分布。

对激波干扰的湍流边界层瞬态组织结构的认识起初源自对湍流脉动水平变化的关注。激波干扰的湍流边界层流场中湍流不仅受到激波压缩作用的影响，还受激波系结构的时间/空间振荡、流线凹曲不稳定效应以及逆流反馈效应的影响。早期激波干扰的湍流边界层研究中发现来流边界层在穿越干扰区过程中，湍流强度被迅速放大[114]。Selig 等[115]采用等温热线测量了激波干扰的湍流边界层区域的质量通量脉动，发现最大湍流强度比和最大激波脉动幅度都与下游压比增长呈线性关系，且湍流水平的放大与分离区的大小没有直接关系。湍流强度峰值大致位于主流场质量通量剖面的拐点位置，即剪切层所在的区域，而非质量流量的峰值。该峰值位置同时也对应了主流声速线位置，处于分离泡上方。因此可以认为质量流率的湍流脉动强度的变化主要由分离的剪切层所引起。Selig 等[115]探测了湍流/非湍流的频率，发现在穿越激波干扰的湍流边界层区域的过程中边界层结构发生了明显变化，其中显著增强的间歇性表明大尺度的涡结构将自由来流带至分离区内部。

二维 PIV 速度场测量表明[116,117]干扰区流场整体结构随时间快速变化，即使时均流场中并不存在明显的回流区，在某些时刻仍可能观测到较强的瞬态逆流，这一现象与激波干扰的湍流边界层瞬态流场中大尺度展向湍流组织结构紧密相关。早期阴影和纹影实验观测暗示瞬态激波干扰的湍流边界层流场中近壁激波可能由多重激波束所组成。然而，随后的大量实验和数值模拟表明这可能仅是瞬态流场中单束激波存在的展向褶皱及振荡在展向积分效应下造成的假象[118]。高时空分辨率实验观测与数值模拟表明，超声速湍流边界层中存在的大尺度拟序结构可能对激波干扰的湍流边界层流场瞬态激波结构及回流区分布产生显著影响。Ganapathisubramani 等[119]基于宽视场 PIV 速度场测量和平面激光散射（planer laser scattering，PLS）流场显示观测到瞬态分离线呈现与来流边界层中动量分布条带的展向分布相对应的大尺度波动。借助立体 PIV 测量，Humble 等[116]确认在弱分离激波干扰的湍流边界层流场中分离激波脚形态有顺应来流湍流边界层高、低速流速度条带分布的趋势。基于本征正交分解（proper orthogonal decomposition，POD），Humble 等[116]将反射激波的瞬态行为定量地分解为两种类型，即流向整体运动和展向波动。考虑到来流边界层中条带结构的无量纲长度尺度（大于40），Ganapathisubramani 等[119]进一步推测该流场组织形式可能是导致分离区和反射激波脚低频振荡的重要原因。Wu 和 Martin[120]、Priebe 等[121]通过直接数值模拟（direct numerical simulation，DNS）对激波干扰的湍流边界层流场中反射激波的瞬态行为进行了更为细致的研究，进一步确认了在大尺度分离激波干扰的湍流边界层流场中由来流边界层大尺度湍流结构所导致的分离激波高频、低幅度的展向褶皱现象。Fang 等[54]提出了一种新的激波干扰的湍流边界层流场中湍流放大机制。在相互作用区的上游，湍流的放大作用并不是剪切驱动的，而是由平均流速的减弱与流向速度波动的相互作用引起的，湍流强度在近壁区域迅速增加。在相互作用区的下游部分，高湍流强度主要是由于在相互作用区产生的自由剪切层。

在流动过程中，壁面的冷却和加热产生的壁温效应是影响湍流边界层流场和激波干扰的湍流边界层流场的关键因素，其会导致激波干扰的湍流边界层流场的强度发生明显变化，在实际过程中导致诸如进气道不起动、阻力增加等一系列问题。Duan 等[122]通过直接数值模拟进行了高超声速湍流边界层的数值研究，其重点是壁面冷却对 Morkovin-Walz 方程以及强雷诺比拟的影响。五个不同壁温的结果表明，用于表示绝热可压缩边界层统计量的许多比例关系也适用于非绝热情况。同时，壁面冷却增强了湍流结构的相干性。Lagha 等[123]通过在低壁温下研究发现近壁条带结构更稳定，在不同壁温流动的模拟中证明了这种湍流边界层的壁面冷却效应。激波干扰的湍流边界层壁温效应的研究相对较少。一些实验已经指出[124,125]，分离泡在加热时会膨胀，反射激波向前移动并增强。最近的研究集中在湍流结构和统计上，Bernardini 等[126]对不同壁温下的激波干扰的湍流边界层流场进行了直接数值模拟，重点关注流场传热特性变化，他们进行了 5 组不同壁温数值计算，包括冷壁和热壁，结果表明，冷壁温度将在激波作用下使传热和动载荷达到最大值，同时减小分离度。Zhu 等[127]使用 DNS 研究了不同壁温下压缩拐角的分离长度，并总结了一个带有理论分析的公式，以计算不同壁温下分离泡的长度。总的来说，激波干扰的湍流边界层壁温效应的研究相对较少，其流场在不同壁温下表现不同，相关详细机理仍然未知。

1.4.2 受三维激波干扰的超声速湍流边界层

三维激波干扰的湍流边界层问题既存在于高速飞行器交叉表面的部件之间以

及跨声速后掠机翼，包括鳍/平板干扰、楔面/楔面干扰、轴向拐角、后掠式压缩拐角以及楔面/平板干扰等[128]，也存在于飞行器内流发动机内横向射流、圆柱凸台等，这些干扰形式中分离流场时均拓扑结构相对复杂。

壁面横向射流作为超声速流动中结构最为简单的燃料喷注方式，拥有着广泛的使用场景。突然出现在超声速寂静来流中的射流必定会对整个流场的结构（如一系列激波和涡结构）、燃料的掺混特性以及边界层分离或扰动产生综合性的影响。另外，由于通信、热防护、飞行控制等需求，超声速飞行器表面往往会携带天线、整流罩、舵等钝体，即使在飞行器内流道中，也会有着人工装配等因素导致的铆钉、台阶、褶皱等突起。与射流类似，突起的存在也会导致超声速气流的流动参数变化以及引起其他激波边界层干扰、湍流边界层再层流化等复杂流动问题。射流和突起这两种在超声速流场中的干扰在工程上是难以避免的，一方面人们尽可能通过技术手段减少扰动产生的因素，另一方面还需要探索研究超声速湍流边界层在受扰动后所发生变化的规律，以便在现有技术水平上降低这些扰动带来的影响甚至可以对这样的扰动加以利用。

1. 受射流影响的超声速湍流边界层

超声速气流中横向射流(jet in supersonic crossflow，JISC)即为流体从喷孔中注入超声速来流中并与流经喷孔附近的流体相互作用。来流中横向射流在工程上的应用较为广泛：超燃冲压发动机中，燃烧室入口来流马赫数往往被压缩至飞行马赫数的 1/3 左右，当飞行马赫数达到 3 以上时，发动机燃烧室内气体流速将达到超声速状态，在超声速来流中极短的驻留时间提升了燃料与空气充分混合的困难程度，横向射流作为超声速来流中一种主要的混合增强手段而被应用于燃料喷注。湍流边界层与射流相互作用是其中重要的因素，进而影响燃料的掺混和后续的燃烧过程。另外，超声速来流中横向射流诱导的典型流场在高超声速飞行器的姿态控制场景中普遍存在：通过喷注射流产生控制力矩进行姿态控制。此时边界层与射流的相互作用将会对姿态控制性能产生重要影响。

早期的超声速流动中的横向射流研究主要集中在实验观测方面，从气体动力学角度出发为喷孔附近的流动提供了相当详细的定性描述。Morkovin 等在1962 年通过壁面压力测量和纹影等实验手段定性地给出了马赫数为 1.9 时来流中射流附近的典型流场结构特征(图 1.17)[129]。他们详尽地研究了喷孔附近的壁面压力与射流所引起的流体运动特征[130]。Spaid 和 Zukoski[131]通过实验表明了射流穿透深度受射流与自由来流动压比影响较大。Schetz 等[132]进行了广泛的实验和建模研究，以检验完全膨胀射流、欠膨胀射流、喷注角度以及组合射流对射流附近流场的影响。

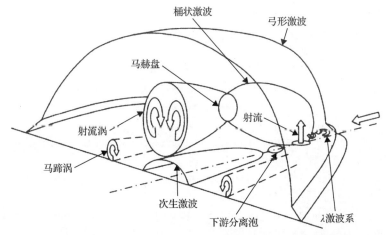

图 1.17　超声速来流与射流相互作用及激波结构示意图[129,133]

相比于低速来流中的横向射流研究，关于超声速来流中的横向射流的定量数据较少。1967 年以后，大量针对 JISC 的定量研究工作得到开展[134]，激光多普勒测速技术[135]、热膜流速计技术[90]、平面粒子测速技术[136]被用来测量超声速来流中射流附近的速度流场。纹影技术[137-139]、差异性流体密集度测量技术[140-142]、平面米氏散射技术[143,144]、激光诱导荧光技术[145-148]被用来测量射流穿透深度。Beresh 等[149-151]的一系列实验为超声速射流进入亚声速来流提供了详细的流向和横向 PIV 数据。一些研究人员还定量地探索了来流对射流相关参数的影响。这些更详细的定量数据使研究人员能够洞察横向射流的整体结构及其穿透和混合特性[139,147,152]。

随着计算流体动力学的发展，针对 JISC 的数值模拟工作大量展开。前期高速射流的数值计算大多采用了代数混合长度模型以及涡黏性模型。Chenault 等[153]指出，这些模型可以对整体流动结构进行估算，但不能正确地评估与射流相关的二次流和湍流应力。在他们对雷诺应力输运模型的评估中得到了更好的模拟结果。之后 LES、高精度 RANS-LES 混合模型、DNS 等数值手段被广泛应用于横向射流的研究[36,154-159]。

由调研结果发现，人们对于超声速来流中单一喷孔射流的多个影响因素(射流角度、位置和喷孔形状[135,143,147,160]、射流方式[161](连续或脉冲)、来流条件(如预燃激波串[162,163])等)已有了较好的研究，在喷孔近远场流场结构、混合机理和特性[145,155,158,164]、射流与激波相互作用[165,166]、流向涡演化过程[155,158]、羽流破碎过程[167]以及混合主导机理等方面建立了深刻的认识(图 1.18)，然而对于以射流为代表的受扰动边界层研究目前还较少。因此，深入了解并弄清射流扰动对边界层的影响以及边界层受影响后的恢复机理需要进行更加具有针对性的实验研究。

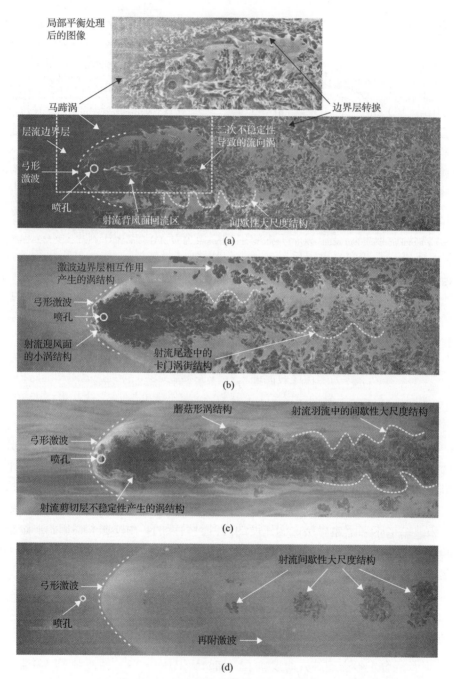

图 1.18　在不同高度位置的超声速来流与射流相互作用流场观测图像

(a)$y=0$；(b)$y=2d$；(c)$y=3d$；(d)$y=5d$。y 为法向高度，d 为射流孔直径

2. 受圆柱突起影响的超声速湍流边界层

流场中圆柱突起会导致边界层分离，同时诱导的激波会使流场结构更加复杂，吸引了众多人的研究。正如 Morkovin[130]、Berger 和 Wille[168]、Beaudan 和 Moin[169]、Williamson[170]以及 Norberg[171]所综述的一样，来流流经柱形涡流发生器的相关实验与仿真研究已经持续了半个多世纪。

在低速不可压流动过程中，Roshko[172]通过实验第一次在圆柱体尾迹区附近观察到了层流到湍流的过渡流态，同时也发现了尾迹区内的低频涡量脉动。他指出在圆柱体周围存在着由低雷诺数到适当雷诺数的三个流动特征区域，即层流区、过渡区以及无规律的湍流区。Bloor[173]的研究表明实验得到的低频不规则性脉动与流动中存在的三维特性有关，三维特性的存在导致了下游湍流运动的进一步发展。小尺度涡结构[174,175]在尾迹区内的初次出现也为流体的过渡态理论提供了支持。20 世纪 80 年代末，Williamson[176-178]、Eisenlohr 和 Eckelmann[179]对圆柱尾流向湍流的过渡有了新的认识，并涉及平行涡脱落模式的条件以及低雷诺数范围内雷诺数和施特鲁哈尔数的关联。这些研究对雷诺数与涡脱落的基频之间的关系进行了深入的分析，并根据不同的实验工作从展向的端部条件解释了该频率出现较大差异的原因。

在高速流体流经平板上的钝性突起的过程中，在钝体的前缘形成分离的弓形激波。分离激波引起的逆压力梯度通过边界层的亚声速部分向上传播，导致平板上游边界层分离，并在突起前分离区内形成大量涡结构。激波/边界层的相互作用会显著提升作用区附近的压力和热载荷水平[180]。Korkegi[181]报告说，正是这种相互作用造成了高超声速飞机翼身连接处的结构损伤。对于高速湍流流动，分离通常发生在圆柱上游 2 到 3 个圆柱直径的距离上，而分离程度弱依赖于雷诺数[182]、来流边界层厚度[183]以及马赫数[184]，更依赖于突起部分几何体参数。同时，湍流与突起扰动相互作用的不稳定性也在诸多文献[180,183,184]中得到了讨论。Voitenko 等[185]利用纹影和油流法对流经圆形障碍物且马赫数为 2.5 的超声速气体来流进行了研究，并测量了圆柱周边的压力分布。研究表明，当圆柱体足够高且圆柱体的直径是高度的函数时，分离区长度与圆柱直径的比值接近于一个常数。Sedney 等[182,186]利用表面光学示踪法发现了超声速湍流中圆柱前缘的边界层流动分离特征，他们还分析了圆柱前的最初分离距离与其直径和高度之间的相关性。Westkaemper[187]在马赫数为 4.9、雷诺数为 3.78×10^7 的风洞中研究了圆柱上游的湍流边界层分离现象，他发现当圆柱的高 H 与直径 D 的比值 H/D 大于 1.13 时，无量纲分离区起始距离 Δ/D（Δ 为分离区起始距离）为定值，约等于 2.65。对于较小的高径比（$H/D \leq 1.13$），$\Delta/D = 2.42$。

Hall 等[188]针对位于 4.6～12.1 的一系列 H/D 值进行了实验，并得出了当 H/D

达到某一临界值时，流动特性将趋于稳定的结论。Ozcan 等[189,190]实验研究了圆柱周围的流动过程，获得了圆柱附近平板上的静压分布，并利用油流法观察了表面摩擦迹线的拓扑结构。在低噪声超声速风洞中，Gang 等[191]通过纳米粒子平面激光散射（nano-particle planar laser scattering，NPLS）技术对平板上圆形突起物附近的超声速流场进行了实验研究，得到了高分辨率的瞬态流场图像，测得了圆柱周围的流向压力，并与 Ozcan 和 Holt[189]的结果进行了比较。Murphree 等[192]利用纹影和 PLS 在马赫数为 5 时，研究了湍流、过渡流、层流边界层/圆形突起相互作用的展向流场。PLS 图像表明，流态过渡区相互作用的流场结构在展向是高度非均匀的。Yiu 等[193]和 Yu 等[194]使用红外相机在恒温通量条件下测量了突起周围平板上的温度分布，并在激波/湍流边界层相互作用区观察到了热传导增加并达到了峰值，尤其是在再附点上观察到了热传输的大幅度增加。Wheaton 等[195]通过实验得到结论：判断给定的突起是否会产生渐近流场时，H/D 值并不重要，其取决于 H/δ 或 H/h_{tp}，其中 h_{tp} 表示弓形激波、分离激波交汇点的高度，这个结论与 Dolling 和 Bogdonoff[196]综述中的结果一致。

随着计算流体力学的发展，圆柱也被应用在突起扰动对超声速边界层影响的研究。马汉东等[197]用数值方法研究了不同高度圆柱引起的激波-边界层相互作用问题，特别是压力和热流分布。Bashkin 等[198]分析了壁面恒温条件下的超声速理想气体流经圆柱突起的流动过程，并用计算流相关方法研究了马赫数对流场结构和壁面传热的影响。Kumar 和 Salas[199]、White[200]、Manokaran 等[201]采用多种数值计算方法对超声速圆柱扰流流动进行了大量的分析，压力、热导率以及分离区尺寸被拿来与实验结果进行对比研究，并得到了较好的验证。

在圆柱扰流流动研究中，与受射流影响的湍流边界层相似的是它们都是在侧壁面方向上向主流内部突起并带来扰动，不同的是圆柱体拥有固定型面，在与来流相互作用的过程中外形不发生改变，属于机械扰动，其周围边界层内波系结构较受射流影响时更为简单。其相关流场以及激波结构的研究已较为充分，但迄今为止，湍流边界层受圆柱形涡流发生器扰动后的发展规律尚不明晰。因此，研究受圆柱突起影响的超声速湍流边界层，明晰圆柱周围湍流边界层内的流动过程和湍流特性改变，以及构建波系结构和流动特征，具有十分重要而深远的意义。

1.5　本　书　概　要

为使读者对压力梯度作用下的超声速湍流边界层产生初步认识，本章主要介绍了压力梯度作用下的超声速湍流边界层的研究背景和基础概念。本章对超声速湍流边界层中的湍流结构进行了介绍，并利用 1.2 节给出了流动研究的基本控制方程和针对湍流边界层研究的涡运动方程以及湍流统计学描述方程。1.3 节和 1.4

节分别介绍了压力梯度和激波、射流、凸台等因素影响下的湍流边界层分析要素。本书将围绕这些要素进行展开，从流动特性的角度出发，结合实验和工作研究中遇到的实际问题对超声速湍流边界层展开较为全面详细的介绍，从顺、逆压力梯度作用、激波干扰等方面对超声速湍流边界层进行剖析讲解。

第 2 章主要探究顺压力梯度超声速湍流边界层流动特征。在平板流动中，外源膨胀波系可对边界层施加顺压力梯度，此外顺压力梯度还会产生于流动型面扩张导致的边界层加速流动。第 2 章将针对顺压力梯度平板、膨胀拐角和凸曲壁 3 种典型的顺压力梯度边界层流动展开分析。

第 3 章展示流动遭遇激波、压缩波等情况时产生的逆压力梯度对超声速湍流边界层的影响。第 3 章主要聚焦于逆压力梯度平板边界层，从实验的角度出发解析超声速湍流边界层在逆压力梯度作用下的影响和规律。

第 4 章主要介绍超声速凹曲壁边界层的组织结构，通过数值仿真和实验探究对凹曲壁产生的压力梯度和特殊涡结构流场的时空特性以及曲率变化对湍流边界层的统计特性影响规律进行分析。

第 5 章介绍激波边界层干扰中的平面激波干扰效应。利用直接数值模拟方法分析不同强度激波干扰、不同壁面温度下的平面激波/湍流边界层干扰流场时均结构、瞬态结构以及脉动统计特性。

第 6 章围绕着超声速湍流边界层中出现的射流与突起两种典型扰动因素展开多手段实验观测与数值仿真验证相结合的方式进行系统阐述，为提高对湍流边界层受射流与突起扰动后的流场结构变化方式和发展规律的认识提供一定的参考。

参 考 文 献

[1] Bradshaw P. Effects of streamline curvature on turbulent flow[R]. AGARDograph NO.169, 1973.

[2] Smits A J, Wood D H. The response of turbulent boundary layers to sudden perturbations[J]. Annual Review of Fluid Mechanics, 1985, 17(1): 321-358.

[3] Spina E F, Smits A J, Robinson S K. The physics of supersonic turbulent boundary layers[J]. Annual Review of Fluid Mechanics, 1994, 26(1): 287-319.

[4] Wang Q C, Wang Z G, Zhao Y X. On the impact of adverse pressure gradient on the supersonic turbulent boundary layer[J]. Physics of Fluids, 2016, 28(11): 116101.

[5] Simpson R L. Turbulent boundary-layer separation[J]. Annual Review of Fluid Mechanics, 1989, 21(1): 205-232.

[6] Lögdberg O, Angele K, Alfredsson P H. On the scaling of turbulent separating boundary layers[J]. Physics of Fluids, 2008, 20(7): 075104.

[7] Crow S C, Champagne F H. Orderly structure in jet turbulence[J]. Journal of Fluid Mechanics, 1971, 48(3): 547-591.

[8] Laufer J. New trends in experimental turbulence research[J]. Annual Review of Fluid Mechanics, 1975, 7(1): 307-326.

[9] Winant C D, Browand F K. Vortex pairing: The mechanism of turbulent mixing-layer growth at moderate reynolds number[J]. Journal of Fluid Mechanics, 1974, 63(2): 237-255.

[10] Roshko A. Structure of turbulent shear flows: A new look[J]. AIAA Journal, 1976, 14(10): 1349-1357.

[11] Brown G L, Roshko A. On density effects and large structure in turbulent mixing layers[J]. Journal of Fluid Mechanics, 1974, 64(4): 775-816.

[12] Widnall S. An album of fluid motion[J]. Journal of Applied Mechanics, 1982, 104(2): 475.

[13] Kline S J, Reynolds W C, Schraub F A, et al. The structure of turbulent boundary layers[J]. Journal of Fluid Mechanics, 1967, 30(4): 741-773.

[14] Bakewell H P, Lumley J L. Viscous sublayer and adjacent wall region in turbulent pipe flow[J]. The Physics of Fluids, 1967, 10(9): 1880-1889.

[15] Kim K C, Adrian R J. Very large-scale motion in the outer layer[J]. Physics of Fluids, 1999, 11(2): 417-422.

[16] Cantwell B J. Organized motion in turbulent flow[J]. Annual Review of Fluid Mechanics, 1981, 13(1): 457-515.

[17] Smith D R, Smits A J. The rapid expansion of a turbulent boundary layer in a supersonic flow[J]. Theoretical and Computational Fluid Dynamics, 1991, 2(5-6): 319-328.

[18] Martin P. DNS of hypersonic turbulent boundary layers[C]. 34th AIAA Fluid Dynamics Conference and Exhibit, Portland, 2004: 2337.

[19] Poggie J, Erbland P J, Smits A J, et al. Quantitative visualization of compressible turbulent shear flows using condensate-enhanced rayleigh scattering[J]. Experiments in Fluids, 2004, 37(3): 438-454.

[20] Balakumar B J, Adrian R J. Large- and very-large-scale motions in channel and boundary-layer flows[J]. Philosophical Transactions of the Royal Society A: Mathematical, Physical and Engineering Sciences, 2007, 365(1852): 665-681.

[21] Guala M, Hommema S E, Adrian R J. Large-scale and very-large-scale motions in turbulent pipe flow[J]. Journal of Fluid Mechanics, 2006, 554: 521-542.

[22] Spina E F, Donovan J F, Smits A J. On the structure of high-reynolds-number supersonic turbulent boundary layers [J]. Journal of Fluid Mechanics, 1991, 222: 293-327.

[23] Theodorsen T. The structure of turbulence[J]. Journal of Sound and Vibration, 1955, 28(3): 21-27.

[24] Head M R, Bandyopadhyay P. New aspects of turbulent boundary-layer structure[J]. Journal of Fluid Mechanics, 1981, 107: 297-338.

[25] Zhou J, Adrian R J, Balachandar S, et al. Mechanisms for generating coherent packets of hairpin vortices in channel flow[J]. Journal of Fluid Mechanics, 1999, 387: 353-396.

[26] Adrian R J, Meinhart C D, Tomkins C D. Vortex organization in the outer region of the turbulent boundary layer[J]. Journal of Fluid Mechanics, 2000, 422: 1-54.

[27] Adrian R J. Hairpin vortex organization in wall turbulence[J]. Physics of Fluids, 2007, 19(4): 041301.

[28] Liu Z, Adrian R J, Hanratty T J. Large-scale modes of turbulent channel flow: Transport and structure[J]. Journal of Fluid Mechanics, 2001, 448: 53-80.

[29] Marusic I. On the role of large-scale structures in wall turbulence[J]. Physics of Fluids, 2001, 13(3): 735-743.

[30] Christensen K T, Adrian R J. Statistical evidence of hairpin vortex packets in wall turbulence[J]. Journal of Fluid Mechanics, 2001, 431: 433-443.

[31] Delo C J, Kelso R M, Smits A J. Three-dimensional structure of a low-Reynolds-number turbulent boundary layer[J]. Journal of Fluid Mechanics, 2004, 512: 47-83.

[32] Falco R E. Coherent motions in the outer region of turbulent boundary layers[J]. Physics of Fluids, 1977, 20(10): S124-S132.

[33] Wu X, Moin P. Direct numerical simulation of turbulence in a nominally zero-pressure-gradient flat-plate boundary

layer[J]. Journal of Fluid Mechanics, 2009, 630: 5-41.

[34] Wu X, Moin P, Wallace J M, et al. Transitional-turbulent spots and turbulent-turbulent spots in boundary layers[J]. Proceedings of the National Academy of Sciences of the United States of America, 2017, 114 (27): E5292-E5299.

[35] Bailly C, Comte-Bellot G. Turbulence[M]. Cham: Springer, 2015.

[36] Boles J A, Edwards J R, Bauerle R A. Large-eddy/reynolds-averaged navier-stokes simulations of sonic injection into mach 2 crossflow[J]. AIAA Journal, 2010, 48 (7): 1444-1456.

[37] Yoshizawa A. A statistically derived system of equations for turbulent shear flows[J]. Physics of Fluids, 1985, 28 (1): 59-63.

[38] Chakravarthy V K, Menon S. Large-eddy simulation of turbulent premixed flames in the flamelet regime[J]. Combustion Science and Technology, 2001, 162 (1): 175-222.

[39] Humble R A, Peltier S J, Bowersox R D W. Visualization of the structural response of a hypersonic turbulent boundary layer to convex curvature[J]. Physics of Fluids, 2012, 24: 106103.

[40] Lee J H. Large-scale motions in turbulent boundary layers subjected to adverse pressure gradients[J]. Journal of Fluid Mechanics, 2017, 810: 323-361.

[41] Yoon M, Hwang J, Sung H J. Contribution of large-scale motions to the skin friction in a moderate adverse pressure gradient turbulent boundary layer[J]. Journal of Fluid Mechanics, 2018, 848: 288-311.

[42] Clauser F H. Turbulent boundary layers in adverse pressure gradients[J]. Journal of the Aeronautical Sciences, 1954, 21 (2): 91-108.

[43] Narasimha R, Ojha S K. Effect of longitudinal surface curvature on boundary layers[J]. Journal of Fluid Mechanics, 1967, 29 (1): 187-199.

[44] Lewis J E, Gran R L, Kubota T. An experiment on the adiabatic compressible turbulent boundary layer in adverse and favourable pressure gradients[J]. Journal of Fluid Mechanics, 1972, 51 (4): 657-672.

[45] Luker J J, Hale C S, Bowersox R D W. Experimental analysis of the turbulent shear stresses for distorted supersonic boundary layers[J]. Journal of Propulsion and Power, 1998, 14 (1): 110-118.

[46] Goldfeld M A, Nestoulia R V, Shiplyuk A N. Relaminarization of a turbulent boundary layer with a Mach number M_∞=4[J]. Journal of Applied Mechanics and Technical Physics, 2002, 43 (1): 76-82.

[47] Sun M B, Hu Z, Sandham N D. Recovery of a supersonic turbulent boundary layer after an expansion corner[J]. Physics of Fluids, 2017, 29 (7): 076103.

[48] Gillis J C, Johnston J P. Turbulent boundary-layer flow and structure on a convex wall and its redevelopment on a flat wall[J]. Journal of Fluid Mechanics, 1983, 135: 123-153.

[49] Arnette S A, Samimy M O, Elliott G S. The effects of expansion on the turbulence structure of compressible boundary layers[J]. Journal of Fluid Mechanics, 1998, 367: 67-105.

[50] Tichenor N R, Humble R A, Bowersox R D W. Response of a hypersonic turbulent boundary layer to favourable pressure gradients[J]. Journal of Fluid Mechanics, 2013, 722: 187-213.

[51] Humble R, Peltier S, Lynch K, et al. Visualization of hypersonic turbulent boundary layers negotiating convex curvature[C]. 41st AIAA Fluid Dynamics Conference and Exhibit, Honolulu, 2011: 3419.

[52] Konopka M, Meinke M, Schröeder W. Large-eddy simulation of relaminarization in supersonic flow[C]. 42nd AIAA Fluid Dynamics Conference and Exhibit, New Orleans, 2012: 2978.

[53] Bassom A P, Hall P. The receptivity problem for O (1) wavelength Görtler vortices[J]. Proceedings of The Royal Society of London A: Mathematical and Physical Sciences, 1994, 446: 499-516.

[54] Fang J, Yao Y, Zheltovodov A A, et al. Direct numerical simulation of supersonic turbulent flows around a tandem

expansion-compression corner[J]. Physics of Fluids, 2015, 27: 125104.

[55] 李新亮, 童福林, 周桂宇, 等. 膨胀效应对激波/湍流边界层干扰的影响研究[J]. 航空学报, 2020, 41(9): 123731.

[56] 童福林, 孙东, 袁先旭, 等. 超声速膨胀角入射激波/湍流边界层干扰直接数值模拟[J]. 航空学报, 2020, 41(3): 123328.

[57] Tong F L, Li X L, Yuan X X, et al. Incident shock wave and supersonic turbulent boundarylayer interactions near an expansion corner[J]. Computers & Fluids, 2020, 198: 1-18.

[58] Bradshaw P. The effect of mean compression or dilatation on the turbulence structure of supersonic boundary layers [J]. Journal of Fluid Mechanics, 1974, 63(3): 449-464.

[59] Dussauge J P, Gaviglio J. The rapid expansion of a supersonic turbulent flow: Role of bulk dilatation[J]. Journal of Fluid Mechanics, 1987, 174: 81-112.

[60] Teramoto S, Sanada H, Okamoto K. Dilatation effect in relaminarization of an accelerating supersonic turbulent boundary layer[J]. AIAA Journal, 2017, 55(4): 1469-1474.

[61] Wang X, Wang Z G, Sun M B, et al. Effects of favorable pressure gradient on turbulence structures and statistics of a flat-plate supersonic turbulent boundary layer[J]. Physics of Fluids, 2020, 32(2): 025107.

[62] Knight D, Yan H, Panaras A G, et al. Advances in CFD prediction of shock wave turbulent boundary layer interactions[J]. Progress in Aerospace Sciences, 2003, 39(2): 121-184.

[63] Wang Q C, Wang Z G, Zhao Y X. Structural responses of the supersonic turbulent boundary layer to expansions[J]. Applied Physics Letters, 2016, 109: 124104.

[64] Spalart P R, Watmuff J H. Experimental and numerical study of a turbulent boundary layer with pressure gradients [J]. Journal of Fluid Mechanics, 2006, 249: 337-371.

[65] Lee J H, Sung H J. Effects of an adverse pressure gradient on a turbulent boundary layer[J]. International Journal of Heat and Fluid Flow, 2008, 29(3): 568-578.

[66] Monty J P, Harun Z, Marusic I. A parametric study of adverse pressure gradient turbulent boundary layers[J]. International Journal of Heat and Fluid Flow, 2011, 32(3): 575-585.

[67] Vinuesa R, Negi P S, Atzori M, et al. Turbulent boundary layers around wing sections up to Re_c=1,000,000[J]. International Journal of Heat and Fluid Flow, 2018, 72: 86-99.

[68] Vinuesa R, Örlü R, Sanmiguel Vila C, et al. Revisiting history effects in adverse-pressure-gradient turbulent boundary layers[J]. Flow, Turbulence and Combustion, 2017, 99(3): 565-587.

[69] Sturek W B, Danberg J E. Supersonic turbulent boundary layer in adverse pressure gradient. Part II: Data analysis[J]. AIAA Journal, 1972, 10(5): 630-635.

[70] Laderman A. Adverse pressure gradient effects on supersonic boundary-layer turbulence[J]. AIAA Journal, 1980, 18(10): 1186-1195.

[71] Donovan J F, Spina E F, Smits A J. The structure of a supersonic turbulent boundary layer subjected to concave surface curvature[J]. Journal of Fluid Mechanics, 2006, 259: 1-24.

[72] Nagano Y, Tsuji T, Houra T. Structure of turbulent boundary layer subjected to adverse pressure gradient[J]. International Journal of Heat and Fluid Flow, 1998, 19(5): 563-572.

[73] Houra T, Tsuji T, Nagano Y. Effects of adverse pressure gradient on quasi-coherent structures in turbulent boundary layer[J]. International Journal of Heat and Fluid Flow, 2000, 21(3): 304-311.

[74] Aubertine C D, Eaton J K. Turbulence development in a non-equilibrium turbulent boundary layer with mild adverse pressure gradient[J]. Journal of Fluid Mechanics, 2005, 532: 345-364.

[75] Fernando E M, Smits A J. A supersonic turbulent boundary layer in an adverse pressure gradient[J]. Journal of Fluid Mechanics, 1990, 211: 285-307.

[76] Wang Q C, Wang Z G, Zhao Y X. An experimental investigation of the supersonic turbulent boundary layer subjected to concave curvature[J]. Physics of Fluids, 2016, 28(9): 096104.

[77] Yoon M, Ahn J, Hwang J, et al. Contribution of velocity-vorticity correlations to the frictional drag in wall-bounded turbulent flows[J]. Physics of Fluids, 2016, 28(8): 081702.

[78] Bobke A, Vinuesa R, Örlü R, et al. History effects and near equilibrium in adverse pressure-gradient turbulent boundary layers[J]. Journal of Fluid Mechanics, 2017, 820: 667-692.

[79] Wang Q C, Wang Z G, Sun M B, et al. The amplification of large-scale motion in a supersonic concave turbulent boundary layer and its impact on the mean and statistical properties[J]. Journal of Fluid Mechanics, 2019, 863: 454-493.

[80] Flaherty W, Austin J M. Scaling of heat transfer augmentation due to mechanical distortions in hypervelocity boundary layers[J]. Physics of Fluids, 2013, 25(10): 106.

[81] Franko K J, Lele S. Effect of adverse pressure gradient on high speed boundary layer transition[J]. Physics of Fluids, 2014, 26(2): 024106.

[82] Kitsios V, Atkinson C, Sillero J A, et al. Direct numerical simulation of a self-similar adverse pressure gradient turbulent boundary layer[J]. International Journal of Heat and Fluid Flow, 2016, 61: 129-136.

[83] Lu L P, Li Z R. Coherent structures in turbulent boundary layers with adverse pressure gradients[J]. Journal of Beijing University of Aeronautics and Astronautics, 2010, 28(4): 417-419.

[84] Harun Z, Monty J P, Mathis R, et al. Pressure gradient effects on the large-scale structure of turbulent boundary layers[J]. Journal of Fluid Mechanics, 2013, 715: 477-498.

[85] Maciel Y, Gungor A G, Simens M. Structural differences between small and large momentum-defect turbulent boundary layers[J]. International Journal of Heat and Fluid Flow, 2017, 67: 95-110.

[86] Houra T, Nagano Y. Effects of adverse pressure gradient on heat transfer mechanism in thermal boundary layer[J]. International Journal of Heat and Fluid Flow, 2006, 27(5): 967-976.

[87] Yoon M, Hwang J, Yang J, et al. Wall-attached structures of streamwise velocity fluctuations in an adverse-pressure-gradient turbulent boundary layer[J]. Journal of Fluid Mechanics, 2020, 885: A12.

[88] Muck K C, Hoffmann P H, Bradshaw P. The effect of convex surface curvature on turbulent boundary layers[J]. Journal of Fluid Mechanics, 1985, 161: 347-369.

[89] Gibson M M, Verriopoulos C A, Vlachos N S. Turbulent boundary layer on a mildly curved convex surface[J]. Experiments in Fluids, 1984, 2(1): 17-24.

[90] Bowersox R D W, Buter T A. Turbulence measurements in a Mach 2.9 boundary layer including mild pressure gradients[J]. AIAA Journal, 1996, 34(12): 2479-2483.

[91] Ekoto I W, Bowersox R D W, Beutner T, et al. Response of supersonic turbulent boundary layers to local and global mechanical distortions[J]. Journal of Fluid Mechanics, 2009, 630: 225-265.

[92] Görtler H. On the three dimensional instability of laminar boundary layers on concave walls[R]. NACA Technical Memorandums 1375, 1954.

[93] Bippes H, Görtler H. Three-dimensional disturbances in the boundary layer along a concave wall[J]. Acta Mechanica, 1972, 14: 251-267.

[94] Wortmann F X. Visualization of transition[J]. Journal of Fluid Mechanics, 1969, 38(3): 473-480.

[95] Tani I, Aihara Y. Görtler vortices and boundary-layer transition[J]. Zeitschrift für angewandte Mathematik und

Physik, 1969, 20: 609-618.

[96] Ren J, Fu S. Secondary instabilities of Görtler vortices in high-speed boundary layer flows[J]. Journal of Fluid Mechanics, 2015, 781: 388-421.

[97] Swearingen J D, Blackwelder R F. The growth and breakdown of streamwise vortices in the presence of a wall[J]. Journal of Fluid Mechanics, 1987, 182: 255-290.

[98] Jayaram M, Taylor M W, Smits A J. The response of a compressible turbulent boundary layer to short regions of concave surface curvature[J]. Journal of Fluid Mechanics, 2006, 175: 343-362.

[99] Hoffmann P H, Muck K C, Bradshaw P. The effect of concave surface curvature on turbulent boundary layers[J]. Journal of Fluid Mechanics, 1985, 161: 371-403.

[100] Smits A J, Eaton J A, Bradshaw P. The response of a turbulent boundary layer to lateral divergence[J]. Journal of Fluid Mechanics, 2006, 94(2): 243-268.

[101] Smith D R, Smits A J. A study of the effects of curvature and compression on the behavior of a supersonic turbulent boundary layer[J]. Experiments in Fluids, 1995, 18(5): 363-369.

[102] Tong F L, Li X L, Duan Y H, et al. Direct numerical simulation of supersonic turbulent boundary layer subjected to a curved compression ramp[J]. Physics of Fluids, 2017, 29(12): 125101.

[103] Barlow R S, Johnston J P. Structure of a turbulent boundary layer on a concave surface[J]. Journal of Fluid Mechanics, 1988, 191: 137-176.

[104] Barlow R S, Johnston J P. Local effects of large-scale eddies on bursting in a concave boundary layer[J]. Journal of Fluid Mechanics, 1988, 191: 177-195.

[105] Babinsky H, Harvey J K. Shock Wave-boundary-layer Interactions[M]. Cambridge: Cambridge University Press, 2014.

[106] Dolling D S. Fifty years of shock-wave/boundary-layer interaction research: What next?[J]. AIAA Journal, 2001, 39(8): 1517-1531.

[107] Smits A J, Dussauge J P. Turbulent Shear Layers in Supersonic Flow[M]. New York: Springer Science & Business Media, 1998.

[108] Délery J, Dussauge J P. Some physical aspects of shock wave/boundary layer interactions[J]. Shock Waves, 2009, 19(6): 453-468.

[109] Meyer M J. Compressible turbulence measurements in a supersonic boundary layer with impinging shock wave interaction[J]. AIAA Journal, 1997: 0427.

[110] Green J E. Interactions between shock waves and turbulent boundary layers[J]. Progress in Aerospace Sciences, 1970, 11: 235-340.

[111] Humble R A, Scarano F, van Oudheusden B W. Unsteady flow organization of a shock wave/turbulent boundary layer interaction[C]. IUTAM Symposium on Unsteady Separated Flows and their Control, Dordrecht, 2009: 319-330.

[112] Dupont P, Haddad C, Ardissone J P, et al. Space and time organisation of a shock wave/turbulent boundary layer interaction[J]. Aerospace Science and Technology, 2005, 9(7): 561-572.

[113] 王博. 激波/湍流边界层相互作用流场组织结构研究[D]. 长沙: 国防科学技术大学, 2015.

[114] Raghunathan S, McAdam R J W. Boundary-layer and turbulence intensity measurements in a shock wave/ boundary-layer interaction[J]. Journal of Fluid Mechanics, 1983, 21(9): 1349-1350.

[115] Selig M S, Andreopoulos J, Muck K C, et al. Turbulence structure in a shock wave/turbulent boundary-layer interaction[J]. AIAA Journal, 1989, 27(7): 862-869.

[116] Humble R A, Elsinga G E, Scarano F, et al. Three-dimensional instantaneous structure of a shock wave/turbulent boundary layer interaction[J]. Journal of Fluid Mechanics, 2009, 622: 33-62.

[117] Humble R A, Scarano F, van Oudheusden B W. Particle image velocimetry measurements of a shock wave/turbulent boundary layer interaction[J]. Experiments in Fluids, 2007, 43: 173-183.

[118] Thomas F O, Putnam C M, Chu H C. On the mechanism of unsteady boundary layer interactions shock[J]. Experiments in Fluids, 1994, 18: 69-81.

[119] Ganapathisubramani B, Clemens N T, Dolling D S. Effects of upstream boundary layer on the unsteadiness of shock-induced separation[J]. Journal of Fluid Mechanics, 2007, 585: 369-394.

[120] Wu M W, Martin M P. Analysis of shock motion in shockwave and turbulent boundary layer interaction using direct numerical simulation data[J]. Journal of Fluid Mechanics, 2008, 594: 71-83.

[121] Priebe S, Wu M, Martín M P. Direct numerical simulation of a reflected-shock-wave/turbulent-boundary-layer interaction[J]. AIAA Journal, 2009, 47(5): 1173-1185.

[122] Duan L, Beekman I, MartÍN M P. Direct numerical simulation of hypersonic turbulent boundary layers. Part 2. Effect of wall temperature[J]. Journal of Fluid Mechanics, 2010, 655: 419-445.

[123] Lagha M, Kim J, Eldredge J D, et al. A numerical study of compressible turbulent boundary layers[J]. Physics of Fluids, 2011, 23: 015106.

[124] Jaunet V, Debiève J F, Dupont P. Length scales and time scales of a heated shock-wave/boundary-layer interaction [J]. AIAA Journal, 2014, 52(11): 2524-2532.

[125] Spaid F W, Frishett J C. Incipient separation of a supersonic, turbulent boundary layer, including effects of heat transfer[J]. AIAA Journal, 1972, 10(7): 915-922.

[126] Bernardini M, Asproulias I, Larsson J, et al. Heat transfer and wall temperature effects in shock wave turbulent boundary layer interactions[J]. Physical Review Fluids, 2016, 1(8): 084403.

[127] Zhu X K, Yu C P, Tong F L, et al. Numerical study on wall temperature effects on shock wave/turbulent boundary-layer interaction[J]. AIAA Journal, 2017, 55(1): 131-140.

[128] Panaras A G. Review of the physics of swept-shock/boundary layer interactions[J]. Progress in Aerospace Sciences, 1996, 32(2): 173-244.

[129] Morkovin M V. Effects of compressibility on turbulent flows[J]. Annual Review of Fluid Mechanics, 1994, 26: 211-254.

[130] Morkovin M V. Flow around a circular cylinder-kaleidoscope of challenging fluid phenomena[J]. Journal of Fluids and Structures, 1964, 15(3-4): 459-469.

[131] Spaid F, Zukoski E. Secondary injection of gases into a supersonic flow[J]. AIAA Journal, 1964, 2(10): 1689-1696.

[132] Schetz J A, Maddalena L, Throckmorton R, et al. Complex wall injector array for high-speed combustors[J]. Journal of Propulsion and Power, 2011, 24(4): 673-680.

[133] 赵延辉. 超燃冲压发动机气态燃料射流混合机理研究[D]. 长沙: 国防科学技术大学, 2016.

[134] Mahesh K. The interaction of jets with crossflow[J]. Annual Review of Fluid Mechanics, 2013, 45: 379-407.

[135] Santiago J G, Dutton J C. Velocity measurements of a jet injected into a supersonic crossflow[J]. Journal of Propulsion and Power, 1997, 13(2): 264-273.

[136] Mahmud Z, Bowersox R D W. Aerodynamics of low-blowing-ratio fuselage injection into a supersonic freestream [J]. Journal of Spacecraft and Rockets, 2005, 42(1): 30-37.

[137] Ben-Yakar A, Hanson R K. Ultrafast-framing schlieren system for studies of the time evolution of jets in supersonic crossflows[J]. Experiments in Fluids, 2002, 32: 652-666.

[138] Papamoschou D, Hubbard D G, Lin M. Observations of supersonic transverse jets[C]. Space Manufacturing 8-Energy and Materials from Space, Princeton, 1991.

[139] Papamoschou D, Hubbard D. Visual observations of supersonic transverse jets[J]. Experiments in Fluids, 1993, 14(6): 468-476.

[140] Funk J, Orth R. An experimental and comparative study of jet penetration in supersonic flow[J]. Journal of Spacecraft and Rockets, 1967, 4(9): 1236-1242.

[141] Billig F S, Orth R, Schetz J. The interaction and penetration of gaseous jets in supersonic flow[R]. NASA-CR-1386,1969.

[142] Fuller E, Mays R, Thomas R, et al. Mixing studies of helium in air at high supersonic speeds[J]. AIAA Journal, 1992, 30(9): 2234-2243.

[143] Gruber M R, Nejad A S, Chen T H, et al. Compressibility effects in supersonic transverse injection flowfields[J]. Physics of Fluids, 1997, 9(5): 1448-1461.

[144] Gruber M, Nejad A, Chen T, et al. Large structure convection velocity measurements in compressible transverse injection flowfields[J]. Experiments in Fluids, 1997, 22(5): 397-407.

[145] McDaniel J C, Raves J. Laser-induced-fluorescence visualization of transverse gaseous injection in a nonreacting supersonic combustor[J]. Journal of Propulsion and Power, 1988, 4(6): 591-597.

[146] McMillin B, Seitzman J, Hanson R K. Comparison of no and oh planar fluorescence temperature measurements in scramjet model flowfield[J]. AIAA Journal, 1994, 32(10): 1945-1952.

[147] Ben-Yakar A, Mungal M, Hanson R. Time evolution and mixing characteristics of hydrogen and ethylene transverse jets in supersonic crossflows[J]. Physics of Fluids, 2006, 18(2): 026101.

[148] Hollo S D, McDaniel J C, Artfield R J. Quantitative investigation of compressible mixing-staged transverse injection into Mach 2 flow[J]. AIAA Journal, 1994, 32(3): 528-534.

[149] Beresh S J, Henfling J F, Erven R J, et al. Penetration of a transverse supersonic jet into a subsonic compressible crossflow[J]. AIAA Journal, 2005, 43(2): 379-389.

[150] Beresh S J, Henfling J F, Erven R J, et al. Turbulent characteristics of a transverse supersonic jet in a subsonic compressible crossflow[J]. AIAA Journal, 2005, 43(11): 2385-2394.

[151] Beresh S J, Henfling J F, Erven R J, et al. Crossplane velocimetry of a transverse supersonic jet in a transonic crossflow[J]. AIAA Journal, 2006, 44(12): 3051-3061.

[152] Gruber M R, Messersmith N L, Dutton J C. Three-dimensional velocity field in a compressible mixing layer[J]. AIAA Journal, 1993, 31(11): 2061-2067.

[153] Chenault C F, Beran P S, Bowersox R D W. Numerical investigation of supersonic injection using a reynolds-stress turbulence model[J]. AIAA Journal, 1999, 37(10): 1257-1269.

[154] Chai X, Mahesh K. Simulations of high speed turbulent jets in crossflow[C]. 40th Fluid Dynamics Conference and Exhibit, Orlando, 2011: 605.

[155] Peterson D, Subbareddy P, Candler G. Assesment of synthetic inflow generation for simulating injection into a supersonic crossflow[C]. 14th AIAA/AHI Space Planes and Hypersonic Systems and Technologies Conference, Canberra, 2006: 8128.

[156] Kawai S, Lele S. Dynamics and mixing of a sonic jet in a supersonic turbulent crossflow[J]. Center for Turbulence Research Annual Research Briefs, 2009, 12(1): 285-298.

[157] Cardone G, Nese F G, Astarita T. Experimental study of a round jet in cross-flow by means of PIV[C]. WSEAS/IASME Conferences, Corfu, 2004.

[158] Génin F, Menon S. Dynamics of sonic jet injection into supersonic crossflow[J]. Journal of Turbulence, 2010, 11: N4.

[159] Ferrante A, Matheou G, Dimotakis P E. Les of an inclined sonic jet into a turbulent crossflow at Mach 3.6[J]. Journal of Turbulence, 2011, 12(2): 1-32.

[160] Ogawa S, Choi B, Masuya G, et al. Fuel mixing enhancement by pre-combustion shock wave[C]. Fifteenth International Symposium on Airbreathing Engines, Bangalore, 2001.

[161] Wang H Y, Yang Y G, Hu W B, et al. Mechanism of a transverse jet mixing enhanced by high-frequency plasma energy[J]. Physics of Fluids, 2023, 35(9): 19.

[162] Matsuo K, Miyazato Y, Kim H D. Shock train and pseudo-shock phenomena in internal gas flows[J]. Progress in Aerospace Sciences, 1999, 35(1): 33-100.

[163] Masuya G, Choi B, Ichikawa N, et al. Mixing and combustion of fuel jet in pseudo-shock waves[C]. 40th AIAA Aerospace Sciences Meeting and Exhibit, Reno, 2002: 809.

[164] Kawai S, Lele S. Mechanisms of jet mixing in a supersonic crossflow: A study using large-eddy simulation[C]. 44th AIAA/ASME/SAE/ASEE Joint Propulsion Conference and Exhibit, Hartford, 2008: 4575.

[165] Yamauchi H, Choi B, Kouchi T, et al. Mechanism of mixing enhanced by pseudo-shock wave[C]. 47th AIAA Aerospace Sciences Meeting Including The New Horizons Forum and Aerospace Exposition, Orlando, 2009: 25.

[166] Yamauchi H, Choi B, Takae K, et al. Flowfield characteristics of a transverse jet into supersonic flow with pseudo-shock wave[J]. Shock Waves, 2012, 22(6): 533-545.

[167] Kouchi T, Hoshino T, Sasaya K, et al. Time-space trajectory of unsteady jet into supersonic crossflow using high-speed framing schlieren images[C]. 16th AIAA/DLR/DGLR International Space Planes and Hypersonic Systems and Technologies Conference, Bremen, 2009: 7316.

[168] Berger E, Wille R. Periodic flow phenomena[J]. Annual Review of Fluid Mechanics, 1972, 4(1): 313-340.

[169] Beaudan P, Moin P. Numerical experiments on the flow past a circular cylinder at sub-critical reynolds number[R]. NASA STI/Recon Technical Report N, 1994.

[170] Williamson C H. Vortex dynamics in the cylinder wake[J]. Annual Review of Fluid Mechanics, 1996, 28(1): 477-539.

[171] Norberg C. Effects of Reynolds number and a low-intensity freestream turbulence on the flow around a circular cylinder[R]. Chalmers University of Technology, 1987.

[172] Roshko A. On the drag and shedding frequency of two-dimensional bluff bodies[R]. NACA-TN-3169, 1954.

[173] Bloor M S. The transition to turbulence in the wake of a circular cylinder[J]. Journal of Fluid Mechanics, 1964, 19(2): 290-304.

[174] Hama R. Three-dimensional vortex pattern behind a circular cylinder[J]. Journal of Aeronautical Science, 1957, 24: 156-158.

[175] Gerrard J. The three-dimensional structure of the wake of a circular cylinder[J]. Journal of Fluid Mechanics, 1966, 25(1): 143-164.

[176] Williamson C H K. The natural and forced formation of spot-like 'vortex dislocations' in the transition of a wake[J]. Journal of Fluid Mechanics, 1992, 243: 393-441.

[177] Williamson C H K. The existence of two stages in the transition to three - dimensionality of a cylinder wake[J]. Physics of Fluids, 1988, 31(11): 3165-3168.

[178] Williamson C H K. Defining a universal and continuous strouhal-reynolds number relationship for the laminar vortex shedding of a circular cylinder[J]. Physics of Fluids, 1988, 31(10): 2742-2744.

[179] Eisenlohr H, Eckelmann H. Vortex splitting and its consequences in the vortex street wake of cylinders at low reynolds number[J]. Physics of Fluids A: Fluid Dynamics, 1989, 1(2): 189-192.

[180] Sedney R, Kitchens C W, Jr. The structure of three-dimensional separated flows in obstacle-boundary layer interactions[R]. BRL Report 1791, 1975.

[181] Korkegi R H. Survey of viscous interactions associated with high Mach number flight[J]. AIAA Journal, 1971, 9(5): 771-784.

[182] Sedney R, Kitchens C W. Separation ahead of protuberances in supersonic turbulent boundary layers[J]. AIAA Journal, 1977, 15(4): 546-552.

[183] Dolling D, Bogdonoff S. Blunt fin-induced shock wave/turbulent boundary-layer interaction[J]. AIAA Journal, 1982, 20(12): 1674-1680.

[184] Dolling D, Bogdonoff S. An experimental investigation of the unsteady behavior of blunt fin-induced shock wave turbulent boundary layer interaction[C]. 14th Fluid and Plasma Dynamics Conference, Palo Alto, 1981: 1287.

[185] Voitenko D, Zubkov A, Panov Y A. Supersonic gas flow past a cylindrical obstacle on a plate[J]. Fluid Dynamics, 1966, 1(1): 84-88.

[186] Sedney R. A survey of the effects of small protuberances on boundary-layer flows[J]. AIAA Journal, 1973, 11(6): 782-792.

[187] Westkaemper J. Turbulent boundary-layer separation ahead of cylinders[J]. AIAA Journal, 1968, 6(7): 1352-1355.

[188] Hall D, Schetz J, Waltrup P, et al. Flowfield in the vicinity of cylindrical protuberances on a flat plate in supersonic flow[J]. Journal of Spacecraft and Rockets, 1968, 5(1): 127-128.

[189] Ozcan O, Holt M. Supersonic separated flow past a cylindrical obstacle on a flat plate[J]. AIAA Journal, 1984, 22(5): 611-617.

[190] Ozcan O, Yuceil B K. Cylinder-induced shock-wave boundary-layer interaction[J]. AIAA Journal, 1992, 30(4): 1130-1132.

[191] Gang D D, Yi S H, Wu Y, et al. Supersonic flow over circular protuberances on a flat plate[J]. Journal of Visualization, 2014, 17(4): 307-317.

[192] Murphree Z, Yuceil K, Clemens N, et al. Experimental studies of transitional boundary layer shock wave interactions[C]. 45th AIAA Aerospace Sciences Meeting and Exhibit, Reno, 2006: 1139.

[193] Yiu M W, Zhou Y, Zhou T, et al. Reynolds number effects on three-dimensional vorticity in a turbulent wake[J]. AIAA Journal, 2004, 42(5): 1009-1016.

[194] Yu M S, Song J, Bae J C, et al. Heat transfer by shock-wave/boundary layer interaction on a flat surface with a mounted cylinder[J]. International Journal of Heat Mass Transfer, 2012, 55(5): 1764-1772.

[195] Wheaton B, Schneider S, Bartkowicz M, et al. Roughness-induced instabilities at Mach 6: A combined numerical and experimental study[C]. 41st AIAA Fluid Dynamics Conference and Exhibit, Honolulu, 2011: 3248.

[196] Dolling D S, Bogdonoff S. Scaling of interactions of cylinders with supersonic turbulent boundary layers[J]. AIAA Journal, 1981, 19(5): 655-657.

[197] 马汉东, 李素循, 吴礼义. 高超声速绕平板上直立圆柱流动特性研究[J]. 航空学报, 2000, 21: 1-5.

[198] Bashkin V, Egorov I, Egorova M, et al. Supersonic flow past a circular cylinder with an isothermal surface[J]. Fluid Dynamics, 2001, 36(1): 147-153.

[199] Kumar A, Salas M. Euler and navier-stokes solutions for supersonic shear flow past a circular cylinder[J]. AIAA Journal, 1985, 23(4): 583-587.

[200] White J. A navier-stokes CFD analysis of the flowfield about a circular-cylinder protuberance mounted perpendicular to a flat plate in supersonic flow[C]. 13th Applied Aerodynamics Conference, San Diego, 1995: 1789.

[201] Manokaran K, Vidya G, Goyal V K. CFD simulation of flowfield over a large protuberance on a flat plate at high supersonic Mach number[C]. 41st Aerospace Sciences Meeting and Exhibit, Reno, 2003: 1253.

第 2 章　顺压力梯度作用下的超声速湍流边界层

顺压力梯度效应在超声速绕流和内流中均普遍存在。对于超声速流动，外部入射膨胀波系会诱导边界层流动产生流向顺压力梯度，此外超声速边界层加速运动往往会伴随着顺压力梯度的影响。通常顺压力梯度主要源于流动附着的壁面构型突然转向(如膨胀拐角流动)或渐变扩张(如凸曲壁流动)。这种压力梯度效应包含壁面几何形状引起的体积膨胀 $(\nabla \cdot U)$ 和流线曲率 $(\partial v / \partial x)$ 效应等，它们会决定顺压力梯度作用下的超声速湍流边界层的湍流行为。本章将分别介绍顺压力梯度平板边界层、膨胀拐角边界层及凸曲壁边界层等 3 种典型的受顺压力梯度作用的超声速湍流边界层流动。

2.1　顺压力梯度平板边界层流动

2.1.1　顺压力梯度平板边界层直接数值模拟方法及验证

1. 直接数值模拟方法

通过外加反射膨胀波系构造顺压力梯度平板边界层，摆脱了壁面弯曲等因素的影响，能够较好地针对顺压力梯度效应进行研究。在相同的来流条件下，对超声速顺压力梯度与零压力梯度平板湍流边界层开展了直接数值模拟。受顺压力梯度影响的平板超声速湍流边界层的计算域如图 2.1 所示，坐标原点设置在下壁面中点，x、y、z 分别表示流向、壁面法向和展向。从入口到坐标原点设置为湍流发展段，即负 x 区域。来流条件在表 2.1 中给出，下标 "∞" 表示自由来流参数。

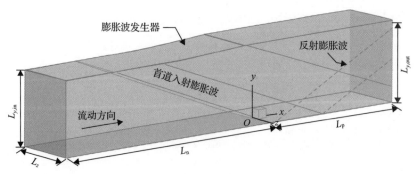

图 2.1　超声速顺压力梯度平板边界层计算域及流向顺压生成方法示意图[1,2]

表 2.1　来流参数[1,2]

变量	马赫数 Ma_∞	流向速度 U_∞ /(m/s)	总温 T_0 /K	总压 P_0 /kPa	99%边界层厚度 δ_i /mm
数值	2.9	615	300	101	5.2

计算域的尺寸和计算网格设置见表 2.2，下标"n"和"p"分别表示负 x 区域（湍流发展区域）和正 x 区域，δ_0 为 $x=0$ 处的边界层厚度。上标"+"表征由壁面参数 ν_w / u_τ 无量纲化的长度尺度，其中 ν_w 为壁面运动黏性系数，u_τ 为壁面摩擦速度，定义为 $u_\tau = \sqrt{\tau_w / \rho_w}$（$\tau_w$ 和 ρ_w 分别表示壁面剪切应力和流体密度）。

表 2.2　顺压力梯度平板边界层计算域尺寸及计算网格设置[1,2]

无量纲量	计算方法	数值
计算域尺寸	$\left[L_x \times \left(L_{y,in} ; L_{y,out} \right) \times L_z \right] / \delta_0^3$	$26.7 \times (4.8; 5.1) \times 4$
网格数	$N_x \times N_y \times N_z$	$1600 \times (289+15) \times 370$
流向网格间距	$\Delta x_n^+ ; \Delta x_p^+$	6; 4.5
首层壁面网格分辨率	$\Delta y_{1,n}^+ ; \Delta y_{1,p}^+$	0.6; 4.5
δ_0 内最大分辨率	$\Delta y_{max,n}^+ ; \Delta y_{max,p}^+$	5.0; 4.1
展向网格间距	$\Delta z_n^+ ; \Delta z_p^+$	3.9; 2.9

在直接数值模拟中，控制方程无黏项均采用 4 阶熵守恒分裂形式的中心差分格式进行离散化处理。黏性项及热对流项采用展开形式进行 2 阶项的直接离散，从而消除非紧致格式处理 1 阶导数项时带来的奇偶解耦问题。为保证边界与内部离散精度的一致性，壁面边界附近采用 Carpenter 提出的高精度边界处理方法[3]。激波捕捉格式采用结合数值压缩方法[4]的全差分下降(total variation diminishing, TVD)修正技术，并通过 Ducros 非线性滤波算子(激波感知算子)[5,6]融入中心差分格式。这种方法可以有效地兼顾计算精度与计算效率。此外，时间导数项的离散采用了具有 TVD 性质的 3 阶显式龙格-库塔(Runge-Kutta)格式。

对于湍流边界层精细数值模拟来说，非定常入口湍流的生成和维持至关重要。本章采用的数字滤波器方法通过对初始随机脉动场进行空间滤波、时间相关以及调幅处理，可以保证最终给定的入口湍流脉动二阶统计量及特征尺度与真实湍流边界层相符。在经历一定的发展恢复阶段后，湍流边界层即可发展为满足计算要求的状态。

本节以零压力梯度平板超声速湍流边界层为基准算例，算例的计算域如图 2.2

所示。基准算例来流参数与顺压力梯度超声速湍流边界层一致（表 2.1）。计算域的尺寸和计算网格设置见表 2.3，各符号定义与表 2.2 一致。

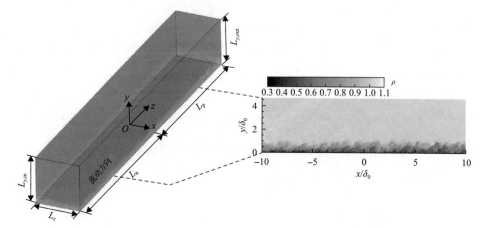

图 2.2 基准算例计算域及对应位置的边界层流场图像示意[1,2]

表 2.3 基准算例计算域尺寸及计算网格设置[1,2]

无量纲量	计算方法	数值
计算域尺寸	$\left[L_x \times \left(L_{y,\text{in}}; L_{y,\text{out}}\right) \times L_z\right] / \delta_0^3$	$33.3 \times (4.8; 4.8) \times 4.7$
网格数	$N_x \times N_y \times N_z$	$2500 \times 259 \times 431$
流向网格间距	$\Delta x_n^+; \Delta x_p^+$	$4.8; 4.8$
首层壁面网格分辨率	$\Delta y_{1,n}^+; \Delta y_{1,p}^+$	$0.6; 0.6$
δ_0 内最大分辨率	$\Delta y_{\max,n}^+; \Delta y_{\max,p}^+$	$6.6; 6.6$
展向网格间距	$\Delta z_n^+; \Delta z_p^+$	$3.9; 3.9$

2. 直接数值模拟方法验证

为了保证 FPG 算例与 ZPG 算例具有可比性并验证本算例的计算精度，分别给出 FPG 算例和 ZPG 算例在湍流发展段末端（$x = -\delta_0$ 处）的 van Driest（VD）变换速度剖面和湍流脉动分布，并进行了对比（图 2.3）。由图 2.3 可知，两个算例的边界层速度剖面和湍流脉动分布均吻合较好，这说明两个算例满足来流一致性的要求，同时网格具有较高的精度和分辨率。此外，图 2.4 分别给出了 FPG 算例和 ZPG 算例的壁面压力（无量纲）分布。由图 2.4 可知，湍流发展段两算例的壁面压力分布基本重合。

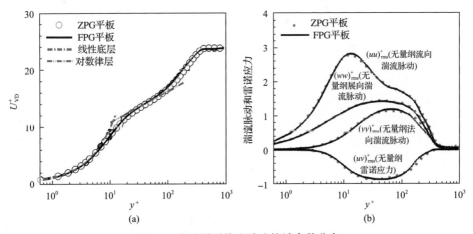

图 2.3　边界层时均和湍流统计参数分布

(a)van Driest 变换速度剖面；(b)湍流脉动分布及雷诺应力分布[1,2]

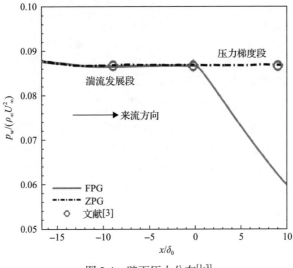

图 2.4　壁面压力分布[1-3]

2.1.2　顺压力梯度平板边界层平均流动特性

1. 壁面摩阻系数

对于 FPG 算例和 ZPG 算例，沿流向的壁面摩阻系数 $C_f = \tau_w / \left(0.5 \rho_\infty U_\infty^2 \right)$ 分布由图 2.5(a)给出。在 ZPG 算例中，壁面摩阻系数呈缓慢下降趋势，这与 Eckert[7] 湍流边界层的理论公式一致。在顺压力梯度流动的湍流发展段，壁面摩阻系数与零压力梯度基本一致，但在顺压力梯度边界层中，壁面摩阻系数沿流向总体呈减小趋势。同时，顺压力梯度段中的壁面摩擦速度 u_τ 以几乎恒定的增长率沿流向增加，但

在 $x=0$ 之后，在短区域内摩擦速度存在突然增加的现象，如图2.5(b)所示。

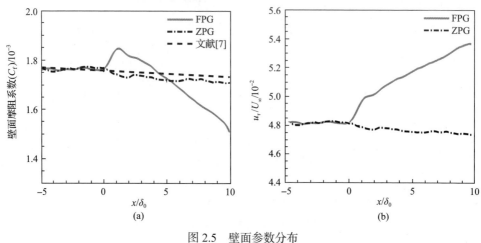

图 2.5　壁面参数分布

(a)沿流向的壁面摩阻系数；(b)摩擦速度分布[2,8]

2. 速度剖面

图 2.6 比较了不同流向位置处边界层厚度无量纲化的平均速度分布。与零压力梯度算例相比，顺压力梯度算例中的边界层持续加速，由于压力降低，速度剖面变得更加饱满，这是因为膨胀波会导致更高的流速。但边界层不同位置的加速度水平是不同的，顺压力梯度流动中的缓冲区和对数律区的加速度高于外层，内外层平均流速的响应是不同的。当遇到膨胀波时，内层尤其是缓冲和对数律区比外层对加速度更敏感，这与普朗特-迈耶尔(Prandtl-Meyer)关系式的分析一致。在 Prandtl-Meyer 关系式中，动量较高的超声速流体比动量较低的流体具有更低的速度增长率。

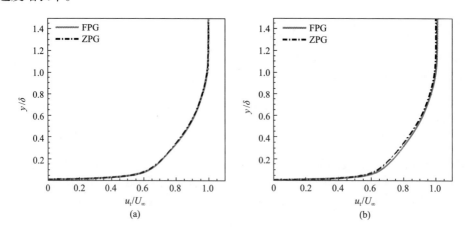

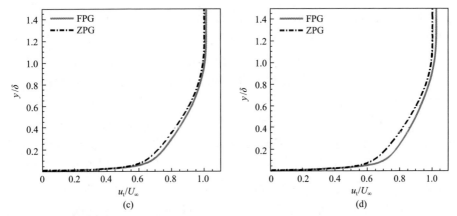

图 2.6　不同流向位置处边界层厚度无量纲化的平均速度剖面（δ 表示当地边界层厚度）

(a) $x/\delta_0 = -1$；(b) $x/\delta_0 = 2$；(c) $x/\delta_0 = 4$；(d) $x/\delta_0 = 8$ [1,2]。u_t 为流向速度

考虑到可压缩边界层中的密度变化，在不同流向位置采用内标度的无量纲化 van Driest 变换平均速度剖面由图 2.7 给出。结果表明，无论流向位置如何，黏性

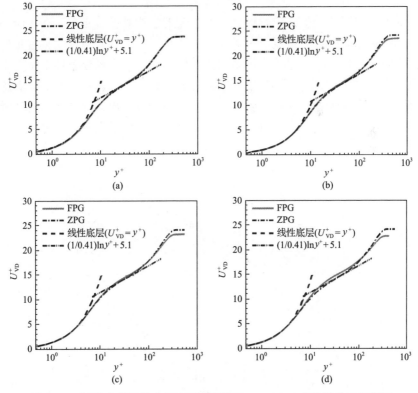

图 2.7　不同流向位置处内标度无量纲化的 van Driest 变换平均速度剖面

(a) $x/\delta_0 = -1$；(b) $x/\delta_0 = 2$；(c) $x/\delta_0 = 4$；(d) $x/\delta_0 = 8$ [2,8]

底层的速度剖面都能很好地重合在一起。然而，从缓冲区到尾迹区，当流动向下游发展时，剖面却各不相同。与零压力梯度情形相比，顺压力梯度中的缓冲区得到了扩展，对数律区由于顺压力梯度的作用而出现了位置上移的现象，但并不十分显著。这一趋势表明，膨胀波穿过边界层时出现了分层化的速度响应，也意味着近壁耗散长度尺度的减小，低于零压力梯度边界层中的平衡值[9]。尽管边界层尾迹区的速度通过连续的膨胀波而增加，但 van Driest 变换后的平均速度与零压力梯度情况相比有明显的下降趋势，这表明密度变化对顺压力梯度下的速度型影响很大。这种现象在凸曲壁[10]上及膨胀拐角[11,12]上的超声速边界层中也有观察到。随着流速的进一步加快，密度相应降低，然而密度和速度的变化率是不同的，这种区别可能会因为顺压力梯度而进一步增强。由 van Driest 变换平均速度 U_{VD}^{+} 的表达式推导可知密度和速度变化的不同步会使得速度剖面在整个边界层表现出不同的行为。这里需要注意的是，在此只关注顺压力梯度过程，而不考虑通常在膨胀拐角算例中讨论的恢复过程，这也是尾迹区域不能恢复到零压力梯度水平的原因。

3. 密度及温度脉动特征

图 2.8 给出了不同流向位置处沿壁面法向的平均密度分布图。在零压力梯度算例中，不同流向位置的密度分布很好地重合在一起，这表明流动具有较好的相似性。然而，受膨胀波引起的体积膨胀作用影响，顺压力梯度条件下密度不断降低，同时在 $y/\delta=1$ 位置处顺压力梯度算例的密度无法达到来流水平，由此可推断出边界层厚度随压力下降而增加。从图 2.8 也可以看出，内层平均密度沿流向的下降速率比外层慢，这与表面摩擦和平均速度分布的变化是一致的。

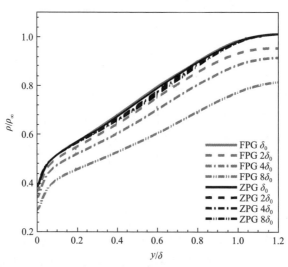

图 2.8　不同流向位置处，由来流密度无量纲化的沿壁面法向分布的平均密度[2,8]

不同流向位置的密度脉动(由当地平均密度 $\bar{\rho}$ 无量纲化)如图 2.9 所示,下标"rms"表示均方根(root mean square,RMS)。在 FPG 算例中,随着流动的发展,内层和外层的密度脉动强度都会增大,并形成两个突出的峰值,一个在边界层内层,一个在边界层外层。虽然外层峰值一般高于内层峰值,但内层峰值随着压力的降低而迅速增大。分析得到,顺压力梯度增强了内外层的体积膨胀,但内外层的脉动行为表现不同。结合对内外层速度增长率的观测,边界层相应部位密度的快速变化反映出平均流向脉动内能的能量传输被增强了。

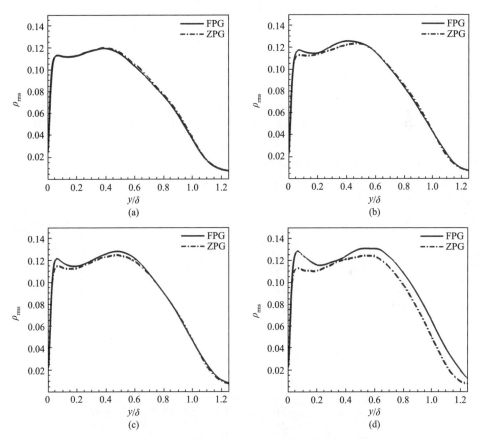

图 2.9　不同流向位置处,由当地平均密度无量纲化的密度脉动
(a) $x/\delta_0 = -1$; (b) $x/\delta_0 = 2$; (c) $x/\delta_0 = 4$; (d) $x/\delta_0 = 8$ [2,8]

受顺压力梯度影响的前后两个不同的流向位置处的强雷诺比拟(strong Reynolds analogy,SRA)和速度密度相关关系[13]由图 2.10 给出。图 2.10(a)表明,对于零压力梯度和顺压力梯度湍流边界层,强雷诺比拟均能很好地满足,贯穿大部分边界层的 $R_{u''T''}$ (速度和温度脉动的相关性)约为 0.6,这与超声速零压力梯度边界层[14]的结果相似。但同时也可以看出,在缓冲区和对数律区,强雷诺比拟和

速度密度相关关系会受到顺压力梯度的轻微影响(图 2.10(b))。

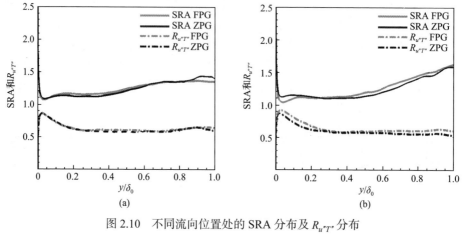

图 2.10　不同流向位置处的 SRA 分布及 $R_{u''T''}$ 分布

(a) $x/\delta_0 = -1$；(b) $x/\delta_0 = 8$ [2,8]

2.1.3　顺压力梯度平板边界层湍流结构

1. 近壁湍流结构

图 2.11 比较了不同壁面法向位置处的流向速度场，从图中可以清楚地识别出交替的低速和高速条带。与零压力梯度流动相比，顺压力梯度边界层上游湍流发展段在 $y/\delta_0 = 0.02$ 处也出现了典型的近壁条带结构。当它在第一个膨胀波入射点($x/\delta_0 = 0$)之后进一步向下游移动时，准流向近壁结构与上游结构几乎保持不变。随着膨胀效应的连续作用，高速条带在顺压力梯度算例的远下游区域($5 < x/\delta_0 < 10$)中被分开和打散。与零压力梯度相比，顺压力梯度使相邻低速条

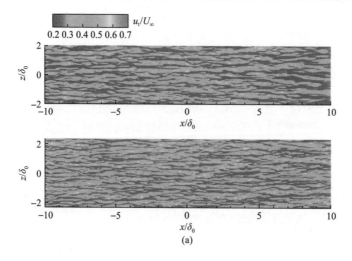

(a)

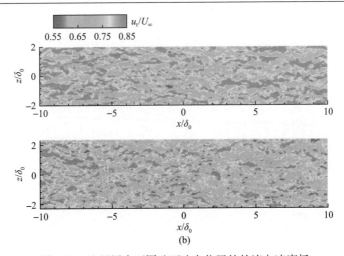

图 2.11　边界层内不同壁面法向位置处的流向速度场

(a) $y/\delta_0 = 0.02$ 截面上顺压力梯度(上)和零压力梯度(下)的流场对比；(b) $y/\delta_0 = 0.25$ 截面上顺压力梯度(上)和零压力梯度(下)的流场对比[1,2,8]

带之间的距离增大，条带宽度也变大。在 $y/\delta_0 = 0.25$ 处(图 2.11(b))，顺压力梯度边界层中下游区域的最小流向速度高于零压力梯度，且大尺度条带在较长的流向距离内保持相干。

图 2.12 比较了在 $x/\delta_0 = 5$ 时，不同壁面法向距离下流向速度脉动的展向两点相关，可以定量比较相邻低速条带之间的展向间距。可以看出，在这两个壁面法向位置，条带间距被顺压力梯度放大，近壁区较宽的条带间距也解释了顺压力梯度算例中表面摩擦力减小的原因。进一步检查图 2.12，顺压力梯度下的速度相关最小值明显低于零压力梯度下的速度相关最小值。在 $y/\delta_0 = 0.02$ 时，最小值的差

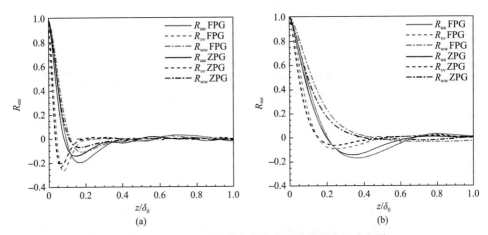

图 2.12　在 $x/\delta_0 = 5$ 处的流向速度脉动的展向两点相关

(a) $y/\delta_0 = 0.02$ ；(b) $y/\delta_0 = 5$ [1,2,8]。下标 $\alpha\alpha$ 代表 ww、uu、vv

异似乎比在较高的壁面法向位置处的差异更大。由此推断，当接近壁面时，由于体积膨胀，较低位置的流体对较高位置的条带的影响稍强。

2. 湍流流场特征

图 2.13 展示了 $u_t / U_\infty = 0.45$ 处流线速度的等值面，云图由无量纲化的壁面法向高度给出。对于图中所示的零压力梯度算例，可以清楚地看到典型的流向湍流结构。这种结构在 FPG 算例的上游部分持续存在（图 2.13(b)），然而在下游膨胀区，流场结构明显不同于零压力梯度算例。在顺压力梯度算例中，并没有出现零压力梯度流动下游中的团状条带结构。顺压力梯度的下游条带结构在进入顺压力梯度段之前似乎继承了它们的上游条带结构，与近壁条带的规律一致，而不会像零压力梯度流动中的条带结构那样彼此纠缠。

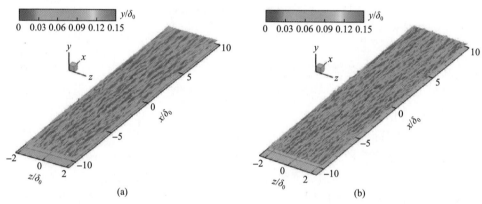

图 2.13　$u_t / U_\infty = 0.45$ 处流线速度等值面
(a)顺压力梯度；(b)零压力梯度[1,2,8]

为了描述涡结构，图 2.14 给出了 λ_2 等值面来表示湍流结构，图中 λ_2 取一较小的负值(-0.08)，云图为 $y / \delta_0 = 0.35$ 位置的瞬时流向速度。顺压力梯度流动与零压力梯度流动相比有明显差异：在顺压力梯度算例中，膨胀波引起体积膨胀，湍流结构似乎在壁面法向被拉伸而变稀疏，如图 2.14(a)所示。然而，零压力梯度算例中大尺度结构周围伴随的大量小尺度结构大多被湮灭，这与膨胀拐角[12,15,16]以及凸曲壁[17,18]上的边界层观察到的结果一致。

在图 2.15 中比较了从入口开始的瞬时流线，它们分别位于 $y / \delta_0 = 0.02$ 和 $y / \delta_0 = 0.4$ 等不同壁面法向高度上，这些流线由无量纲化的壁面法向距离着色。在内层区域内，顺压力梯度（图 2.15(a)）和零压力梯度（图 2.15(b)）的流线都被缓慢提升，在远离第一个膨胀波入射点的下游，顺压力梯度的流线比零压力梯度的流线稍微高一些。

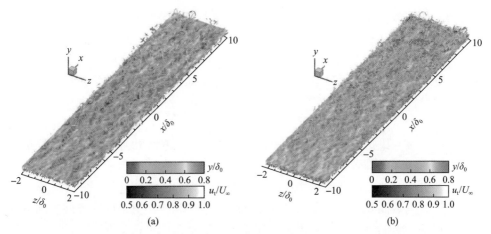

图 2.14　顺压力梯度和零压力梯度边界层的瞬时 λ_2 等值面（彩图扫二维码）

云图为无量纲化的壁面法向距离，灰度截面为壁面法向距离 $y/\delta_0 = 0.35$ 处的瞬时流向速度截面。(a)顺压力梯度；(b)零压力梯度[1,2,8]

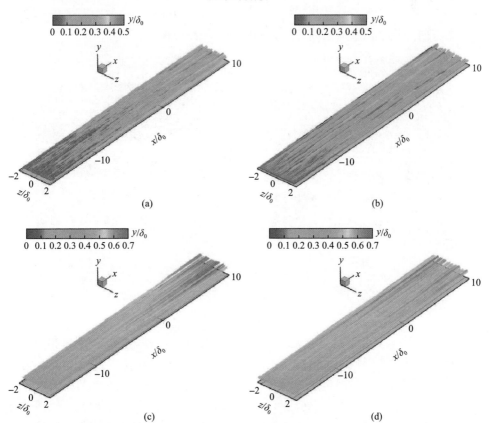

图 2.15　顺压力梯度和零压力梯度边界层不同壁面法向位置处的三维流线分布

(a)、(c)顺压力梯度；(b)、(d)零压力梯度；(a)、(b) $y/\delta_0 = 0.02$；(c)、(d) $y/\delta_0 = 0.4$ [2,8]

在近壁区域，流线在向下游延伸过程中会出现明显弯曲的现象，在顺压力梯度算例中，这种现象比零压力梯度情况明显减弱。在外层，顺压力梯度流线比零压力梯度流线有明显的提升，并变得更平直，且在 FPG 算例和 ZPG 算例中不存在流线的蜿蜒效应。膨胀波和体积膨胀引起的流动抬升效应减弱了黏性引起的流动不稳定性及其从近壁区向外层的传播，内外层不同的行为反映出顺压力梯度边界层分层化的特点。由于同样的原因，近壁区不稳定流动无法从外层高速流体获得足够的能量来维持其活动，这解释了为什么顺压力梯度边界层较零压力梯度算例中近壁流线和条带较少出现弯曲现象。

为了更详细地了解湍流结构在顺压力梯度作用下的演变过程，图 2.16 中绘制了 $x/\delta_0 = 8$ 处截面瞬时的速度云图。在 FPG 算例和 ZPG 算例中，外层流动速度型是相似的，然而在顺压力梯度的算例中，靠近壁面的低速流体不太活跃，低速凸包结构尺度较零压力梯度情况更小，这意味着层间相互作用减弱，边界层严格分层。对于截面内的流线，在顺压力梯度算例中，小尺度的流线涡被强烈抑制，这与图 2.14 所示的湍流结构一致。值得注意的是，在图 2.16(a)中，$y/\delta_0 = 2$ 处的流线方向变化是该壁面法向位置处的膨胀波场结束所致。

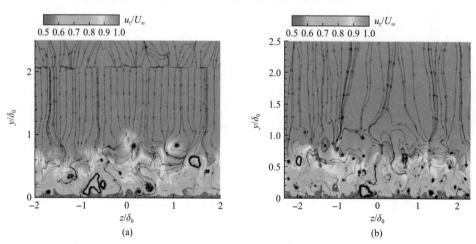

图 2.16　流向位置 $x/\delta_0 = 8$ 处的流向速度云图及该截面中的二维流线分布
(a)顺压力梯度；(b)零压力梯度[1,2,8]

图 2.17 展示了无量纲化的流向涡量。结果表明，与零压力梯度涡量相比，顺压力梯度涡量分布展现出稀疏的特点，特别是在外层，小尺度涡极为罕见。为了进一步研究压力梯度对涡量的影响，接下来将讨论涡量输运方程中的斜压项。

图 2.18 展示了 $x/\delta_0 = 8$ 处截面上的斜压扭矩云图。从图 2.18(a)可以清楚地看出，与零压力梯度相比，顺压力梯度边界层外围的斜压性明显降低，近壁斜压性同样受到了抑制。斜压性的这种空间分布与图 2.17 所示的流向涡量的空间分布

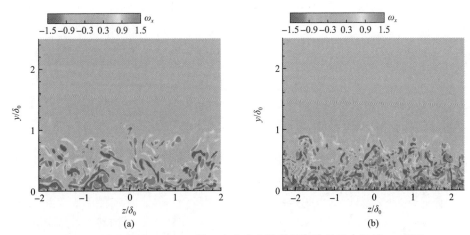

图 2.17 流向位置 $x/\delta_0 = 8$ 处，由来流参数无量纲化的流向涡量 ω_x 云图

(a)顺压力梯度；(b)零压力梯度[2,8]

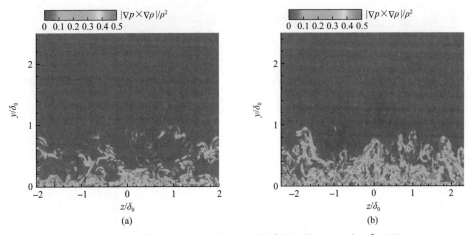

图 2.18 流向位置 $x/\delta_0 = 8$ 处，无量纲斜压项 $|\nabla p \times \nabla \rho|/\rho^2$ 云图

(a)顺压力梯度；(b)零压力梯度[1,2,8]

非常相似，反映出斜压性与涡量的产生有很强的相关性。在顺压力梯度算例中，边界层内层和外层之间的层间相互作用被减弱了，这意味着低速和高速流体的挤压效应受到抑制，不同速度的流体倾向于分层化。

3. 空间两点相关

在 xz 平面和 xy 平面中计算流向速度分量的两点空间相关性可用于分析湍流相干结构对顺压力梯度的响应规律[10,18]。xz 平面两点空间相关性使用以下关系计算：

$$R_{uu}\left(x_0+\Delta x,y_0,\Delta z\right)=\frac{\overline{u'\left(x_0,y_0\right)\cdot u'\left(x_0+\Delta x,y_0,\Delta z\right)}}{\sqrt{\overline{u'\left(x_0,y_0\right)^2}}\cdot\sqrt{\overline{u'\left(x_0+\Delta x,y_0\right)^2}}} \tag{2.1}$$

式中，下标"0"表示参考位置；Δx 和 Δz 分别表示与参考位置的面内流向距离和展向距离。在图 2.19 中比较了顺压力梯度和零压力梯度算例中的空间两点相关，它们分别对应于内层（y^+=10，参见图 2.19（a）、（b））和外层（y^+=100，参见图 2.19（c）、（d））中相同的流向参考位置。

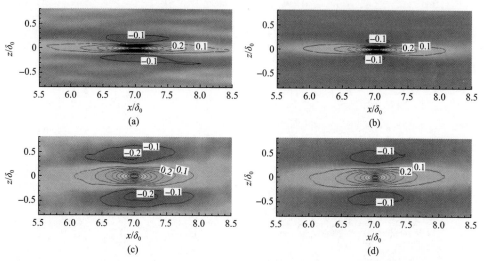

图 2.19　流向参考位置 $x/\delta_0=7$ 处不同壁面法向位置的 xz（壁面法向截面）平面空间两点相关
（a）y^+=10（顺压力梯度）；（b）y^+=10（零压力梯度）；（c）y^+=100（顺压力梯度）；（d）y^+=100（零压力梯度）[2,8]

　　图 2.19 展示了低速和高速条带的典型流动模式，即强正相关流向拉长模式，两侧为负相关结构。尽管相关图不能直接揭示湍流结构的实际流向长度，但它们却能够显示湍流结构的特征尺寸[19]。如图 2.19（a）、（b）所示，顺压力梯度算例中内层的正相关结构尺度明显大于零压力梯度算例中的正相关结构尺度，两侧的负相关结构也有相似的特征。在较高的壁面法向位置（图 2.19（c）、（d）），顺压力梯度算例中正相关结构的流向尺寸比零压力梯度算例中稍短，而负相关结构更大，由此推断，由于体积膨胀以及条带间距的增加，顺压力梯度条件下流体从壁面到外层的偏离更大。

　　在同一参考点的 xy 平面上的两点空间相关性使用以下关系计算：

$$R_{uu}\left(x_0+\Delta x,y_0+\Delta y\right)=\frac{\overline{u'\left(x_0,y_0\right)\cdot u'\left(x_0+\Delta x,y_0+\Delta y\right)}}{\sqrt{\overline{u'\left(x_0,y_0\right)^2}}\cdot\sqrt{\overline{u'\left(x_0+\Delta x,y_0+\Delta y\right)^2}}} \tag{2.2}$$

图 2.20 的结果清楚地表明，这些结构具有一个前向倾斜(向下游方向)的椭圆形构型，这与之前关于超声速湍流边界层的研究一致[10,17,20]。在 xy 平面中显示的结构尺寸变化与在 xz 平面相似，外层(图 2.20(c)、(d))中的相干结构呈远离壁面的趋势。正如 Adrian 等[21]所指出的，相干结构的倾斜角代表了由沿流向排列的发卡涡形成的包络线所定义的发卡涡包的增长角。外层相干结构的增长角和壁面法向范围均大于近壁处的相干结构，说明外层存在较大的湍流结构。在顺压力梯度

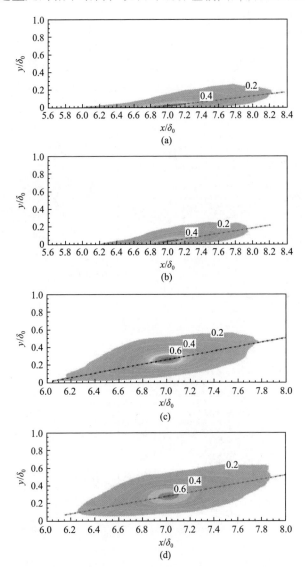

图 2.20　流向参考位置 $x/\delta_0 = 7$ 处不同壁面法向位置的 xy (展向截面)平面空间两点相关
(a) y^+ =10 (顺压力梯度)；(b) y^+ =10 (零压力梯度)；(c) y^+ =100 (顺压力梯度)；(d) y^+ =100 (零压力梯度)[2,8]

算例中，内层和外层的结构都有与上游流动相干的趋势，反映在它们常常向流动上游方向扩展流向尺度，这直接证明了流体由于体积膨胀而从内向外上升的趋势。研究还发现，在离壁面较高的位置，这种趋势变得更加明显，这与前面关于流线的讨论是一致的。

2.1.4　顺压力梯度平板边界层湍流统计特性

1. 湍动能分布

图 2.21 比较了不同流向位置的湍流脉动分布。在湍流发展段内(图 2.21(a))，不同流向位置的脉动分布均重合在一起，表明在进入顺压力梯度段之前，湍流已达到平衡状态。由于顺压力梯度的作用，速度脉动的所有分量都被抑制了，随着流动向下游发展，流向速度脉动在外层中比在内层下降得更快，速度脉动的其他分

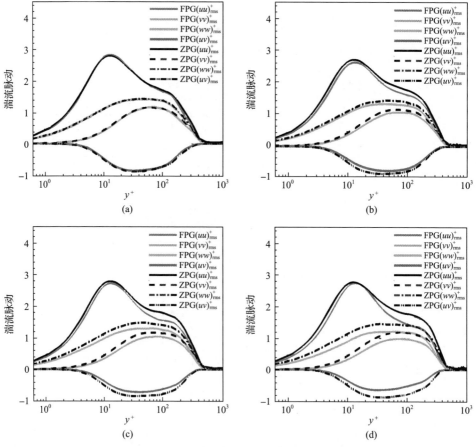

图 2.21　不同流向位置处采用内标度的湍流脉动

(a) $x/\delta_0 = -1$；(b) $x/\delta_0 = 2$；(c) $x/\delta_0 = 4$；(d) $x/\delta_0 = 8$ [1,2,8]

量几乎遵循与流向分量相同的趋势。在顺压力梯度作用下，湍流脉动在内层和外层的响应呈现出分层化的特点。以往针对经过膨胀拐角的超声速湍流脉动的实验研究[15]指出，当壁面转角或顺压力梯度足够大时，雷诺应力会减小甚至改变其符号。这里所讨论的 FPG 算例属中等顺压力梯度，因此在当前顺压力梯度算例中没有观察到雷诺应力反号的情况。

　　不同流向位置处，湍流马赫数 $Ma_t = \sqrt{\overline{u'u'}/\bar{c}}$（$\bar{c}$ 表示局部平均声速）和由来流参数无量纲化的脉动马赫数 Ma_{rms} 由图 2.22 给出。对于 ZPG 算例和 FPG 算例，湍流马赫数（虚线）总是小于 0.3，其最大值出现在近壁区域。在边界层外层区域，顺压力梯度下的 Ma_t 在流动下游降至对应零压力梯度之下，这与前面讨论的湍动能下降一致。对于顺压力梯度的 Ma_t 分布，其近壁区域中的最大峰值缓慢上升并最终高于零压力梯度，这可能是密度和温度的变化而引起的声速改变造成的。脉动马赫数（实线）表现出与湍流马赫数不同的行为，边界层内外层峰值均被显著地

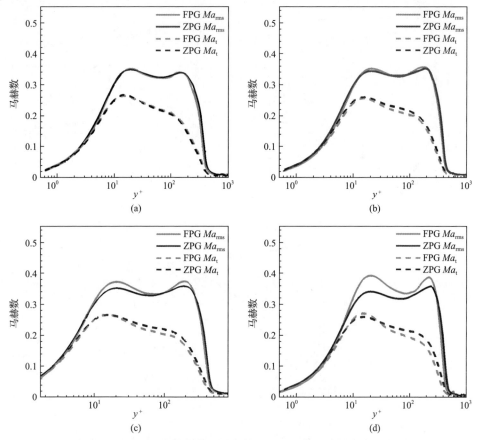

图 2.22　不同流向位置处湍流马赫数 Ma_t 与脉动马赫数 Ma_{rms} 分布

(a) $x/\delta_0 = -1$；(b) $x/\delta_0 = 2$；(c) $x/\delta_0 = 4$；(d) $x/\delta_0 = 8$ [1,2,8]

抬升，位于近壁区域的峰值甚至比下游的第二峰值更高（图 2.22(d)）。这一趋势与密度脉动的分布非常相似，由此反映出脉动马赫数与密度脉动之间存在着相对密切的关联。这表明在顺压力梯度算例中，由体积膨胀引起的密度变化在促进平均流和湍流之间的能量传输方面起着重要作用。

2. 象限分解分析

为了分析近壁湍流流动，采用象限分解技术[10,22,23]，将脉动速度分为4组或4个象限，分别位于 u' - v' 平面内（流向和壁面法向脉动速度）。每个脉动样本被视为一个事件，事件分别命名为外向作用（Q1 事件）、上喷（Q2 事件）、内向作用（Q3 事件）和下洗（Q4 事件）事件。

图 2.23 给出了不同流向位置象限分解雷诺应力的统计分布。在顺压力梯度的影响下，各象限事件均明显减少，Q2 事件和 Q4 事件在边界层中占主导地位。尽

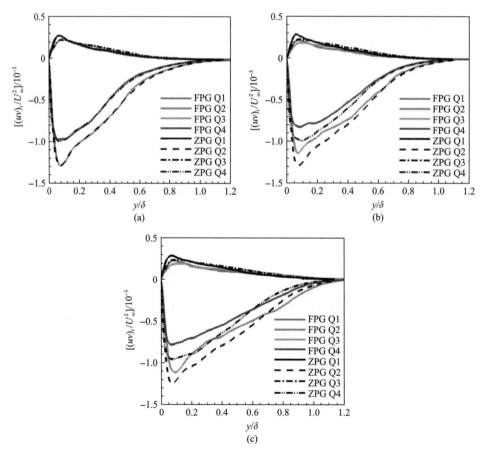

图 2.23　不同流向位置象限分解雷诺应力的统计分布（彩图扫二维码）

(a) $x/\delta_0 = -1$；(b) $x/\delta_0 = 4$；(c) $x/\delta_0 = 8$ [1,2,8]

管不同事件的峰值随流动向下游发展而迅速下降，然而在缓冲区和对数律区内，它们于壁面法向上的峰值位置几乎没有变化。层间湍动能输运模式似乎没有改变，尽管存在膨胀波引起的体积膨胀效应，但主要湍流结构只是根据边界层厚度的变化来调整自己的空间位置，它们在边界层内的相对位置保持不变，这清楚地反映在流线分布和 λ_2 结构中。由图 2.23 可以看出，在近壁区，Q4 事件贡献了大部分的雷诺应力，这表明下洗事件在近壁湍流的产生中占主导地位，这与之前的分析一致。Q2 事件的贡献比 Q4 事件的贡献增加得快，并最终在边界层的其余部分占主导地位。在顺压力梯度算例中，边界层外层边缘附近，Q2 和 Q4 事件分布几乎保持与零压力梯度算例中相同的水平，甚至在下游更高。众所周知，边界层外层边缘倾向于与无旋主流相互作用。如前所述，顺压力梯度引起的边界层膨胀可能会增强边界层外缘与主流之间的对流效应，从而导致该区域的猝发事件。

3. 湍动能平衡

图 2.24 分别给出了在 $x/\delta_0 = -1$ 和 $x/\delta_0 = 8$ 两个不同的流向位置处的湍动能平衡分布，湍动能的定义在 1.2.2 节已经给出。图中，P 表示生成项，T 表示湍流输运项，Π 表示压力膨胀和扩散组合项，D 表示黏性扩散项，$-\Phi$ 表示黏性耗散项，C 表示对流项，所有项均由 $\rho_w u_\tau^4/\nu_w$ 无量纲化。在 $x/\delta_0 = -1$（图 2.24(a)）处，顺压力梯度流动的湍动能平衡与零压力梯度流动的湍动能平衡分布基本一致，边界层内的黏性耗散项平衡了生成项，而近壁区的黏性扩散主要由黏性耗散平衡。在顺压力梯度的影响下，生成项及黏性耗散项、黏性扩散项在湍动能平衡分布中均显著降低，这表明湍流强度降低。特别地，这些平衡项的下降在内层更为明显。

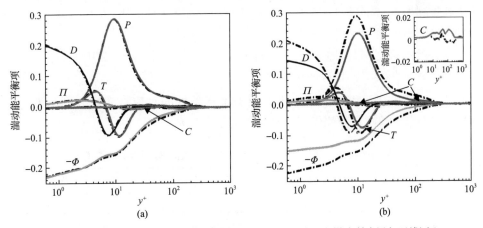

图 2.24　不同流向位置顺压力梯度算例(实线)与零压力梯度算例(点画线)间
湍动能平衡分布的对比
(a) $x/\delta_0 = -1$；(b) $x/\delta_0 = 8$ [1,2,8]

虽然生成项衰减剧烈，但从边界层缓冲层到外层的正对流增量在新的平衡中补充了生成项的不足，对流效应的增强对于缓解顺压力梯度超声速边界层湍流脉动的衰减具有积极作用。

2.2　顺压力梯度膨胀拐角边界层流动

　　膨胀拐角是研究膨胀作用下可压缩湍流边界层的典型构型。当超声速流动经过膨胀拐角时，由于膨胀拐角的加速，密度降低，边界层加厚。经膨胀拐角扩张后，边界层会经历一段弛豫过程(指从某一状态逐渐恢复至平衡态)，表现出与处于平衡态的来流截然不同的湍流特性。对于经过膨胀拐角的超声速流动，湍流抑制是其主要的特点。当膨胀效应进一步增强时，甚至可能导致湍流边界层发生再层流化现象[24]。本节采用直接数值模拟和实验方法对流经膨胀拐角的超声速湍流边界层流动进行了还原，在 $Ma = 2.7$ 条件下对扩张角为 0°(平板)、2°、4°的膨胀拐角流动进行了直接数值模拟，同时展示了扩张角分别为 0°、2°、4°及 10°的膨胀拐角的实验流场。

2.2.1　膨胀拐角边界层直接数值模拟方法及验证

1. 直接数值模拟方法

　　本节中的所有模拟均采用直接求解三维非定常 N-S 方程的方法，控制方程和算法的细节可以在文献[25]以及其中引用的参考文献中找到。模拟中三个速度分量 u、v 和 w 的流向特征长度标度分别设置为 $0.65\delta_i$、$0.35\delta_i$ 和 $0.35\delta_i$ (δ_i 定义为 99% 主流速度位置与壁面间的距离)。平均速度剖面和速度 RMS 剖面是事先从 Schlatter 和 Örlü[26]关于不可压缩平板边界层的 DNS 数据库中给定的。

　　入口参数(表 2.4)依照 Sun 等[27]的实验条件进行设置。模拟中边界层名义厚度估计为 $\delta_i = 5.7\text{mm}$，相应的可压缩(考虑密度变化)边界层位移厚度和动量厚度分别为 $\delta_i^* = 1.96\text{mm}$ 和 $\theta = 0.41\text{mm}$，根据来流条件的对应雷诺数分别为 $Re_{\delta*} = 17213$ 和 $Re_\theta = 3600$。数值模拟流动条件列于表 2.4。

表 2.4　数值模拟流动条件(包含入口处来流边界层有量纲厚度及雷诺数)[12]

马赫数 Ma	总温 T_0 /K	总压 P_0 /kPa	99%边界层厚度 δ_i /mm	动量厚度 θ /mm	雷诺数 Re_θ
2.7	300	100	5.7	0.41	3600

　　计算域示意图如图 2.25 所示，采用曲线坐标系，x 为流动方向，y 为垂直于壁面方向，z 为展向。坐标原点位于膨胀拐角。根据萨瑟兰(Sutherland)公式，假设黏性随温度变化，参考温度设置为 122.1K，为匹配来流条件，Sutherland 常数

设置为 110.4K。为了模拟整个恢复过程，计算中只考虑了 2°和 4°两种较小的扩张角，并设置膨胀段长度 $L_e = 16\delta_0$($x = 0$处边界层厚度) ≈ 100mm，同时将 2°膨胀拐角算例和 4°膨胀拐角算例分别简记为 Expan2 和 Expan4。

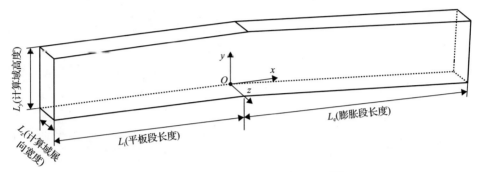

图 2.25　直接数值模拟计算域示意图[12]

2. 直接数值模拟方法验证

本节中统计平均特性是通过平均 400 个无量纲时间步长的计算结果得到的。数值模拟中使用了与 Touber 和 Sandham[25]相同的方法由相似解给出来流平均速度剖面，而来流速度脉动则是通过将相似雷诺数下 Schlatter 和 Örlü[26]的 DNS 结果通过 van Driest 变换得到的。本节计算了 $x = 0$mm 位置（计算域入口下游85mm处）平板湍流边界层的平均速度剖面和脉动均方根分布，并与现有结果进行了对比验证。

$x = 0$mm 处的边界层厚度 $\delta_0 \approx 6.19$mm，可压缩边界层位移厚度和动量厚度分别为 $\delta_0^* \approx 2.37$mm 和 $\theta_0 = 0.48$mm。基于动量厚度的雷诺数 $Re_\theta = \rho_e U_e \theta_e / \mu_w$ 为 4215。一种适合于高马赫数流动的由平均密度比无量纲化的可压缩标度律（Morkovin[13]和 Duan 等[28]）被用于变换当前可压缩 RMS 结果，从而与 Schlatter 和 Örlü[26]的不可压缩结果进行比较。变换后的边界层位移厚度和动量厚度分别为 $\delta_0^* = 2.50$mm 和 $\theta_0 = 0.55$mm。对应的 van Driest 变换的雷诺数 $Re_{\theta,\mathrm{VD}} = \rho_w U_e^{\mathrm{VD}} \theta^{\mathrm{VD}} / \mu_w = 1078$，与 Schlatter 和 Örlü[26]不可压缩算例中的雷诺数 1000 非常接近。此处下标"e"和"w"分别表示边界层外缘和壁面处参数，上标和下标中的"VD"则表示 van Driest 变换后的值。在零压力梯度下，van Driest 变换结果基本复现了不可压缩湍流边界层中经典的对数律分布[29]，如图 2.26 所示，在近壁区和对数律区均与 Schlatter 和 Örlü[26]的结果吻合得很好。由于模拟中没有采用绝热壁设置，因此尾迹区略高于 Schlatter 和 Örlü[26]的结果。Morkovin[13]指出，用平均密度剖面的平方根进行无量纲化，能使脉动均方根流向分量分布重叠（展向和壁面法向分量也可能有类似的规律）。结果表明，利用这种方法标度的 RMS 分布与 Schlatter 和

Örlü[26]的 DNS 结果吻合得很好。

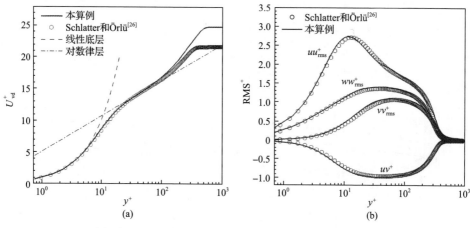

图 2.26　距入口 85mm 处的边界中时均和统计参数分布

(a)平均速度分布；(b)RMS 速度分布[12]

2.2.2　膨胀拐角恢复区的平均流动特性

时间平均的沿程壁面摩阻系数分布如图 2.27(a)所示。对于不同扩张角的算例,湍流发展段的壁面摩阻系数缓慢下降并从 $x/\delta_0 = -5$ 位置处开始与平板湍流边界层的结果相一致，这表明来流在拐角前已经发展为完全湍流边界层。因此上游边界层发展距离设置为 $14\delta_0$ 是合适的，这足以使得来流发展到平衡状态。在膨胀拐角的算例中，在拐角附近($x/\delta_0 = 0$)下游壁面的突然压降和摩阻系数上升是由膨胀波引起的，由此导致拐角处的壁面摩阻系数很高。相比壁面摩阻系数，壁面压力下降并达到平衡的速度更慢，这表明壁面摩阻系数与边界层内部流动的物

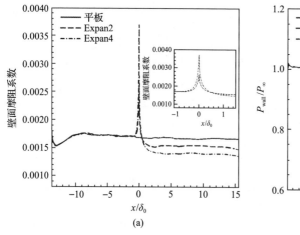

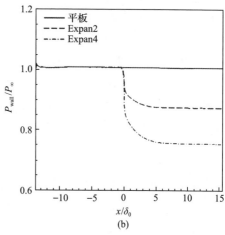

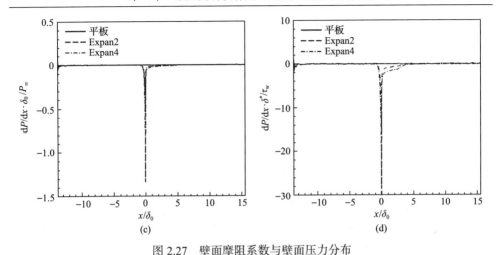

图 2.27　壁面摩阻系数与壁面压力分布

(a)壁面摩阻系数；(b)由来流动压无量纲化的壁面压力分布；(c)由 δ_0 / P_∞ 无量纲化的压力梯度；

(d)由 δ^* / τ_w 无量纲化的压力梯度[12]

理关系更密切，而壁面压强则取决于整个边界层。无量纲压力梯度定义为 $\mathrm{d}P /$ $\mathrm{d}x \cdot \delta^* / \tau_w$，其中 τ_w 是壁面剪应力，δ^* 是边界层的位移厚度。从图 2.27(c)可以看出，压力梯度在 $0 < x / \delta_0 < 5$ 时有一个负的最大峰值，对应于上述的非平衡状态。当 $x / \delta_0 > 5$ 时，压力梯度趋于零，这意味着该区域的流动进入零压力梯度状态，边界层将继承 $0 < x / \delta_0 < 5$ 的湍流流动状态。

　　图 2.28 比较了平板和膨胀拐角算例中膨胀拐角上游和下游几个流向位置的平均速度剖面，速度剖面的位置选取在拐角下游($x / \delta_0 = 0.81$)位于在膨胀波下方的强相互作用区域内。在膨胀拐角附近多数位置，膨胀拐角算例的速度剖面比平板算例更高。图 2.28 给出了采用当地边界层外边界速度 U_e 无量纲化后的速度分布，从图 2.28 中可以看出，随着膨胀拐角的增加，在 $x / \delta_0 = 0.81$ 处，下游速度剖面变得更加饱满。当 $x / \delta_0 = 5.65$ 和 $x / \delta_0 = 15.35$ 时，由于外层速度剖面发生了明显的变化，因此不容易直接判断其饱满度。图 2.29 为使用 van Driest 变换[30]在壁面坐标下绘制的速度剖面，该变换考虑了可压缩边界层的密度变化。结果表明，在扩张角后缓冲层的速度剖面明显偏离了对数律而平均速度超过了对数律(图 2.29(b))。在 $x / \delta_0 = 5.65$ (图 2.29(c))的位置，对于膨胀拐角算例，直到 $y^+ \approx 20$ 位置速度剖面都遵循壁面定律。再往下游位置，内层恢复为充分发展的湍流边界层中正常看到的形状，压力梯度变为零，对数律层重新出现(图 2.29(d))。仔细观察速度剖面发现，与平板算例相比，膨胀拐角算例的内层速度降低。$x / \delta_0 = 15.35$ 处，外层的平均速度剖面与 x 轴的对数曲线如图 2.30 所示。很明显，尽管在膨胀后流动加速(图 2.30(a))，但内层的速度($y / \delta_0 < 0.1$)随着膨胀拐角的增加而减小。在图 2.30(b)中 y 轴取 u / U_e 时这一规律将会更加清楚。

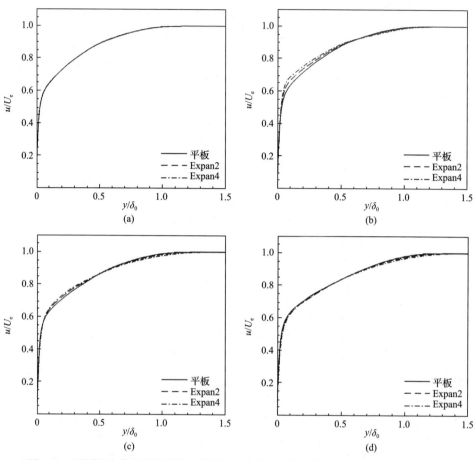

图 2.28 不同流向位置处的平均速度剖面(由当地边界层外边界处速度 U_e 无量纲化)

(a) $x/\delta_0 = -2.42$; (b) $x/\delta_0 = 0.81$; (c) $x/\delta_0 = 5.65$; (d) $x/\delta_0 = 15.35$ [12]

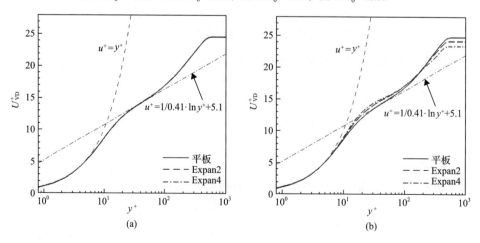

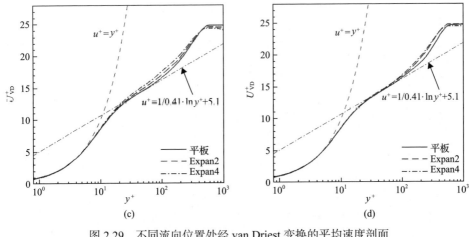

图 2.29　不同流向位置处经 van Driest 变换的平均速度剖面

(a) $x/\delta_0 = -2.42$；(b) $x/\delta_0 = 0.81$；(c) $x/\delta_0 = 5.65$；(d) $x/\delta_0 = 15.35$ [12]

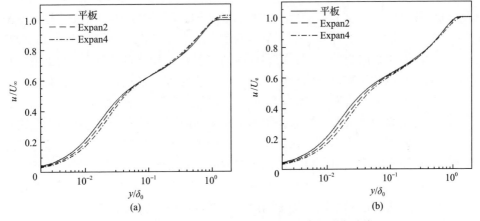

图 2.30　$x/\delta_0 = 15.35$ 处沿壁面法向分布的流向速度

(a)沿 y 轴分布的流向速度 u/U_∞；(b)沿 y 轴分布的流向速度 u/U_e [12]

图 2.31 给出了不同算例 $x/\delta_0 = 15.35$ 位置，速度沿垂直壁面法向的分布。位移厚度 δ^* 和动量厚度 θ 分别为

$$\delta^* = \int_0^\infty \left(1 - \frac{\rho}{\rho_e}\frac{u}{U_e}\right)\mathrm{d}y \tag{2.3}$$

$$\theta = \int_0^\infty \frac{\rho}{\rho_e}\frac{u}{U_e}\left(1 - \frac{u}{U_e}\right)\mathrm{d}y \tag{2.4}$$

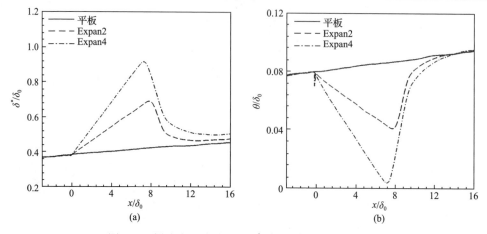

图 2.31　沿流向的位移厚度 δ^* 及动量厚度 θ 沿程分布
(a) 位移厚度；(b) 动量厚度[12]

图 2.31 给出了不同算例沿流向的边界层位移厚度和动量厚度。从图 2.31 中可以看到位移厚度 δ^* 在经过膨胀拐角处后快速上升，而动量厚度 θ 在膨胀拐角下游快速下降，然后恢复到等同于平板下游的值。由于膨胀效应，恢复后的位移厚度略有增加。对于膨胀拐角算例，位移厚度的恢复在计算域出口前完成，2°膨胀拐角（Expan2）算例的位移厚度恢复速度比 4°膨胀拐角算例（Expan4）快。因此，之后将集中分析 Expan4 算例，以更全面地了解边界层厚度的恢复过程。

之前的研究[24,31]认为，更饱满的流向速度剖面增强了边界层抵抗流动分离的能力。对于超声速膨胀拐角流动，虽然速度的增加导致边界层外层的速度分布更饱满，但对于有膨胀拐角的算例，边界层内层的速度降低，这导致其与平板算例相比边界层更厚，如图 2.31 所示。膨胀斜坡上恢复平衡后边界层的饱满度难以量化。为了评估边界层和逆压力梯度的阻力，通常使用形状因子作为评价指标。通常超声速边界层形状因子的增加表明壁面上更有可能发生流动分离。

形状因子 $H = \delta^* / \theta$，定义为位移厚度 δ^* 与动量厚度 θ 之比，由图 2.31 所示边界层厚度结果计算，如图 2.32 所示。首先从理论角度评估图 2.32 所示值的有效性。对于不可压缩边界层，假设平均速度剖面为 $u / U_e = (y / \delta)^{1/n}$，形状因子由式 $H = \delta^* / \theta = (2 + n) / n$ 给出，其中 $n=7$ 时 $H_i \approx 1.286$。根据 Monaghan[32]的研究，超声速湍流边界层的形状因子可以通过式 (2.5) 与 H_i、自由流温度 T_∞、壁温 T_w 和恢复温度 T_r 相关联：

$$\frac{H}{H_i} = 1 + \left(\frac{T_w}{T_\infty} - 1 \right) + \left(\frac{T_r}{T_\infty} - 1 \right) \tag{2.5}$$

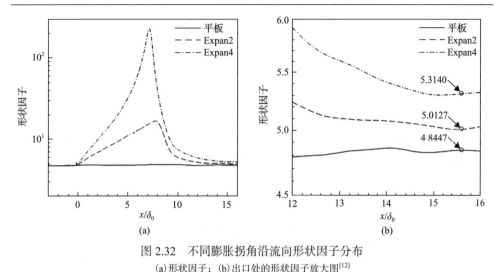

图 2.32　不同膨胀拐角沿流向形状因子分布
(a)形状因子；(b)出口处的形状因子放大图[12]

对于绝热壁，式(2.5)可写为

$$\frac{H}{H_i} = 1 + r(\gamma - 1)Ma_\infty^2 \qquad (2.6)$$

其中，r 为恢复因子；γ 为比热比。式(2.6)表明，高马赫数下超声速流动的形状因子较大，这意味着随着马赫数的增加，边界层位移厚度的增加效应远大于动量厚度的增加。例如，当 $r = 1.0$ 时，对于 $Ma = 2.7$ 的空气（$\gamma = 1.4$），取 $H = 5.03$；如果 $r = 0.85$，则 $H = 4.47$。在 $x/\delta_0 = 15.6$ 时，平板的形状因子为 4.845，刚好在 (4.47, 5.03) 的范围内。

在膨胀拐角流动中，上游流动、与外层的交换和内层湍流的产生都会影响边界层的发展。顺压力梯度可以使膨胀斜坡边界层外层的速度分布更为饱满，但是由于外层湍流的衰减抑制了自由流向内层扩散的高动量，内层的饱满度降低。内层湍动能较高，代表惯性流动的动量耗散较大，降低了平均速度量级。

图 2.32 展示了三个算例中形状因子与流向位置的函数关系。可以清楚地看到，形状因子在膨胀拐角后迅速增加，随后在恢复区域突然减小，在平衡区域略微增加。图 2.32(b) 给出了平衡区域中形状因子更近距离的视图。计算结果表明，膨胀拐角以 4° 膨胀时，$x/\delta_0 = 15.6$ 时，$H = 5.3140$，以 2° 膨胀时 $H = 5.0127$，平板算例中 $H = 4.8447$。形状因子的值表明，在平板算例中，速度剖面的饱满程度仍高于 2° 和 4° 膨胀情况。形状因子随偏转角度的增大而增大。形状因子越大，有膨胀拐角的超声速气流抵抗逆压力梯度或气流分离的能力越小。这部分解释了为什么之前的实验结果中膨胀壁上会出现大的流动分离[33]。

2.2.3 膨胀拐角恢复流动中的瞬时湍流结构

1. 密度场和涡场中的湍流结构

图 2.33 为瞬时密度场二维切片的云图，在主流和拐角下游的边界层中，膨胀拐角后密度降低。由于膨胀拐角的角度不大，在切片上没有展示出显著的小尺度猝灭和大尺度湍流抑制现象。如图 2.33 (c) 所示，超声速气流通过具有较大偏转角的膨胀拐角后加速，和 2.2.2 节分析结果相同，边界层也变得更厚。

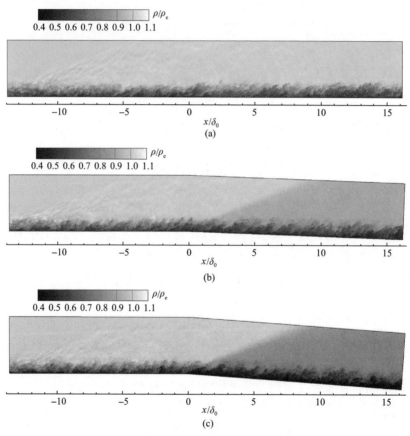

图 2.33　由来流密度无量纲化的瞬态密度云图

(a) 平板算例；(b) Expan2；(c) Expan4[12]

为了研究超声速边界层内的涡结构及其经过膨胀拐角之后的变化，考虑由速度梯度组成的 3×3 矩阵的第二特征值 λ_2[34]的等值面，即 $M_{ij}=\sum_{k=1}^{3}\left(\Omega_{ik}\Omega_{kj}+S_{ik}S_{kj}\right)$，式中 $S_{ij}=1/2\left(\partial u_i/\partial x_j+\partial u_j/\partial x_i\right)$，$\Omega_{ij}=1/2\left(\partial u_i/\partial x_j-\partial u_j/\partial x_i\right)$。选择一个较小的负

值来识别湍流结构,用瞬时温度着色的不同算例 λ_2 等值面如图 2.34 所示。平板和 4°

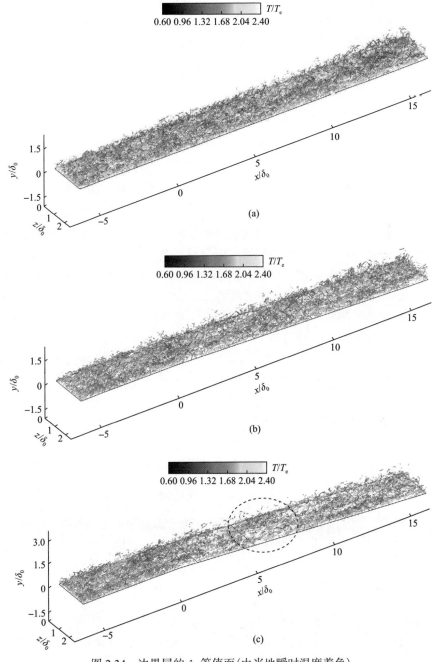

图 2.34 边界层的 λ_2 等值面(由当地瞬时温度着色)

(a)平板算例;(b)Expan2;(c)Expan4[12]

膨胀拐角的算例表明，超声速气流在流经膨胀拐角的膨胀过程中湍流受到抑制。在4°膨胀拐角的算例中，湍流迅速减小，然而该减小现象并不均匀，流体中仍存在高湍流度区，这与膨胀拐角上游的间歇性湍流结构有关。例如，在图 2.34(c)中的虚线内，可以在膨胀拐角下游处识别出边界层中减少的结构。仔细观察发现，膨胀并没有减弱边界层内部温度较高的湍流。在恢复区，近壁区的湍流结构再生，这些湍流结构发展并与边界层外层的湍流结构混合。

2. 近壁条带对比和两点相关性分析

针对 4°膨胀拐角算例，对其湍流流场中的近壁条带结构进行分析以研究膨胀拐角下游的湍流衰减效应。图 2.35 展示了与壁面恒定距离处的流向速度场，从俯视图可以清楚地识别出低速(深色)和高速(浅色)条带结构。膨胀拐角算例的流场表现出与平板算例不同的特征。对于 $y/\delta_0 = 0.0266$ 即 $y^+ \approx 11.5$ 的近壁区域，典型的流线型细长条带出现在上游未扰动边界层区域，这些准流向结构能够在内层沿膨胀斜坡一直维持存在，但仔细观察可以发现，在膨胀拐角下游，两个相邻的低速条带间距大于膨胀前。当 $y/\delta_0 = 0.133$ 时，伴随着在膨胀拐角附近突然减弱的速度脉动，膨胀拐角处下游的速度突然增加(以较浅的颜色表示)。图 2.35 中的流向速度分布显示，膨胀拐角算例的边界层中湍流结构更弱更少，湍流脉动在膨胀斜坡区域始终受到抑制。通过对比两个算例壁面恒定距离上的条带图案，发现条带结构在边界层内层保留，在外层受到明显削弱。在膨胀拐角的更下游区域，边界层恢复了经典的条带结构，使近壁湍流恢复到平衡状态。在 4°膨胀拐角算例的 $y/\delta_0 = 0.0266$ 切片中，可以看到在 $x/\delta_0 \approx 3$ 处开始出现大尺度条带，并伴随着来自内层湍流结构的低速斑。当 $y/\delta_0 = 0.266$ 时，在平板和膨胀拐角算例上游出现的大尺度条带在膨胀拐角后消失，表明未扰动边界层外部的相干结构在膨胀过程中受到抑制。相比于 $y/\delta_0 = 0.133$ 高度，在 $y/\delta_0 = 0.266$ 高度上条带结构再次出

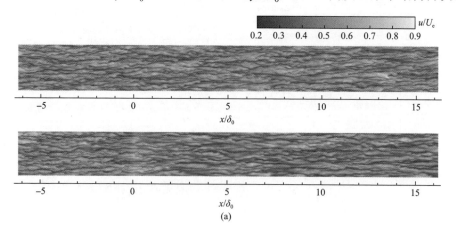

(a)

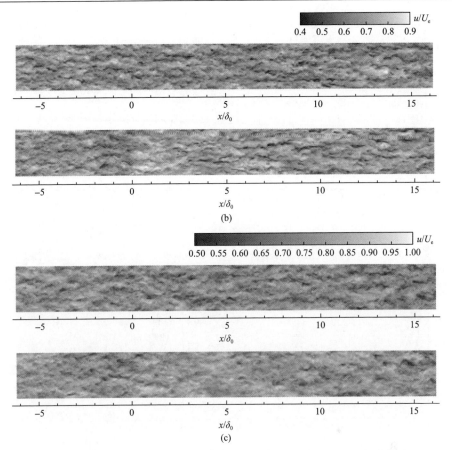

图 2.35　不同壁面法向截面位置处平板（上）与膨胀拐角（下）的流向速度对比
(a) $y/\delta_0 = 0.0266$；(b) $y/\delta_0 = 0.133$；(c) $y/\delta_0 = 0.266$ [12]

现的流向位置存在一定滞后，这也说明湍流的恢复主要是近壁湍流由内层逐渐向外层发展的结果。

为了量化相邻低速条带之间的距离，本节展示了不同壁面法向距离下 $x/\delta_0 = 15.5$ 展向分离速度扰动的两点相关性（图 2.36）。观察图 2.36 可以看出，4°膨胀拐角算例相对于平板算例会产生更大的分离区，分离区中存在壁面法向速度分量，这一特征表现为膨胀拐角算例的条带宽度比平板算例更宽。而对于不同壁面法向距离的位置，膨胀拐角算例相对于平板算例的条带宽度的增长也定量展示在图 2.36 中。

3. 三维流动中的速度和温度等值面

为了便于比较平板和膨胀拐角算例中湍流结构的等值面，将膨胀拐角算例计算域转换为直通域，如图 2.37 所示，其中转换速度 $u_t = u\cos\vartheta - v\sin\vartheta$，$v_t = u\sin\vartheta + v\cos\vartheta$，其中 ϑ 为壁面偏转角。

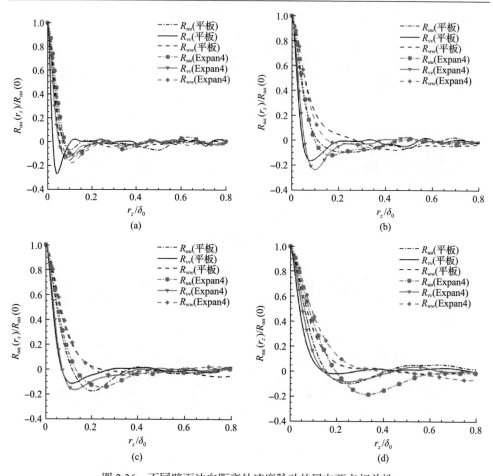

图 2.36　不同壁面法向距离处速度脉动的展向两点相关性

(a) $y/\delta_0 = 0.0066$；(b) $y/\delta_0 = 0.0562$；(c) $y/\delta_0 = 0.1076$；(d) $y/\delta_0 = 0.2555$ [12]；下标 $\alpha\alpha$ 代表 ww、uu、vv

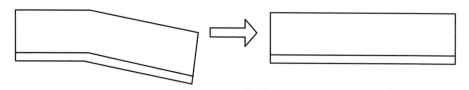

图 2.37　将膨胀拐角计算域变换为直通域[12]

图 2.38 展示了速度 u_t 云图和温度云图。结果表明，在 $x/\delta_0 = 0$ 下游的外层，存在着大尺度结构。为了了解在恢复过程中相干结构的变化，图 2.39～图 2.41 比较了由壁面法向距离着色的三维流向速度和温度等值面。

对于图 2.39 所示的平板算例，可以清楚地看到在 $u_t = 0.3$ 的等值面上存在典型的沿流线细长涡，并在整个区域保持着相似的特征。从图 2.28 所示的平均速度剖面可以看出，$u_t = 0.3$ 对应于内层位置，较小的条带结构在膨胀拐角下游消失。对于膨胀斜坡上的内层边界层，两个相邻条带之间的距离增加，湍流混合减少，导致内层速度降低，如图 2.30 所示。

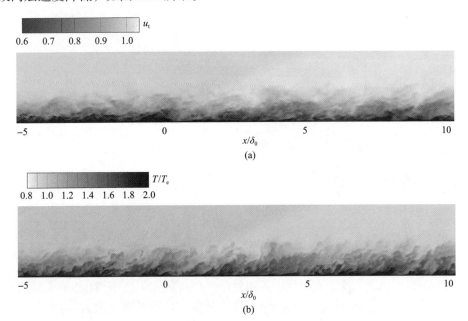

图 2.38 4°膨胀拐角计算域经过直通变换后的瞬态湍流相干结构

(a)速度 u_t 云图；(b)温度云图[12]

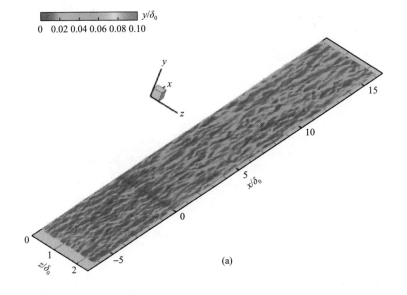

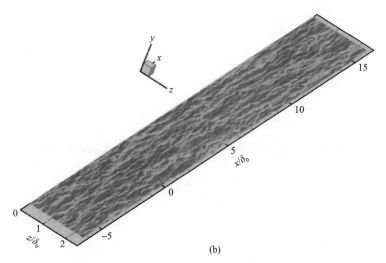

(b)

图 2.39　膨胀拐角和平板边界层的速度（u_t=0.3 等值面，由壁面距离 y / δ_0 着色）[12]
(a)膨胀拐角；(b)平板边界层

　　图 2.40 中 u_t=0.55 等值面展示了边界层外层中的大尺度结构。在膨胀拐角的算例中，流动突然加速穿过膨胀拐角，速度分布在外层变得更饱满，上游的小尺度结构被抹去。仔细观察 u_t=0.55 等值面，发现上游含有较低速度点的条带被加速，在高速区域的波纹结构由于膨胀而消失了。该区域的速度波动和应力均减小，表明边界层内部的条带结构消失了。通过比较平板和膨胀拐角算例可以发现，膨胀拐角改变了速度分布，削弱了低能量条带从内层的抬升过程。在膨胀拐角下游，在 $x / \delta_0 > 5.0$ 位置，近壁区的相干结构在恢复过程中得到再生，边界层外层的大

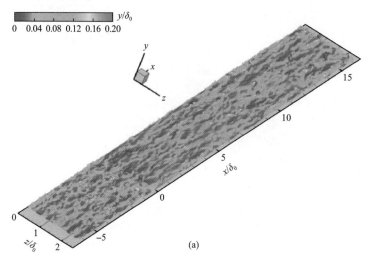

(a)

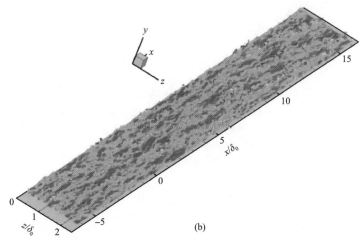

图 2.40　膨胀拐角和平板边界层的速度(u_t=0.55 等值面,由壁面距离 y/δ_0 着色)[12]

(a)膨胀拐角;(b)平板边界层

尺度结构继续增长。因此,在边界层内层和外层之间存在一个很强的交换过程。结合图 2.39 和图 2.40,发现内层的条带并没有受到膨胀拐角的显著影响,而外层的涡结构受膨胀拐角影响很强。近壁准流向涡均保持不变,表明内层湍流处于局部平衡状态。同时在边界层的外层,斜坡上的拟序结构受上游流动历史效应、内部湍流生成及其与外层交换的综合影响。下游斜坡上的湍流尤其受到膨胀拐角下游附近湍流衰减的历史效应影响。这导致了边界层中双层结构的形成。

$T/T_\infty = 2.1$ 的温度等值面如图 2.41 所示。温度场可以被认为近似于标量场。图 2.41 所示的变化与图 2.39 所示的流向速度场一致,表明温度场是由速度场传输的。等值面被抬举并卷绕到外层,反映了旋涡从内层生长并与外层混合的过程。

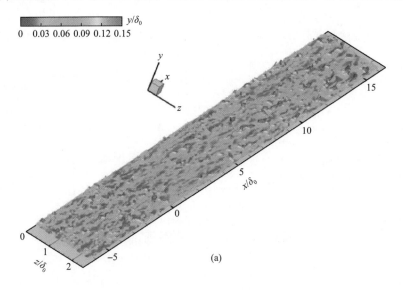

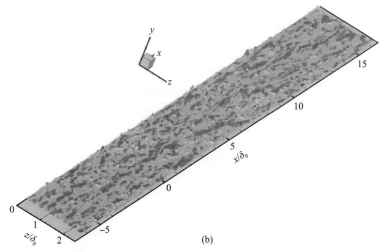

图 2.41　膨胀拐角和平板边界层的无量纲温度($T/T_\infty = 2.1$ 等值面，由壁面距离 y/δ_0 着色)[12]

(a)膨胀拐角；(b)平板边界层

2.2.4　膨胀拐角湍流强度与湍动能分析

1. 湍流强度和湍流能量分布

图 2.42 展示了沿流向平板和 4°膨胀拐角算例的 RMS 速度剖面的变化。在膨胀过程中，速度波动的所有分量都被抑制。在膨胀拐角下游附近(图 2.42(b))，湍流在内层和外层都被显著抑制。膨胀拐角算例湍流在内层恢复得最快，与 x/δ_0=5.65 位置 y^+=40 处的平板算例的湍流恢复速度相当。当 x/δ_0=15.35 时，内层湍流完全恢复到与平板边界层流动相同的水平。在外层，湍流沿着膨胀斜坡被显著抑制，并且在整个计算域内，所有速度波动的大小都低于平板算例的相应水平。将 x/δ_0=15.35 时的 2°膨胀拐角与平板算例(图 2.43)的结果进行比较，发现

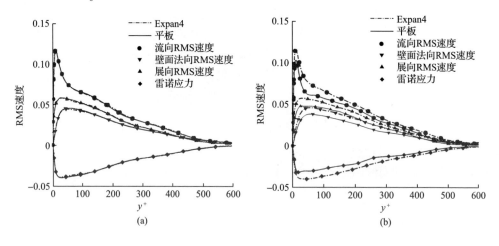

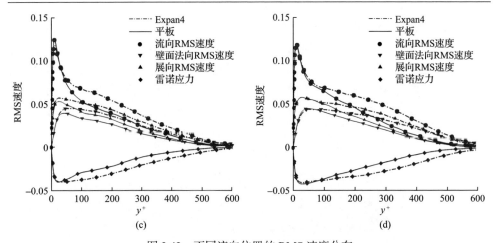

图 2.42　不同流向位置的 RMS 速度分布

(a) $x/\delta_0 = -2.42$；　(b) $x/\delta_0 = 0.81$；　(c) $x/\delta_0 = 5.65$；　(d) $x/\delta_0 = 15.35$ [12]

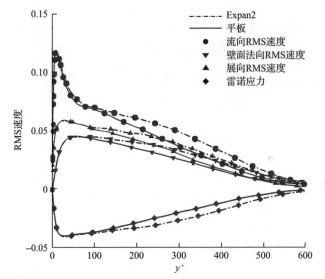

图 2.43　平板边界层与 2° 膨胀拐角在 $x/\delta_0 = 15.35$ 处的 RMS 速度分布[12]

超声速流动已进入一个与平板不同的新的湍流平衡状态。边界层外层湍流脉动的衰减突出表明了膨胀对大尺度结构的削弱作用。整体观察图 2.42(a)～(d) 发现，膨胀区域的湍流应力在内层和外层呈现出不同的演化模式，尤其是 u_{rms}，其在内层发展更快，峰值甚至比平板算例更高。对于 v_{rms} 和 w_{rms}，其恢复速度慢于 u_{rms}，这代表了湍流能量在不同方向的重新分布，并对应于条带间距的变化。这种两层湍流结构与 Gillis 和 Johnston[35]的实验观测以及 Fang 等[33]对串列膨胀-压缩拐角超声速流动的数值模拟是一致的。

图 2.44 绘制了平板和 4°膨胀拐角算例的湍动能（turbulence kinetic energy，

TKE) $\tilde{k} = \overline{\rho u_i'' u_i''} / 2\overline{\rho}$ 云图。结果表明，在平板算例中，湍动能沿流向发展，而在 Expan4 算例中，湍动能的发展被膨胀拐角中断，在膨胀拐角附近湍动能表现为突然减小，之后在下游区域恢复。图 2.45 给出了不同壁面法线位置处沿流向的湍动能图，这与图 2.35 中所示的条带结构相对应。结果表明，内层（$y / \delta_0 = 0.0266$）的湍动能恢复比外层快，壁面法线位置越高，湍动能恢复越慢。图 2.46 展示了所

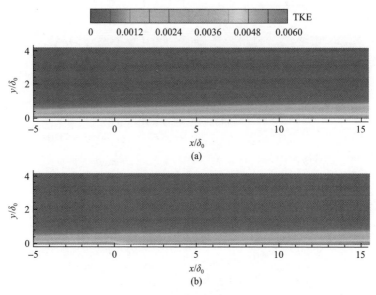

图 2.44　平板与 Expan4 算例湍动能云图比较

（a）平板；（b）Expan4[12]

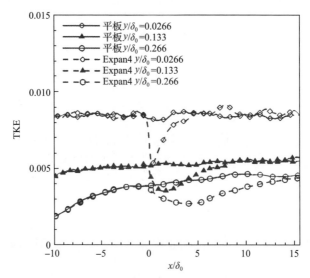

图 2.45　平板与 Expan4 算例在不同壁面法向距离 y / δ_0 上的流向湍动能分布[12]

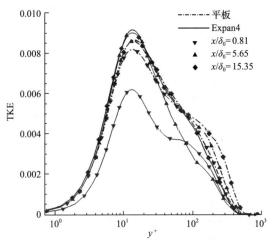

图 2.46　平板与 Expan4 算例在不同流向位置处的湍动能分布[12]

有算例中不同流向位置的湍动能剖面图。可以看到在膨胀拐角下游湍动能会迅速减少，此外，湍动能剖面逐渐恢复到膨胀拐角下游的平衡剖面。图 2.46 清楚地展示了两层结构，通过膨胀拐角处的湍流在内层和外层都得到了显著的抑制。在膨胀拐角下游，内层湍动能迅速恢复，甚至超过同一流向位置的平板算例。与之相反，外边界层受到明显的湍流抑制。

在 $x/\delta_0 = 15.35$ 处，平板、Expan2 和 Expan4 算例的速度剖面对比如图 2.47 所示。结果表明，在 Expan2 算例中，湍流强度减小，强度减小位置位于 $y^+ \in [50,100]$ 或 $y/\delta_0 \in [0.11,0.22]$ 处。结合图 2.42 所示的雷诺应力，外层湍流水平的降低突出表明了整个膨胀过程中大尺度结构的弱化。分析认为，由于外层湍流减弱，内层

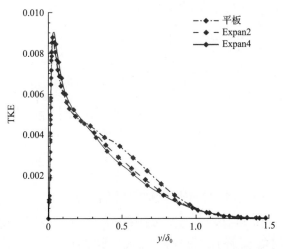

图 2.47　$x/\delta_0 = 15.35$ 处平板与 Expan2、Expan4 算例湍动能比较[12]

与主流的湍流交换被极大地抑制,从而导致边界层内层湍流能量的积累(由于内层湍流处于局部平衡状态且湍流的产生仍在继续)。内层湍流能量不能通过外层传递,因为与外层的交换受到了抑制,进而阻碍了能量的传递。综上所述,双层结构是由于膨胀拐角下游边界层对数律区的湍流剪应力衰减,阻碍了内层与主流湍流结构的交换,最终导致内层恢复速度快,外层恢复缓慢。

2. 湍流马赫数

图2.48展示了不同流向位置的湍流马赫数 $Ma_t = \sqrt{\overline{u_j' u_j'}} \big/ \bar{c}$ ($\bar{c}$ 为平均声速)和脉动马赫数 $Ma' = \left(\overline{Ma^2} - \overline{Ma}^2\right)^{1/2}$ 分布来反映压力梯度对湍流脉动的影响情况。总体来看,边界层中的湍流马赫数不大于0.3,最大峰值位于壁面附近。对于平板算例,脉动马赫数开始在边界层外部建立第二个局部峰值,如图 2.48(b)所示,该峰值远离壁面且靠近下游,在膨胀拐角处下游区域,湍流马赫数和脉动马赫数均呈突然下降趋势。在内层,湍流马赫数和脉动马赫数在膨胀拐角处突然下降后迅速增加,第一个峰值处超过了平板算例。与平板算例相比,边界层外层湍流马赫数和脉动马赫数均减小。而对于脉动马赫数,由于湍流受到抑制,第二峰值被大大削弱。

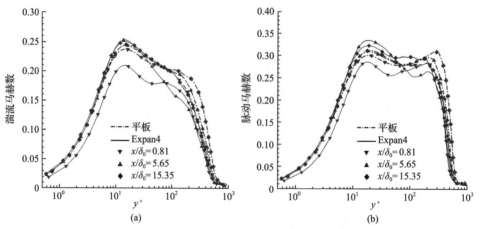

图2.48　平板与Expan4算例在不同流向位置处的湍流马赫数及脉动马赫数分布
(a)湍流马赫数; (b)脉动马赫数[12]

3. 湍动能平衡项

图 2.49 对 Expan4 算例湍动能平衡项进行了分析,并与平板算例的结果进行了对比。图2.49 比较了所有流向位置通过壁面量 $\rho_w u_\tau^4 / \nu_w$ 归一化后湍动能平衡项的分布。在膨胀拐角上游的 $x/\delta_0 = -2.42$ 处,湍动能平衡项反映了零压力梯度下边界层的典型特征,其中大部分边界层的黏性耗散平衡了湍动能的产生项。黏性

扩散只有在近壁区才重要，在黏性底层中，湍动能的生成项变得可以忽略不计，扩散与耗散达到了平衡。在 $x/\delta_0 = 0.81$ 的膨胀拐角附近，所有的项都发生了明显变化，特别是生成项和黏性耗散项，在膨胀拐角附近大大减少。在边界层内层，

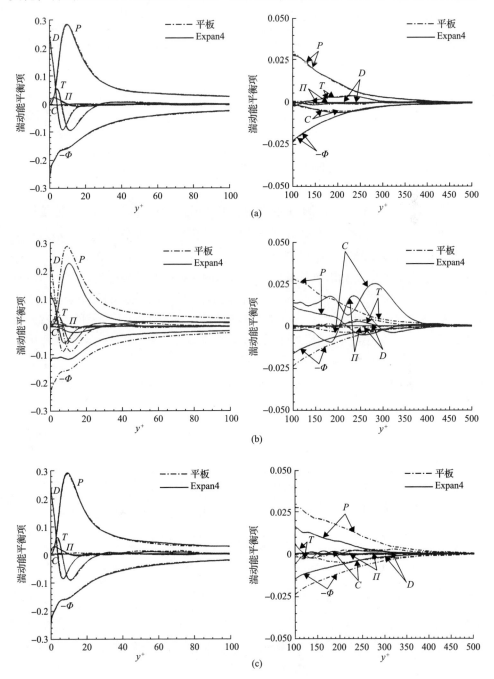

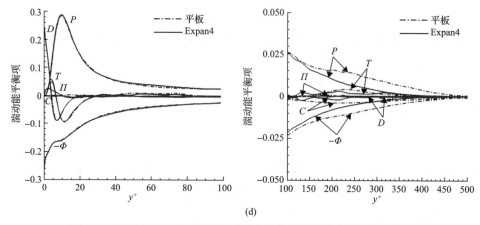

图 2.49　平板与 Expan4 算例在不同流向位置处的湍动能平衡项分布

(a) $x/\delta_0 = -2.42$ ；(b) $x/\delta_0 = 0.81$ ；(c) $x/\delta_0 = 5.65$ ；(d) $x/\delta_0 = 15.35$ [12]

所有项都符合平板算例的一般分布，但变化幅度较小。湍动能的生成在外层（$y^+ \in [60,500]$）显著减少，甚至在 $y^+ \in [220,330]$ 区域出现正负号变化，从而导致外层湍动能的大幅度降低，耗散的变化可以忽略不计。在 $x/\delta_0 = 0.81$ 的位置，边界层的对流项变为正，且幅值显著增大，这是因为在膨胀效应的影响下，局部壁面法向速度相比于平板算例增加了 5～7 倍。输运项在膨胀拐角的下游被抑制，并在边界层附近变为负值，这意味着边界层外层的湍流减弱导致了少量的湍流输送，也正是这些衰减的涡流减少了湍动能的产生和转移。受突然膨胀引起的顺压力梯度影响，湍动能的压力扩散（Π_t）和膨胀（Π_d）项的变化更加显著。图 2.50 展示了在 $x/\delta_0 = 0.81$ 时，4°膨胀拐角和平板算例中的压力项的对比，可见压力扩散项大于压力膨胀项，这说明压力扩散项起主导作用。

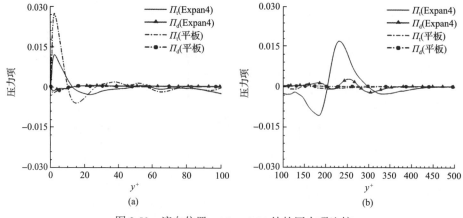

图 2.50　流向位置 $x/\delta_0 = 0.81$ 处的压力项比较

(a) $y^+ \in [0,100]$ ；(b) $y^+ \in [100,500]$ [12]

当 $x/\delta_0 = 5.65$ 时，所有湍动能平衡项在边界层内层几乎恢复到未受干扰的平板边界层，而外层的项仍然偏离平板算例，这证实了湍流在内层的恢复速度比外层更快。当 $x/\delta_0 = 15.35$ 时，湍动能平衡项表明，外层湍流缓慢恢复到平衡状态，在 $y^+ < 150$ 的近壁面区域已经恢复完全。

当 $x/\delta_0 = 5.65$ 时，湍动能在内层的生成项与平板算例基本相同，而外层的生成项仍远低于平板算例，同时负生成项消失。当 $x/\delta_0 - 15.35$ 时，外层生成项强度增加，反映了壁面湍流的再生和边界层向平衡状态的恢复。但受上游影响，膨胀拐角算例的生成项仍低于平板算例。

$x/\delta_0 = 5.65$ 和 $x/\delta_0 = 15.35$ 处的对流项和输运项均小于未扰动平板边界层，表明在外层的对流项和输运项抑制了内层湍动能的增加和扩散。因此，边界层外层的长距离恢复可以解释为外层湍流衰减和外层传输限制的综合效应。这种复合作用阻碍了内层湍流结构与主流湍流结构的交换，最终形成两层结构，表现为内层快速恢复和外层缓慢恢复。

2.2.5 膨胀拐角流动实验观测

此外，实验观测能够清晰而直观地展示超声速湍流边界层流动流经膨胀拐角后边界层近壁区湍流再层流化及恢复的过程。实验结果均源于国防科技大学马赫2.95 的超声速静风洞实验研究，超声速静风洞结构如图 2.51 所示。风洞为吸气式风洞，由稳定段、喷管段、实验段和扩张段组成，扩张段出口连接真空罐，稳定段入口附近安装有蜂窝网，保持入口流场质量。实验模型由一个平板段（长250mm）及一个具有固定扩张角度的膨胀段组成。其中平板段为湍流边界层产生和发展段，膨胀拐角段为顺压力梯度段，为对比分析，实验模型设置了三个不同的扩张角度，分别为 0°、2°和 4°。

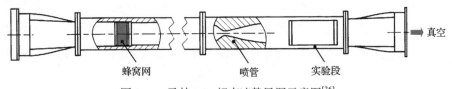

蜂窝网   喷管   实验段

图 2.51 马赫 2.95 超声速静风洞示意图[36]

实验采用 NPLS 可视化测量手段获得精确的实验结果。其中 NPLS 技术基于瑞利散射，图 2.52 表示出了 NPLS 系统组成图，NPLS 系统由一台高能脉冲 Nd:YAG 双腔激光器、一台 12 位 IMPERX Bobcat B4020 CCD 相机、纳米粒子发生器、数据采集计算机和一台同步控制器组成。采用纳米尺度的粒子(TiO_2)作为示踪粒子，纳米尺度的 TiO_2 粒子的有效半径为 42.5nm，响应时间为 66.3ns，能够有效跟随小尺度结构的脉动，能够捕捉流场中的细致结构和时空演化过程。

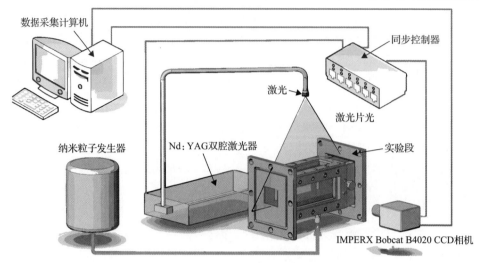

数据采集计算机

同步控制器

激光

激光片光

Nd:YAG双腔激光器

实验段

纳米粒子发生器

IMPERX Bobcat B4020 CCD相机

图 2.52　NPLS 系统组成图[36]

图 2.53 给出了膨胀拐角扰动边界层的实验件设置和观测截面，2 个观测截面分别为 y =1mm 的展向截面和 z =0mm 的流向截面，具体观测参数见表 2.5。图 2.54 和图 2.55 为实验观测到的膨胀拐角湍流边界层瞬时流场结构，其中含有 2°、4°、10° 三个膨胀拐角以及平板工况，分别记为（ER-1、ER-2、ER-3 和 FP）。如图 2.54 所示，在 x =25mm 到 x =35mm 区域内，膨胀拐角较平板包含更大尺度的涡结构。涡结构尺度会随着膨胀拐角的增加而增大，这一现象与 Arnette 等[15,37]和 Smith 和 Smits[22]的研究结果一致。Smith 和 Smits[22]指出，向下游倾斜的涡结构会跨越整个边界层厚度。相比于平板边界层，膨胀拐角边界层厚度随着膨胀过程而显著增加，如图 2.54 和图 2.55 所示。类似于 Dawson 等[38]的发现，对应于 2°、4°和 10° 膨胀拐角，由瞬态 NPLS 图像给出的边界层厚度相较于平板边界层分别增加了约 1.2 倍、1.4 倍和 2.0 倍。膨胀拐角边界层的一个明显特征是在扩张斜坡上形成再层流化区域，如图 2.54（b）和（c）中 Ⅰ 和 Ⅱ 区域放大图所示，特别是边界层近壁区域出现了明显的层流化现象。图 2.55 区域 Ⅰ 的放大图中也发现了类似现象，该现象在区域 Ⅱ 中消失，边界层得到进一步的恢复。在马赫数小于 3、R_{θ_0} 小于 105 的条件下，如果忽略扩张角上游的壁面摩阻系数 C_{f_0} 变化，Narasimha 和 Sreenivasan[39] 给出了膨胀拐角上湍流边界层再层流化发生的条件，即拐角 $\vartheta \geqslant 5.74\left(Ma_e^2-1\right)^{1/2}$。该公式基于早期研究成果且已被广泛引用。针对本节中涉及的实验条件，这种方法给出的再层流化发生角度至少为 15.9°，而该角度明显过大，实验中在更小的扩张角上即观测到了再层流化现象的发生，这意味着该公式存在进一步修正的可能性。

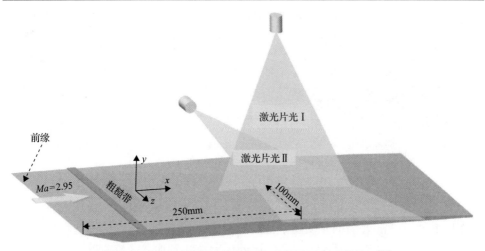

图 2.53　膨胀拐角扰动边界层的实验件设置和观测截面[36]

表 2.5　膨胀拐角扰动边界层实验观测详细参数[36]

截面位置/mm	观测区域/(mm×mm)	NPLS 图像时空分辨率/(μm/pixel)
$y = 1$	1102×701	0.0262
$z = 0$	1000×636	0.0232

注：pixel 是像素。

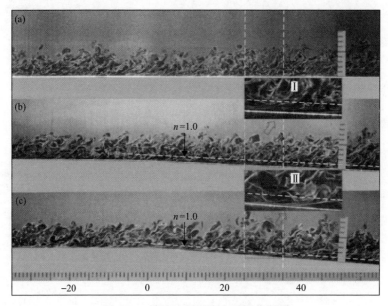

图 2.54　湍流边界层流向可视化观测

(a)平板；(b)2°膨胀拐角；(c)4°膨胀拐角[36]。$n=1.0$ 表示距离壁面 1mm 高度位置，刻度尺单位为 mm

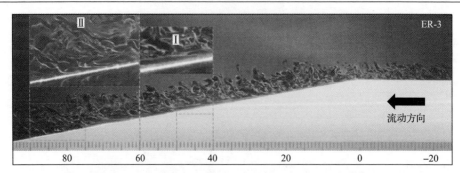

图 2.55　10°膨胀拐角湍流边界层流向可视化观测[36]

图 2.56 展示了 ER-1 和 ER-2 工况下展向流场 NPLS 瞬态图, 所选取截面为平行于壁面 $y = 1$mm 处截面, 从图中可以清晰地观测到湍流边界层遭遇膨胀拐角扰动后的再层流化过程。对比 I 和 II 区域的放大视图发现, 湍流边界层涡结构间的相互作用明显减弱, 流向上涡结构逐步拉伸并呈现出条带化趋势, 受观测流场空间尺度所限, ER-2 中未观察到边界层再层流化后的恢复过程。而在 ER-1 算例中可完整地观测到湍流边界层受扰动、再层流化和恢复的整个过程, 表明了较小膨胀拐角边界层受扰动后恢复速度更快, 所需恢复路径更短。以上现象再次印证了湍流边界层受膨胀拐角扰动后的再层流化过程。

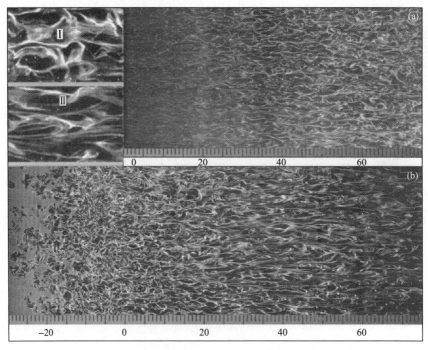

图 2.56　不同膨胀拐角的湍流边界层展向流场结构

(a) 2°膨胀拐角; (b) 4°膨胀拐角[36]

图 2.57 给出了边界层近壁面流体受扰动和恢复的整个过程的示意图。图中包络面为再层流区域，深、浅色涡对上表面对应于实验中 $y=1mm$ 观测截面。受膨胀拐角扰动后，边界层内层流区域明显增加，在流向上所占厚度逐步增大。层流区域增加来源于正常边界层发展所带来的黏性底层区域提升和膨胀拐角引起的再层流化作用，结合图 2.56(a) 平板边界层未明显观测到边界层底层变化可以得出，膨胀拐角引起的再层流化部分在整个再层流化过程中起主导作用。随着湍流边界层脱离扰动后流向距离的提升，再层流化区域逐步减小并恢复至平板水平。边界层内涡结构间的相互作用随着再层流化过程的减弱而逐步恢复。其间，黏性底层主导区域先位于 $y = 1mm$ 观测截面下方，后受层流化作用提升至观测截面附近，最终恢复至观测截面下方，因此在 $y = 1mm$ 截面上呈现出图 2.56 所示流场结构。

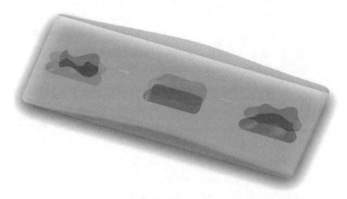

图 2.57　膨胀拐角边界层再层流化过程示意图[36]

2.3　顺压力梯度凸曲壁边界层流动

与平板边界层相比，凸曲壁具有衰减超声速湍流的效果[40-42]，湍动能和雷诺应力在凸曲率和顺压力梯度效应的综合作用下明显降低。超声速凸曲壁边界层湍流统计特性和结构特征变化的原因一直是研究人员最为关注的问题之一。在超声速条件下，弯曲边界层问题的影响因素复杂，除显而易见的流向凸曲率本身的影响之外，压力梯度、体积膨胀效应等均是影响边界层特性的潜在因素[40]，近年来的研究也揭示了体积膨胀和流向顺压力梯度对于超声速凸曲壁边界层湍流衰减[2]的贡献[11]。

2.3.1　凸曲壁边界层直接数值模拟方法及验证

1. 直接数值模拟方法

由于流动经过凸曲壁会加速和发生流线弯曲，因此流经凸曲壁的超声速湍流边界层会受到顺压力梯度、流线曲率及体积膨胀等综合因素的影响。图 2.58 给出了凸曲壁超声速湍流边界层的计算域构型(Convex 算例)，流动首先通过固定的平板段，在平板段的末端连接着与平板段相切的凸曲壁，该壁面的弧线长度与平板段长度一致。平板段与凹曲壁的中切点设置为绝对参考系 xyz 的原点。为便于分析，定义沿流动方向的随体坐标系 SDZ，该坐标系 S 方向始终与壁面相切，如图 2.58(b)所示。在之后的分析中如无特别说明，均采用该随体坐标系进行讨论。计算域的具体尺寸及计算网格设置参见表 2.6。为了保证可比性，本算例的入口湍流条件与零压力梯度算例一致，也在表 2.6 中给出。

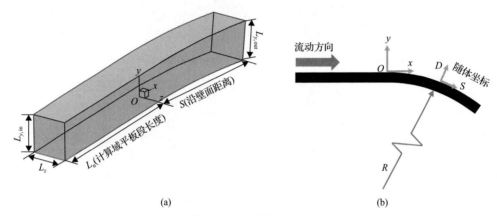

(a)   (b)

图 2.58　计算域示意图

(a)计算域三维示意图；(b)侧向示意图[8]

表 2.6　凸曲壁边界层计算域尺寸及网格设置[8]

无量纲量	计算方法	数值
计算域尺寸	$\left(L_x \times \left(L_{y,\mathrm{in}}; L_{y,\mathrm{out}}\right) \times L_z\right)/\delta_0^3$	$33.3 \times (4.2; 4.2) \times 4.0$
网格数	$N_x \times N_y \times N_z$	$2000 \times (259+11) \times 370$
流向网格间距	$\Delta x_n^+; \Delta x_p^+$	6.0; 6.0
首层壁面网格分辨率	$\Delta y_{1,n}^+; \Delta y_{1,p}^+$	0.6; 0.6
δ_0 内最大分辨率	$\Delta y_{\max,n}^+; \Delta y_{\max,p}^+$	5.6; 5.6
展向网格间距	$\Delta z_n^+; \Delta z_p^+$	3.9; 3.9

2. 直接数值模拟方法验证

为验证算例的计算精度，本节分别给出 Convex 算例和 ZPG 算例在平板湍流发展段末端($x = -\delta_0$处)的 van Driest 变换速度剖面和湍流脉动分布，并进行了对比(图 2.59)。由图 2.59 可知，两个算例的 van Driest 变换速度剖面和湍流脉动分布吻合较好，这说明两个算例满足来流一致性的要求，同时网格设置具有较高的精度和分辨率，两个算例在进行比较研究时可以基本排除来流条件不一致带来的不确定性。此外，图 2.60 分别给出了 Convex 算例和 ZPG 算例的壁面压力分布，由图 2.60 可知，两者的分布几乎是一致的。相较于 Convex 算例，ZPG 算例由壁面曲率引入的流线曲率几乎为零，可以认为将壁面曲率效应与压力梯度效应进行了解耦。本章将重点探讨凸曲壁效应与顺压力梯度效应叠加后对超声速湍流边界层的影响，通过与 ZPG 算例进行比较，考察壁面曲率效应对边界层的作用机理。

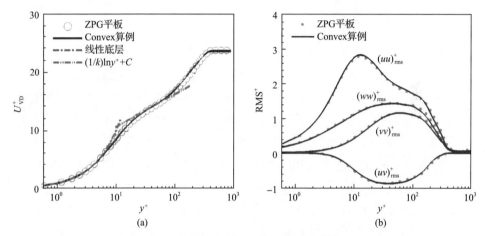

图 2.59 零压力梯度算例时均和统计参数分布

(a) van Driest 变换速度剖面；(b) 湍流脉动分布及雷诺应力分布[8]

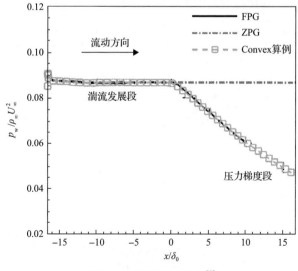

图 2.60 壁面压力分布[8]

2.3.2 凸曲壁边界层平均流动特性

1. 壁面摩阻系数

图 2.61(a)和(b)分别给出了沿壁面的壁面摩阻系数分布和摩擦速度分布。可以看到，在湍流发展段凸曲壁流动和顺压力梯度平板的表面摩擦阻力基本重合，进一步说明两流动来流条件的一致性。由图 2.61 可以看出，FPG 算例和 Convex 算例均使摩擦阻力呈总体下降趋势，而摩擦速度呈总体升高趋势，当流动进入凸曲壁段之后，可以观察到凸曲壁的摩擦阻力并没有立即降低，而是经历了短暂的升高，随后沿壁面不断减小，这与 FPG 算例观察到的结果一致。根据对 FPG 算例的分析，顺压力梯度在明显降低湍流水平的同时，由于体积膨胀效应的影响，边界层外层与内层的相互作用减弱，原点附近的壁面由于来流外层与内层交互没有受到抑制，平均速度在膨胀波的作用下得到提升，同时内层仍可以得到外层高动量脉动提供的动能增量，因此壁面处的速度梯度会暂时增加，相应地，壁面摩阻系数出现了短暂的升高。随着内外层动量交换强度的不断降低，近壁面流动逐渐向外层偏离，内层流向速度梯度不断下降，壁面摩阻系数最终也表现出下降的趋势。摩擦速度在原点附近表现出的短暂升高(图 2.61(b))，根据其定义，可能是膨胀波系导致的密度降低造成的。尽管 FPG 算例和 Convex 算例在壁面摩阻系数分布和摩擦速度分布上呈相同趋势，但 Convex 算例的壁面摩阻系数在曲壁段总体低于 FPG 算例。根据上述分析，这一现象反映出凸曲壁作用可能进一步增强了边界层内外层动量交换的抑制作用，同时内层流动抬升更为明显。

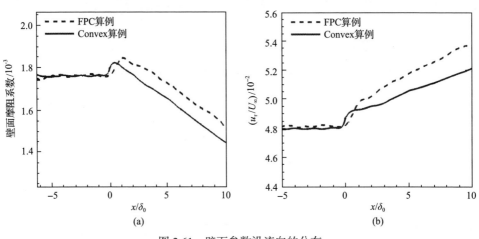

图 2.61　壁面参数沿流向的分布

(a)壁面摩阻系数分布；(b)摩擦速度分布[8]

2. 速度剖面

首先给出 Convex 算例在不同流向位置处（$S=-\delta_0,4\delta_0,8\delta_0,14\delta_0$）的时均速度剖面（图 2.62）。可以发现不同流向位置处的近壁区（黏性亚层区间）速度分布完全重合，壁面律得到了很好的满足。对 Convex 算例而言，随着流向位置的不断向下游移动，对数律区呈现出不断向上偏移的趋势，并向尾迹区扩展，同时缓冲区也加长了。尾迹区强度则随着流向位移的增加而不断减弱。图 2.63 对比了 FPG 算例和 Convex 算例在不同流向位置处（$S=-\delta_0,4\delta_0,8\delta_0$，对于 FPG 算例 S 与 x 等价）的速度剖面，二者在各流向位置处均基本重合，这表明顺压力梯度和凸曲壁对速度剖面的影响基本相同。

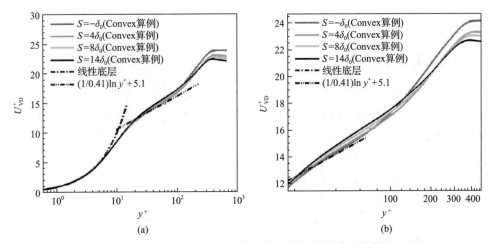

图 2.62　凸曲壁边界层在不同流向位置处的时均速度剖面

(a) 全局视图；(b) 局部放大[8]

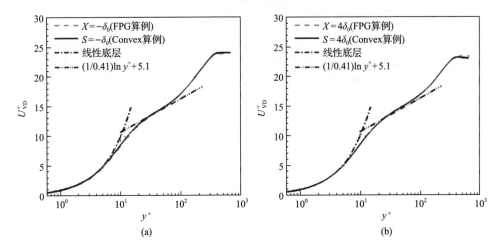

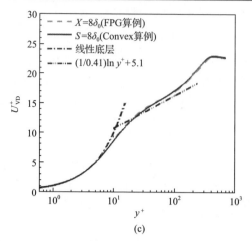

(c)

图 2.63　FPG 算例和 Convex 算例边界层在不同流向位置处的无量纲化速度剖面比较

(a) $S/\delta_0 = -1$ ；(b) $S/\delta_0 = 4$ ；(c) $S/\delta_0 = 8$ [8]

3. 密度及温度脉动特征

图 2.64 给出了不同流向位置（$S = -\delta_0, 4\delta_0, 8\delta_0, 14\delta_0$）的密度脉动量，并由当地平均密度 $\bar{\rho}$ 无量纲化。在 FPG 算例中随着流动不断向下游发展，压力逐渐降低，内层和外层的密度脉动强度均有所增大，在边界层内层和外层各有一个峰值。尽管 Convex 算例的密度脉动分布同样存在内、外层峰值，但随着压力的进一步降低，Convex 算例的密度脉动逐渐低于相同流向位置处 FPG 算例的密度脉动（图 2.64(a)～(c)）。由此可以看出，相较于没有壁面曲率耦合作用的顺压力梯度，凸曲壁密度脉动的衰减更为显著。

由图 2.64(d)可知，凸曲壁超声速湍流边界层沿流动方向随着压力的不断降低，外层密度脉动峰值不断降低，同时逐渐向边界层外缘移动。与此相对的是，

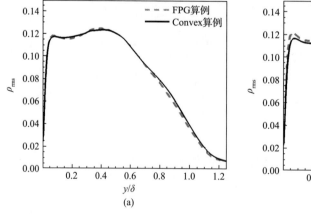

(a)

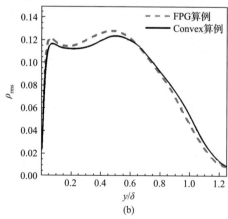

(b)

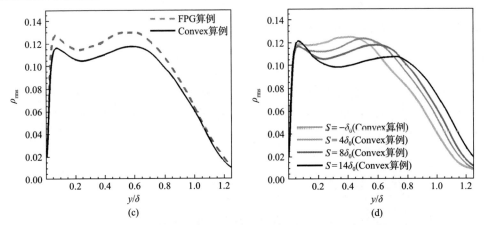

图 2.64　不同流向位置处，由当地平均密度无量纲化的密度脉动

(a) $S/\delta_0 = -1$；(b) $S/\delta_0 = 4$；(c) $S/\delta_0 = 8$；(d)凸曲率边界层不同流向位置处的无量纲化密度脉动[8]

内层峰值并没有降低，在下游处还有略微升高。这种趋势反映出凸曲壁边界层内层、外层对凸曲率效应及顺压力梯度效应的响应是不同的。边界层外层在向下游发展的过程中逐渐向远离壁面的方向偏移，同时密度脉动不断衰减。内层则继续维持着湍流脉动的生成，没有出现明显的衰减。

不同流向位置（$S = -\delta_0, 8\delta_0$）处的速度温度关系由图 2.65 给出。由图可知，Convex 算例和 FPG 算例速度温度关系分布基本相同，且均满足 Morkovin 关系式，分布规律与零压力梯度超声速湍流边界层基本一致。尽管如此，在边界层内层，特别是在缓冲区、对数律区以及尾迹区，FPG 算例和 Convex 算例中温度（或密度）与内层速度脉动之间的相关性仍然略有增强，平均流的对流作用似乎更为显著。

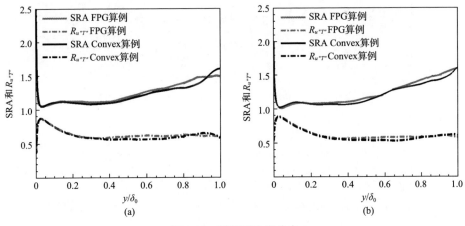

图 2.65　强雷诺比拟分布

(a) $S/\delta_0 = -1$；(b) $S/\delta_0 = 8$ [8]

2.3.3　凸曲壁边界层湍流结构

1. 瞬态流场

图 2.66 为凸曲壁超声速湍流边界层流动 xy 截面的瞬态密度分布云图。图中可以清楚看到膨胀波引起的密度递减（灰度由明到暗）。图中所展示的流场结构与流场实验结果[43,44]非常相似，特别是曲壁段的湍流凸包结构相较于平板段尺度明显变大。

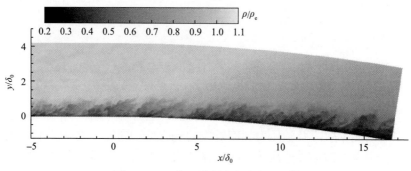

图 2.66　xy 截面瞬态密度分布云图[8]

2. 近壁条带结构

不同壁面法向距离（$y/\delta_0 = 0.02$）和（$y/\delta_0 = 0.25$）的流向速度云图如图 2.67 和图 2.68 所示，低速和高速条带交替出现。在近壁面处（$y/\delta_0 = 0.02$，如图 2.67

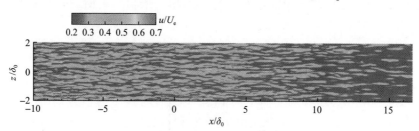

图 2.67　壁面法向距离 $y/\delta_0 = 0.02$ 处的近壁条带结构[8]

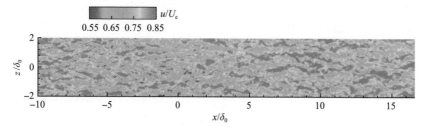

图 2.68　壁面法向距离 $y/\delta_0 = 0.25$ 处的近壁条带结构[8]

所示），凸曲壁上高速条带结构显著减少（$x/\delta_0 > 10$ 时尤为明显），边界层外层向内层的动量输运显著减弱。

如图 2.68 所示，在 $y/\delta_0 = 0.25$ 位置，凸曲壁上低动量条带结构明显减少，边界层内层的低动量流体向外运动的趋势减弱。从壁面条带结构的分布规律不难发现，受顺压力梯度和流向凸曲率的影响，湍流边界层中内层和外层的相互作用显著降低，这与 FPG 算例所展示的近壁条带结构非常相似，反映出顺压力梯度在边界层分层化中发挥了重要作用。

图 2.69 给出了不同壁面法向位置的展向两点相关沿着流动方向的变化趋势，这可以定量地比较速度条带之间的展向间距。在近壁区域（$y/\delta_0 = 0.02$），随着压力的降低，相干曲线谷值对应的间距增大，意味着速度条带间距的增大，在边界层外层区域（$y/\delta_0 = 0.25$），随着压力的降低，相干曲线分布变化甚微，条带结构间距基本保持不变。这反映出边界层外层条带结构近似"冻结"，对于凸曲壁的响应较为缓慢，而内层条带结构则呈现出较为活跃的响应行为。

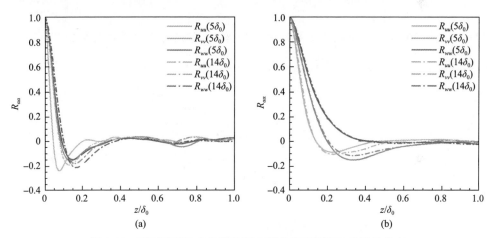

图 2.69　不同壁面法向位置的展向两点相关随流向位置的分布

(a) $y/\delta_0 = 0.02$；(b) $y/\delta_0 = 0.25$[8]。下标 $\alpha\alpha$ 代表 ww、uu、vv

3. 大尺度结构

图 2.70 展示了凸曲壁超声速湍流边界层流向速度为 $u_t/U = 0.45$ 的速度等值面，云图显示的是该处流体距平板段的垂直距离，在平板段可以很明显地观察到速度条带结构的存在。当边界层流经凸曲壁后，在平板段存在于条带结构顶部的细小结构似乎被凸曲壁"过滤"掉，这一结果与 FPG 算例极为相似。为了进一步说明涡结构的分布，图 2.71 给出了瞬态 λ_2 涡量分布（其中 λ_2 取 -0.08），云图由无量纲的瞬时温度给出。与 FPG 算例相同，Convex 算例中的 λ_2 涡结构中外层的小尺度结构被显著抑制，大尺度结构周围游离的涡结构明显减少，但其空间分布

更加稀疏。

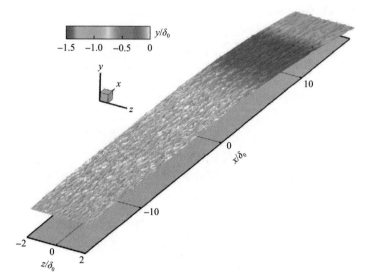

图 2.70　$u_t / U = 0.45$ 的速度等值面（由距平板段的无量纲化垂直距离着色）[8]

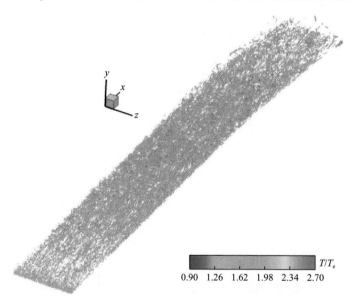

图 2.71　λ_2 涡结构分布（由无量纲化的当地静温着色）[8]

　　图 2.72 给出了由计算域入口 $y / \delta_0 = 0.25$ 处引出的三维流线分布，云图由距离平板段的无量纲化距离给出。由三维流线图可以清楚地看出平板段流线较为平顺，流动发展至凸曲壁段后，流线基本保持了平板段来流的状态，受离心力的影响，这些流线随着流动的发展而不断远离壁面，这与速度等值面展现出来的流动状态

基本一致。FPG 算例的流线分布同样展示出流动在顺压力梯度作用下不断抬升的现象，但这种抬升作用相比于流动偏离凸曲壁的幅度略小。

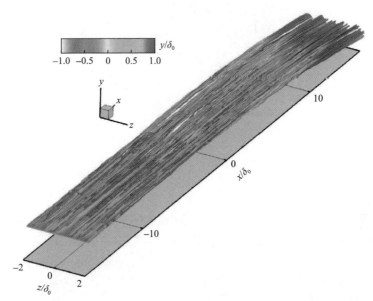

图 2.72　$y/\delta_0 = 0.25$ 处由计算域入口引出的三维流线分布(由无量纲化的距平板段的垂直距离着色)[8]

图 2.73 (a) 给出了 $S/\delta_0 = 14$ 处的流向截面瞬态速度云图，同时在云图上绘制了面内流线。受到凸曲壁离心力作用的影响，近壁面处深色低速凸包状结构明显减少，反映出层间的动量交换明显降低，边界层出现明显的分层化特点。相较于 FPG 算例 $x/\delta_0 = 8$ 处的流向截面瞬态速度云图(图 2.16)，由于处在更下游的区域，外层的细小涡结构受到了显著的抑制。

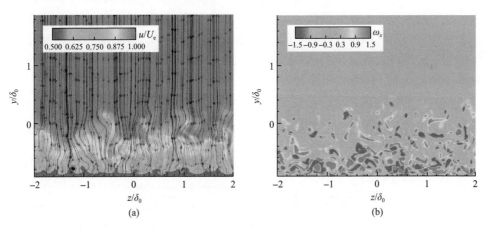

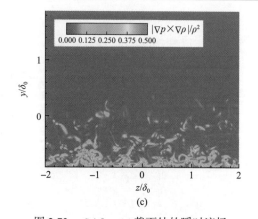

(c)

图 2.73　$S / \delta_0 = 14$ 截面处的瞬时流场

(a)流向速度云图及面内流线分布；(b)流向截面涡量云图；(c)斜压扭矩云图[8]

图 2.73(b)和(c)分别给出了 $S / \delta_0 = 14$ 处流向截面的涡量云图和斜压扭图。观察比较可以发现，Convex 算例和 FPG 算例中涡量和斜压扭矩分布主要集中在近壁区域，边界层内的涡结构变得较为稀疏，同时外层的涡量明显降低。通过斜压扭矩的分布可以知道，斜压扭矩在近壁面处具有较高的强度，这是因为斜压扭矩与涡量的生成紧密相关。

4. 空间两点相关

为反映大尺度结构在凸曲壁下的响应规律，图 2.74 给出了 $S / \delta_0 = 7$ 处不同壁面距离（$D / \delta_0 = 0.02, 0.25$）下展向截面和壁面法向截面内的两点速度空间相干关系。由图 2.74(a)、(b)可知，凸曲壁上的空间结构在近壁面具有较大的流向尺度，同时条带间距较小，当远离壁面时（$D / \delta_0 = 0.25$，图 2.74(c)、(d)），展向平面内的空间相干结构尺度进一步缩小，反映出内外层动量交换受到抑制，同时内层相较于外层偏离壁面的速度偏低，出现明显的内外层分层化现象。在远离壁面时的相干结构展向距离相对近壁面有所增大，这一间距与 FPG 算例对应位置处的相干结构的展向距离相近，说明凸曲壁和顺压力梯度对于边界层外层湍流结构的影响基本相同。

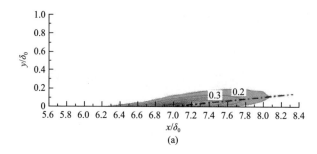

(a)

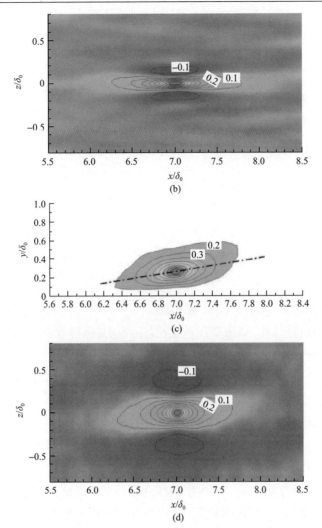

图 2.74　$S/\delta_0 = 7$ 处不同壁面距离下的两点速度空间相干关系

(a) $D/\delta_0 = 0.02$ xy 平面；(b) $D/\delta_0 = 0.02$ xz 平面；(c) $D/\delta_0 = 0.25$ xy 平面；(d) $D/\delta_0 = 0.25$ xz 平面[8]

2.3.4　凸曲壁边界层湍流统计特性

1. 湍动能分布

图 2.75 比较了 Convex 算例和 FPG 算例在不同流向位置（$S/\delta_0 = 4$、8）处的速度脉动和雷诺应力。比较发现，对于 Convex 算例而言，流向速度脉动的峰值略低于 FPG 算例，并随着流动的进一步膨胀而不断降低；边界层外层的雷诺应力也略低于 FPG 算例，随着流动向下游发展，边界层外层的湍动能各分量均相对于 FPG 算例有所降低，这与密度脉动的结果一致。

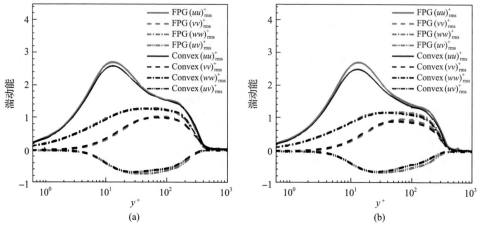

图 2.75 不同流向位置处的无量纲湍动能分布比较

(a) $S/\delta_0=4$；(b) $S/\delta_0=8$[8]

单就 Convex 算例而言，图 2.76 给出了不同流向位置（$S/\delta_0=-1,4,8,14$）处湍动能各分量的分布规律。如图 2.76（a）所示，流向速度脉动在 Convex 算例中随着压力的逐渐降低而降低，但近壁面处的峰值均出现在相同位置上（$y^+\approx15$）。当到达一定的流向位置后，边界层内层流向速度脉动的峰值不再进一步降低，而是达到了新的平衡状态。

法向速度脉动[图 2.76（b）]和展向速度脉动[图 2.76（c）]在顺压力梯度的作用下均有明显的降低，特别是外层的湍动能降低的幅度相较于内层更为剧烈，内层的降低则逐渐放缓，并最终达到新的平衡状态。对于雷诺应力分布，边界层外层雷诺应力经历了显著的降低，而内层同样降幅较低并最终达到平衡状态。这反映出边界层内外层间交互的急剧降低，但在壁面附近仍维持着湍流的生成。

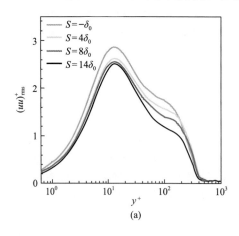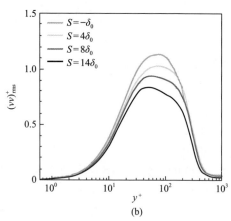

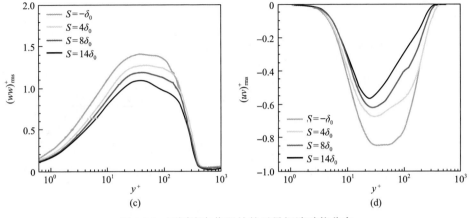

图 2.76　不同流向位置处的无量纲湍动能分布

(a) $(uu)_{rms}^+$；(b) $(vv)_{rms}^+$；(c) $(ww)_{rms}^+$；(d) $(uv)_{rms}^{+}$[8]

图 2.77 给出了湍流马赫数 Ma_t 和由来流参数无量纲化的脉动马赫数 Ma_{rms} 在不同流向位置处的分布。无论是湍流马赫数还是脉动马赫数，FPG 算例和 Convex 算例均能观察到边界层外层第二峰值的出现，但随着流动向下游发展，Convex 算例的峰值明显低于 FPG 算例，与密度脉动分布一致。与密度脉动分布相似的是，湍流马赫数与脉动马赫数在 Convex 算例中随着压力的不断降低呈现出外层脉动水平降低，内层脉动水平不变或略有增加的趋势，而 FPG 算例的内层和外层脉动水平均有明显提高。顺压力梯度在边界层内层和外层产生的斜压扭矩可能是边界层中湍流生成的主要因素，而体积膨胀带来的湍流衰减，特别是边界层外层的衰减会极大地抵消斜压扭矩对湍流生成的贡献，相比之下由于壁面的约束作用，体积膨胀对近壁区域的影响被削弱，因此近壁区能继续维持湍流的生成。

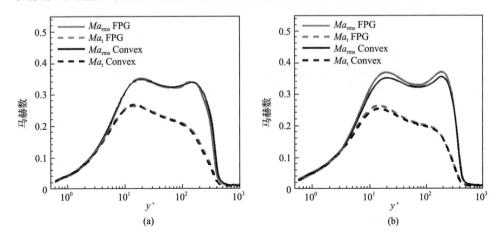

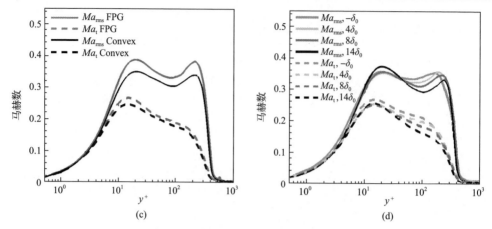

(c)　　　　　　　　　　　　　　　　(d)

图 2.77　湍流马赫数与脉动马赫数分布

(a) $S = -\delta_0$ 处 FPG 与 Convex 算例的比较；(b) $S / \delta_0 = 4$ 处 FPG 与 Convex 算例的比较；(c) $S / \delta_0 = 8$ 处 FPG 与 Convex 算例的比较；(d) Convex 算例不同流向位置的比较[8]

2. 湍动能平衡

图 2.78 比较了零压力梯度 (基准) 算例、FPG 算例和 Convex 算例在 $S / \delta_0 = 8$ 流向位置处的湍动能平衡分布。相比于基准算例，FPG 算例和 Convex 算例中的湍动能平衡分量基本一致且降低显著，湍流生成和湍流耗散均相应降低。需要重点关注的是外层的能量平衡分布，外层湍流生成降低而湍流耗散没有明显降低，这就使得对流项在外层有所增益用以补偿湍流生成的减少。

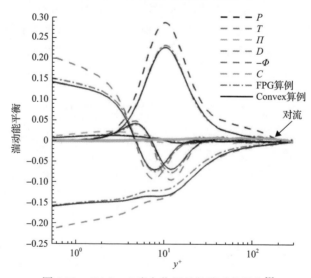

图 2.78　$S / \delta_0 = 8$ 流向位置处的湍动能平衡[8]

2.3.5　凸曲壁边界层实验观测

1. 实验模型

针对凸曲壁边界层的实验研究也得到了一些有益的结果。凸曲壁的曲率半径为 908mm，壁面偏转角 $\alpha = 5°$。实验件宽度为 198mm，为防止实验件下侧气流上涌干扰上侧曲壁边界层，实验件两侧均安装有密封条。板前缘下游 10mm 处粘贴了一个宽 10mm 的粗糙带，以将来流层流强制转掖为湍流。为保证来流湍流能够充分发展，实验在曲壁段开始前设计了一段 250mm 长的平板段。在超声速流动中，FPG 边界层很容易实现，当将一个凸曲壁沿与流动相切的方向置于实验流场中时，其表面形成的边界层便自然受到了流向凸曲率和流向顺压力梯度的双重影响。为了能够只研究流向曲率的影响，采用特征线追踪方法[45]精心设计了一个消波壁面，如图 2.79 中的上板所示。在超声速流动中，流场信息沿特征线传播，当预设一个壁面上的压力分布后，通过特征线追踪便可以反算出实现这一压力分布所需要的约束曲面。在本章研究中，预设曲壁表面的流向压力梯度为零，据此追踪得到消波壁面的型面参数。通过消波曲面产生可控压缩波使下壁面的流向压力梯度基本保持为零，这样可以得到一个零压力梯度凸曲壁边界层。实验设计中，上壁面前缘产生的第一道压缩波到达下壁面的位置正好位于 $x = 250\text{mm}$ 处。实验中所采用的笛卡儿坐标系也在图 2.79 中给出，x 方向为流向，原点位于下壁面前缘的中心点。平面片光通过安装在实验件下游的平面镜反射进入流场，采用这一方法能够有效降低激光在壁面的散射。对于 FPG 和 ZPG 曲壁边界层，PIV 原始图像的空间分辨率相同，具体参数如表 2.7 所示。查问区域的尺寸为 64pixel×32pixel，有 50% 的重合，矢量场最终的空间分辨率也在表 2.7 中给出。

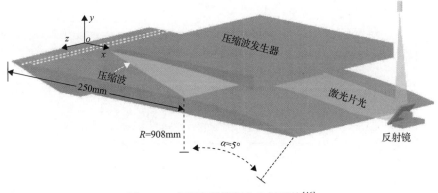

图 2.79　实验安装简图和坐标系统[46]

表 2.7　PIV 实验的详细参数[46]

拍摄区域 （壁面偏转角，α）	PIV 原始图像空间分辨率 d_{pix} /（μm/pixel）	矢量场的空间分辨率 /（mm×mm）
0°～4.0°	19.2	0.62×0.31 $(x \times y)$

2. 时均流动参数

图 2.80 所示为 FPG 和 ZPG 凸曲壁边界层中 X 方向的无量纲速度分量的分布云图，Y 方向速度分量在图 2.81 中给出。速度云图的总向量数为 $94 \times 48\,(X \times Y)$。从图 2.80 中可以看出，FPG 和 ZPG 曲壁边界层 X 方向速度分量的分布总体较为一致，区别主要存在于近壁区。在 FPG 曲壁边界层中，由于膨胀对流动的加速作用，近壁低速区厚度沿流向逐渐减小，如图 2.80（a）所示。对于 ZPG 曲壁边界层，消波壁面产生的膨胀波会抵消凸曲壁表面产生的膨胀波，导致其流向速度以及近壁低速区厚度沿流向的变化明显弱于 FPG 边界层，如图 2.80（b）所示。从图 2.81（a）所示的 Y 方向速度分量云图中能够更清晰地看出膨胀波对流场的作用效果。受膨胀波向下游倾斜的影响，距离壁面越近（不包括近壁区速度基本为零的区域），流动向下偏转的趋势越明显。在 ZPG 曲壁边界层中，消波壁面也能有效促进流动偏转，导致其 y 方向速度分量明显大于 FPG 边界层。

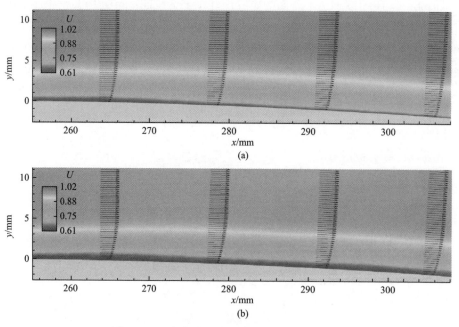

图 2.80　X 方向的无量纲速度分量的分布云图

(a) FPG 曲壁边界层；(b) ZPG 曲壁边界层[46]

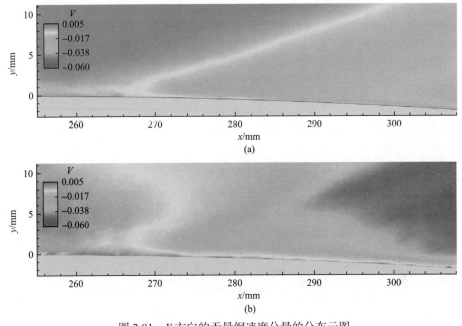

图 2.81　Y 方向的无量纲速度分量的分布云图

(a) FPG 曲壁边界层；(b) ZPG 曲壁边界层[46]

FPG 和 ZPG 曲壁边界层的流向湍流度 $\overline{(u')^2}/U_\infty^2$ 在不同流向位置的剖面在图 2.82 中给出，图中给出的误差带基于不确定度算出。可以看出，流向顺压力梯度和流向凸曲率对流向湍流度具有相似的影响效果。对于 FPG 曲壁边界层，在法向高度低于 0.5δ 区域内，流向湍流度 $\overline{(u')^2}/U_\infty^2$ 在从流向位置 $\alpha=1°$ 到 $\alpha=2°$ 的范围内明显降低，如图 2.82(a)所示；进一步往下游从 $\alpha=2°$ 到 $\alpha=4°$，$\overline{(u')^2}/U_\infty^2$ 的变化则较为微弱。对于 ZPG 曲壁边界层，$\overline{(u')^2}/U_\infty^2$ 在高度小于 0.5δ 的范围内沿流向的变化趋势与 FPG 边界层相似，如图 2.82(b)所示。在边界层法向高度大于 0.5δ 的区域内，FPG 边界层中 $\overline{(u')^2}/U_\infty^2$ 沿流向微弱增加，这主要是由边界层厚度沿流向增加导致的，但对于 ZPG 边界层，其沿流向的变化趋势则不明显。此外，对比两种曲壁边界层的流向湍流度值可以看出，ZPG 曲壁边界层的湍流度在相同流向位置要明显高于 FPG 边界层。基于这一结果，我们有理由推断流向顺压力梯度和流向凸曲率均能够起到降低流向湍流度 $\overline{(u')^2}/U_\infty^2$ 的作用。FPG 曲壁边界层中额外的流向压力梯度会进一步降低流向湍流度，导致 FPG 边界层的 $\overline{(u')^2}/U_\infty^2$ 低于 ZPG 曲壁边界层。通过本节的结果可以看出，不论是 FPG 还是 ZPG 曲壁边界层，曲壁连续的旋转并不会带来湍流度的持续降低，流向顺压力梯度和凸曲率对湍流脉动的降低作用沿流向逐步减弱，这一现象预示着曲壁边界层的湍流特性在到达一定位置以后，很可能会逐步进入新的平衡状态。

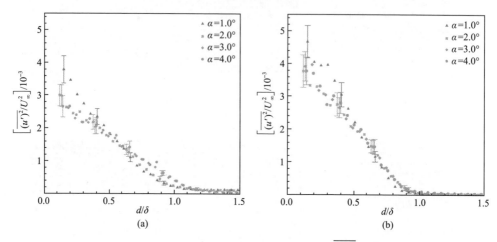

图 2.82　边界层在不同流向位置的流向湍流脉动 $\overline{(u')^2}/U_\infty^2$ 的剖面

(a) FPG；(b) ZPG[46]

图 2.83 所示为 FPG 和 ZPG 曲壁边界层的法向湍流度 $\overline{(v')^2}/U_\infty^2$ 在不同流向位置的剖面。从图中可以看出，对于这两种曲壁边界层，它们的法向湍流度在整个边界层高度范围内均沿流向增加，表明纯流向凸曲率能够提高湍流边界层的法向脉动特性。Tichenor 等[10]也发现在凸曲壁边界层中法向湍流脉动会随着流向顺压力梯度的增加而增加。但更值得关注的是，若比较这两种曲壁边界层的法向湍流度值，可以看到 ZPG 曲壁边界层的湍流度值要明显高于受额外膨胀波影响的 FPG

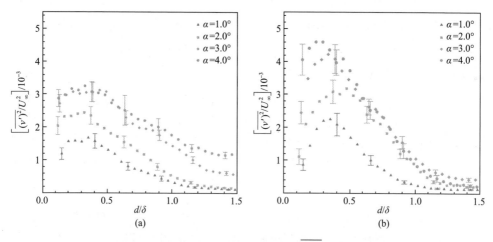

图 2.83　不同流向位置的法向湍流度 $\overline{(v')^2}/U_\infty^2$ 的剖面

(a) FPG；(b) ZPG[46]

曲壁边界层。这一现象表明，膨胀波具有抑制法向湍流脉动的能力，这与其抑制流向湍流脉动的特性是一致的。但是对于流向凸曲率，其作用于流向湍流脉动和法向湍流脉动的效果相反：对流向湍流脉动具有抑制作用，而对法向湍流脉动则有提升作用。在 FPG 曲壁边界层中，尽管流向顺压力梯度会削弱法向湍流脉动，但其中的脉动值沿流向依然保持增长。这一结果表明，流向凸曲率对法向湍流脉动的影响要远远强于流向顺压力梯度，尽管流向顺压力梯度削弱法向湍流脉动，也难以扭转流向凸曲率对法向湍流脉动的提升作用。

与 $\overline{(u')^2}/U_\infty^2$ 在 $\alpha=2°$ 下游沿流向变化趋势逐渐放缓相似，$\overline{(v')^2}/U_\infty^2$ 在 $\alpha=3°$ 下游沿流向变化也开始放缓。这一现象再次表明，虽然时均速度场可能会在壁面旋转的影响下连续变化，但湍流脉动特性在到达一定流向位置后可能会趋于一个新的平衡状态。

为分析湍流生成，图 2.84 给出了 FPG 和 ZPG 湍流边界层的湍流生成 $\left(-\overline{(u'v')}\cdot\partial U/\partial y\right)/U_\infty^3\cdot\delta$ 在不同流向位置的剖面。显然，ZPG 曲壁边界层的湍流生成要高于 FPG 边界层。且对于这两种边界层，湍流生成均沿流向减小。由于流向湍流度要远大于法向湍流度，流向湍流沿流向减小意味着总湍流度的减小。湍流生成和流向湍流度沿流向一致的变化规律也表明这一点。

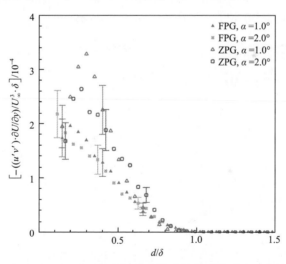

图 2.84　FPG 和 ZPG 曲壁边界层在两个流向位置的湍流生成的对比[46]

为有效识别展向涡及其旋转方向，这里采用了 Zhou 等[47]提出的旋转强度准则。旋转强度采用速度梯度张量 ∇V 的复共轭特征值 $\lambda_{cr}\pm i\lambda_{ci}$ 的虚部 λ_{ci} 作为涡的判断准则。实部 λ_{cr} 始终为非负值，当虚部 λ_{ci} 为正值时表明流场中存在旋涡结构；若流场中只有压缩或拉伸，而无旋涡存在，那么 ∇V 只有实特征值，λ_{ci} 自然为零。

除了用于涡的识别，λ_{ci} 的值还能用于表征旋涡强度，其值越大则旋涡强度越高。本章研究中，由于流动为二维，这里采用二维的旋转强度 $\lambda_{ci,z}$，其值为矩阵 J_{uv} 特征值的虚部，J_{uv} 的形式为

$$J_{uv} = \begin{bmatrix} \dfrac{\partial u}{\partial x} & \dfrac{\partial u}{\partial y} \\ \dfrac{\partial v}{\partial x} & \dfrac{\partial v}{\partial y} \end{bmatrix} \tag{2.7}$$

单纯的旋转强度并不能给出旋转的方向，为表征旋转方向，可以进一步为 $\lambda_{ci,z}$ 给定一个符号，其符号由当地涡量的符号确定，这样便可以得到一个新的旋转强度参数：

$$\lambda_s = \lambda_{ci,z} \frac{\omega_z}{|\omega_z|} \tag{2.8}$$

λ_s 为负值表示旋涡沿顺时针方向旋转，为正值则表示旋涡沿逆时针方向旋转。

图 2.85(a) 和 (b) 所示分别为 FPG 曲壁边界层的瞬时流向速度分布云图和对应的旋转强度参数 λ_s 的分布云图。ZPG 曲壁边界层的相关结果在图 2.86 中给出。图 2.85(b) 中给出的瞬时向量场所基于的流向参考速度为 $U_{ref} = 0.8U_\infty$，随着壁面的旋转，x 和 y 方向的参考速度分别为 $U_{x,ref} = U_{ref} \cdot \cos\alpha$ 和 $U_{y,ref} = U_{ref} \cdot \sin\alpha$。由于

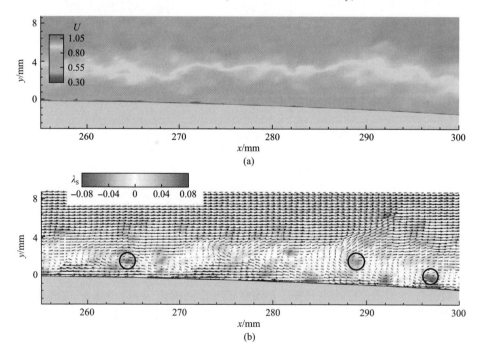

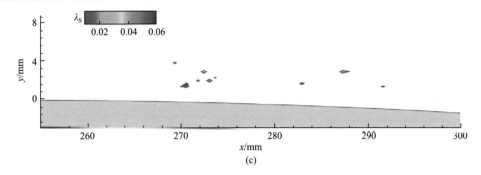

(c)

图 2.85　FPG 曲壁边界层的瞬时流场结构

(a) x 方向速度分量的瞬时分布云图；(b) 旋转强度参数 λ_s 的瞬时分布云图，其中流速度分量的
参考速度为 $0.8U_\infty$；(c) 旋转强度参数 $\lambda_s \geqslant 0.01$ 的区域[46]

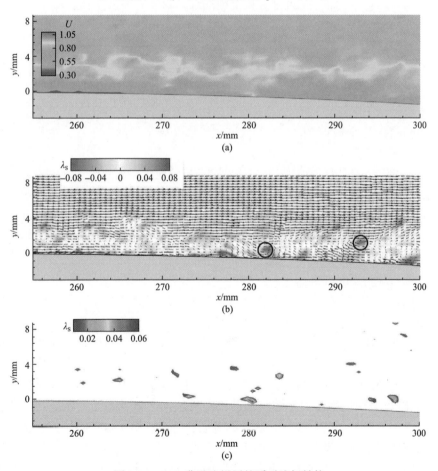

(a)

(b)

(c)

图 2.86　ZPG 曲壁边界层的瞬时流场结构

(a) x 方向速度分量的瞬时分布云图；(b) 旋转强度参数 λ_s 的瞬时分布云图，其中的向量基于流向
参考速度 $0.8U_\infty$；(c) 旋转强度参数 $\lambda_s \geqslant 0.01$ 的区域[46]

展向涡在边界层中的运动速度不同，采用伽利略分解只能识别出流场中按参考速度运动的涡结构，如图 2.85(b) 和图 2.86 中 (b) 的圆圈所标示的区域所示，可以看到，在所有这些位置，λ_s 均为正值。

根据 Wu 和 Christensen[48]给出的定义，这里将与平均剪切方向一致的顺时针旋转旋涡定义为前向涡，将与平均剪切方向相反的逆时针旋转旋涡定义为后向涡。前向涡和后向涡都广泛地存在于平板边界层中，且后向涡往往存在于前向涡的附近[48,49]。图 2.85(c) 和图 2.86(c) 中单独提取出了 FPG 和 ZPG 曲壁边界层中旋转强度参数 $\lambda_s \geqslant 0.01$ 的集中分布区域和后向涡结构，可以看出 ZPG 边界层中后向涡的数量和旋涡强度都明显高于 FPG 边界层。ZPG 曲壁边界层中后向涡的存在形式与平板边界层也比较相似，均主要位于前向涡附近。FPG 曲壁边界层中后向涡的较低密度分布会显著弱化 Q4 事件和发卡涡的旋转强度，这可能是 FPG 边界层湍流特性较低的原因之一。

2.4　本 章 小 结

本章讨论了顺压力梯度作用下的超声速湍流边界层的特征，针对平板、膨胀拐角和凸曲壁三种典型结构，对其湍流边界层开展了详细的分析，主要结论总结如下。

(1) 在顺压力梯度的作用下，表面摩擦速度增大，壁面摩阻系数则会减小，速度在缓冲层和对数律层的加速比在边界层外层快。与零压力梯度相比，顺压力梯度引起的压力下降越大，尾迹区强度降低越明显。顺压力梯度增强了速度与密度脉动的相关性，特别是在内层，相关性尤为显著。内层湍流脉动在经历一定程度的降低后会逐渐趋于平稳，并建立新的湍动能平衡，外层随着顺压力梯度的持续施加，湍流脉动不断降低。

(2) 沿流向的湍动能分布和平衡项在膨胀拐角算例的边界层中呈现出典型的双层结构。在内层，湍流在膨胀拐角下游被抑制，近壁湍流恢复到平衡的速度比外层快；在外层，湍流沿着斜坡持续受到抑制，在下游区域恢复到非平衡状态。双层结构产生于膨胀拐角下游边界层外层湍流衰减的历史效应，该效应阻碍了内层与主流之间的动量和能量交换，最终导致内层快速恢复，外层缓慢恢复。

(3) 顺压力梯度平板边界层与凸曲率边界层均会显著降低边界层的内外层交互水平，使内、外层的响应呈现明显的分层化特点。由于显著的体积膨胀作用，边界层流体逐渐偏离壁面，而凸曲率边界层由于存在离心力作用，对流动的抬升作用更加显著。在凸曲率作用下，摩擦速度和壁面摩阻系数均低于对应的顺压力梯度平板边界层。

参 考 文 献

[1] Wang X, Wang Z G, Sun M B, et al. Direct numerical simulation of a supersonic turbulent boundary layer subject to adverse pressure gradient induced by external successive compression waves[J]. AIP Advances, 2019, 9(8): 085215.

[2] Wang X, Wang Z G, Sun M B, et al. Effects of favorable pressure gradient on turbulence structures and statistics of a flat-plate supersonic turbulent boundary layer[J]. Physics of Fluids, 2020, 32(2): 025107.

[3] Carpenter M H, Nordstrom J, Gottlieb D. A stable and conservative interface treatment of arbitrary spatial accuracy [J]. Journal of Computational Physics, 1999, 148(2): 341-365.

[4] Yee H C, Sandham N D, Djomehri M J. Low-dissipative high-order shock-capturing methods using characteristic-based filters[J]. Journal of Computational Physics, 1999, 150(1): 199-238.

[5] Ducros F, Ferrand V, Nicoud F, et al. Large-eddy simulation of the shock/turbulence interaction[J]. Journal of Computational Physics, 1999, 152(2): 517-549.

[6] Ducros F, Laporte F, Soulères T, et al. High-order fluxes for conservative skew-symmetric-like schemes in structured meshes: Application to compressible flows[J]. Journal of Computational Physics, 2000, 161(1): 114-139.

[7] Eckert E R G. Engineering relations for friction and heat transfer to surfaces in high velocity flow[J]. Journal of the Aeronautical Sciences, 1955, 22(8): 585-587.

[8] 王旭. 压力梯度作用下超声速湍流边界层的直接数值模拟[D]. 长沙: 国防科技大学, 2020.

[9] Smits A J, Wood D H. The response of turbulent boundary layers to sudden perturbations[J]. Annual Review of Fluid Mechanics, 1985, 17(1): 321-358.

[10] Tichenor N R, Humble R A, Bowersox R D W. Response of a hypersonic turbulent boundary layer to favourable pressure gradients[J]. Journal of Fluid Mechanics, 2013, 722: 187-213.

[11] Teramoto S, Sanada H, Okamoto K. Dilatation effect in relaminarization of an accelerating supersonic turbulent boundary layer[J]. AIAA Journal, 2017, 55(4): 1469-1474.

[12] Sun M B, Hu Z, Sandham N D. Recovery of a supersonic turbulent boundary layer after an expansion corner[J]. Physics of Fluids, 2017, 29(7): 076103.

[13] Morkovin M V. Effects of compressibility on turbulent flows[J]. Mécanique de la Turbulence, 1962, 367: 380.

[14] Guarini S E, Moser R D, Shariff K, et al. Direct numerical simulation of a supersonic turbulent boundary layer at Mach 2.5[J]. Journal of Fluid Mechanics, 2000, 414: 1-33.

[15] Arnette S A, Samimy M O, Elliott G S. The effects of expansion on the turbulence structure of compressible boundary layers[J]. Journal of Fluid Mechanics, 1998, 367: 67-105.

[16] Arnette S A, Samimy M, Elliott G S. Structure of supersonic turbulent boundary layer after expansion regions[J]. AIAA Journal, 1995, 33(3): 430-438.

[17] Humble R A, Peltier S J, Bowersox R D W. Visualization of the structural response of a hypersonic turbulent boundary layer to convex curvature[J]. Physics of Fluids, 2012, 24(10): 106103.

[18] Humble R, Peltier S, Lynch K, et al. Visualization of hypersonic turbulent boundary layers negotiating convex curvature[C]. 41st AIAA Fluid Dynamics Conference and Exhibit, Honolulu, 2011: 3419.

[19] Hutchins N, Marusic I. Evidence of very long meandering features in the logarithmic region of turbulent boundary layers[J]. Journal of Fluid Mechanics, 2007, 579: 1-28.

[20] Wang Q C, Wang Z G, Zhao Y X. An experimental investigation of the supersonic turbulent boundary layer subjected to concave curvature[J]. Physics of Fluids, 2016, 28(9): 096104.

[21] Adrian R J, Meinhart C D, Tomkins C D. Vortex organization in the outer region of the turbulent boundary layer[J]. Journal of Fluid Mechanics, 2000, 422: 1-54.

[22] Smith D R, Smits A J. A study of the effects of curvature and compression on the behavior of a supersonic turbulent boundary layer[J]. Experiments in Fluids, 1995, 18(5): 363-369.

[23] Lu S S, Willmarth W W. Measurements of the structure of the reynolds stress in a turbulent boundary layer[J]. Journal of Fluid Mechanics, 1973, 60(3): 481-511.

[24] Knight D, Yan H, Panaras A G, et al. Advances in CFD prediction of shock wave turbulent boundary layer interactions[J]. Progress in Aerospace Sciences, 2003, 39(2): 121-184.

[25] Touber E, Sandham N D. Large-eddy simulation of low-frequency unsteadiness in a turbulent shock-induced separation bubble[J]. Theoretical and Computational Fluid Dynamics, 2009, 23(2): 79-107.

[26] Schlatter P, Örlü R. Assessment of direct numerical simulation data of turbulent boundary layers[J]. Journal of Fluid Mechanics, 2010, 659: 116-126.

[27] Sun M B, Zhang S, Zhao Y, et al. Experimental investigation on transverse jet penetration into a supersonic turbulent crossflow[J]. Science China Technological Sciences, 2013, 56(8): 1989-1998.

[28] Duan L, Beekman I, Martín M P. Direct numerical simulation of hypersonic turbulent boundary layers. Part 3. Effect of Mach number[J]. Journal of Fluid Mechanics, 2011, 672: 245-267.

[29] White F M, Corfield I. Viscous Fluid Flow[M]. New York: McGraw-Hill, 2006.

[30] van-Driest E R. The problem with aerodynamic heating[J]. Aeronautical Engineering Review, 1956, 15: 26-41.

[31] Delery J M. Shock wave/turbulent boundary layer interaction and its control[J]. Progress in Aerospace Sciences, 1985, 22(4): 209-280.

[32] Monaghan R J. On the behavior of boundary layers at supersonic speeds[C]. I.A.S. - R.A.S Proceedings, Wuhan, 1955.

[33] Fang J, Yao Y, Zheltovodov A A, et al. Direct numerical simulation of supersonic turbulent flows around a tandem expansion-compression corner[J]. Physics of Fluids, 2015, 27(12): 125104.

[34] Jeong J, Hussain F. On the identification of a vortex[J]. Journal of Fluid Mechanics, 1995, 332(1): 339-363 .

[35] Gillis J C, Johnston J P. Turbulent boundary-layer flow and structure on a convex wall and its redevelopment on a flat wall[J]. Journal of Fluid Mechanics, 1983, 135: 123-153.

[36] 刘源. 受扰动的超声速湍流边界层结构与作用机理研究[D]. 长沙: 国防科技大学, 2020.

[37] Arnette S A, Sammy M, Elliott G S. Structure of supersonic turbulent boundary layer after expansion regions[J]. AIAA Journal, 1995, 33(3): 430-438.

[38] Dawson J A, Samimy M, Arnette S A. Effects of expansions on a supersonic boundary layer: Surface pressure measurements[J]. AIAA Journal, 1994, 32(11): 2169-2177.

[39] Narasimha R, Sreenivasan K R. Relaminarization in highly accelerated turbulent boundary layers[J]. Journal of Fluid Mechanics, 1973, 61(3): 417-447.

[40] Gibson M M, Verriopoulos C A, Nagano Y. Measurements in the heated turbulent boundary layer on a mildly curved convex surface[C]. The Third International Symposium on Turbulent Shear Flows, Davis, 1982.

[41] Gibson M M, Verriopoulos C A, Vlachos N S. Turbulent boundary layer on a mildly curved convex surface[J]. Experiments in Fluids, 1984, 2(1): 17-24.

[42] Muck K C, Hoffmann H, Bradshaw P. The effect of convex surface curvature on turbulent boundary layers[J]. Journal of Fluid Mechanics, 1985, 161: 347-369.

[43] Wang Q C, Wang Z G, Zhao Y X. The impact of streamwise convex curvature on the supersonic turbulent boundary layer[J]. Physics of Fluids, 2017, 29(11): 116106.

[44] Wang Q C, Wang Z G. An experimental investigation of the supersonic turbulent boundary layer subjected to convex curvature[J]. Proceedings of the Institution of Mechanical Engineers, Part G: Journal of Aerospace Engineering, 2017, 232(6): 1015-1023.

[45] Zucrow M J, Hoffman J D. Gas Dynamics vol.1[M]. New York: John Wiley & Sons, Inc., 1976.

[46] 王前程. 超声速边界层流向曲率效应研究[D]. 长沙. 国防科技大学, 2017.

[47] Zhou J, Adrian R J, Balachandar S, et al. Mechanisms for generating coherent packets of hairpin vortices in channel flow[J]. Journal of Fluid Mechanics, 1999, 387: 353-396.

[48] Wu Y, Christensen K T. Population trends of spanwise vortices in wall turbulence[J]. Journal of Fluid Mechanics, 2006, 568: 55-76.

[49] Klewicki J C, Gendrich C P, Foss J F, et al. On the sign of the instantaneous spanwise vorticity component in the near-wall region of turbulent boundary layers[J]. Physics of Fluids, 1990, 2(8): 1497-1500.

第3章 超声速逆压力梯度平板边界层

在高超声速飞行器内外流动中，气流遇到压缩波、激波、几何曲率等干扰时，就会出现逆压力梯度。对于亚声速流和超声速流，在工程中经常遇到逆压力梯度的边界层。逆压力梯度通常与边界层分离有关，并且可以促进边界层转捩。了解逆压力梯度作用下超声速湍流边界层的物理特性，对于高超声速飞行器实际工程应用具有重要的价值。

在超声速条件下针对只受逆压力梯度影响，而无流向曲率效应的边界层的研究相对较少。与不可压条件下相似的是：逆压力梯度会使超声速边界层的速度型在对数律层出现一个低于对数律的凹陷；流向和法向湍流度的绝对值均沿流向增加。本章主要介绍了逆压力梯度条件下边界层特征的变化规律和机理，应用实验研究和计算研究两种方法，分别从雷诺应力变化、湍流结构变化和边界层速度律变化等多个方面进行系统分析。

3.1 逆压力梯度平板边界层

在受流向曲率影响的超声速边界层中，边界层不仅受到流向曲率的影响，也会受到流向压力梯度的影响。前人的研究均未能将曲率本身和压力梯度对边界层的影响分开。为厘清流向压力梯度单独存在对边界层的影响，王前程[1]通过粒子图像测速技术，Wang 等[2]通过 DNS，对具有逆压力梯度的超声速平板边界层流场展开研究，揭示了逆压力梯度边界层的典型特征。

Wang 等[3]设计了如图 3.1 所示的实验。图中上部的预消波壁面采用气动反设计方法进行设计。通过给定下部平板边界层所在壁面压力梯度约束，采用特征线追踪方法可求解与之对应的预消波壁面。设计得到的无黏型面经过黏性修正即可获得实际需要的型面。通过此方法设计的预消波壁面前缘产生的第一道压缩波到达下壁面的位置正好位于 $x=250\text{mm}$ 处，随着预消波壁面上产生的压缩波受控地到达下壁面并改变下壁面压力分布，便可以在超声速平板边界层中引入压力梯度的影响。实验主要采用 PIV 技术进行观测，通过进一步数据处理可以获得湍流流场的速度分布。

王旭[4]针对与王前程实验相同的构型，开展了精细数值仿真研究，受逆压力梯度影响的平板超声速湍流边界层的计算域如图 3.2 所示。逆压力梯度计算域的上边界包含一个压缩波生成剖面(压缩波发生器)，该剖面是根据 Wang 等[3]的实验设置，使用特征追踪技术[5]设计的。通过对上边界施加固定边界条件，基于特征追踪技术可获得与内部流动相匹配的非零速度、密度和温度分布。这种类壁边界条件可以产生单调增强的压缩波系，不会像无滑移壁面一样会在超声速来流入口引入激波等流动间断造成目标流场的"污染"。

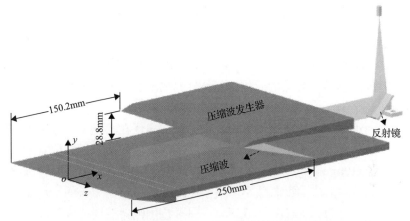

图 3.1　逆压力梯度边界层实验模型的三维结构图[3]

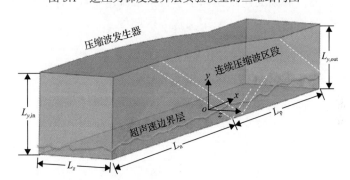

图 3.2　超声速逆压力梯度边界层计算域尺度及流向逆压生成方法示意[2,4]

当超声速来流遇到压缩波生成器时，便会产生连续的压缩波。入射和反射的压缩波将在下壁面平板边界层上产生恒定的逆压力梯度。上壁面的平直段和压缩波发生器的长度经过仔细计算，使得经下壁面反射的压缩波不会进一步通过上壁面反射回边界层。在压缩波生成器下游，上边界恢复为平直边界。计算域长度能使半直边界产生的膨胀波从出口逸出，不会影响下壁面的边界层。计算域坐标原点设置在下壁面上第一道压缩波的入射区域的中点。x、y、z分别表示流向、壁面法向和展向。在此，将计算区域划分为逆压力梯度区域（正 x 区域）和湍流发展区域（负 x 区域）。湍流发展段的长度为$19.2\delta_i$（δ_i是入口边界层厚度），足以使数字滤波器生成的入口湍流发展到充分状态[6]。实际上，之前的模拟[7,8]表明，$15\delta_i$的湍流恢复距离即可满足湍流恢复至充分发展状态的需求。

3.2　逆压力梯度平板边界层的典型特征

3.2.1　逆压力梯度平板边界层的时均特性

1. 对边界层对数律的影响

基于 Wang 等[3]采用粒子图像测速技术对逆压力梯度平板边界层的观测结果，分析 $Ma=2.95$ 的湍流边界层的时均速度特性，揭示逆压力梯度对超声速湍流边界层的影响。

图 3.3 所示为逆压力梯度平板边界层的流向速度在不同流向位置处沿纵向的分布曲线，图中速度为采用自由来流速度无量纲化后的值，纵向位置采用来流边界层厚度 $\delta_\infty = 6.0\mathrm{mm}$ 进行无量纲化。在逆压力梯度的影响下，图中可以清楚看到边界层外主流速度沿流向逐渐减小。由于压缩波的影响，主流的平均流向速度沿法向也可能是变化的，本章在 $y/\delta_\infty = 1.1\sim1.8$ 范围内对流向速度的变化进行了简单统计，结果发现，最大的速度变化小于自由来流速度 U_∞ 的 0.5%，由此可采用传统的基于 99%主流速度的方式来定义边界层厚度。

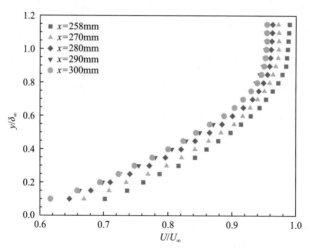

图 3.3　采用自由来流速度 U_∞ 无量纲化的逆压力梯度边界层不同流向位置处
流向速度沿纵向的变化曲线[3]

这里选取 $y/\delta_\infty = 1.2$ 处的速度为当地主流速度，这样便可以估算出边界层厚度沿流向的变化，如图 3.4 所示。从图中可以看到，在流向位置 $x=280\mathrm{mm}$ 上游，边界层厚度沿流向缓慢减小，而在其下游，边界层厚度则基本保持不变，这一变化趋势与文献[9]给出的结果非常相似。

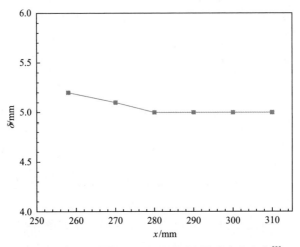

图 3.4　逆压力梯度平板边界层厚度沿流向的变化[3]

　　图 3.5 所示为逆压力梯度平板边界层在不同流向位置处经 van Driest 变换后的流向速度剖面，变换后的速度采用摩擦速度无量纲化，即 $U_{\mathrm{VD}}^{+} = U_{\mathrm{VD}} / u_\tau$。虽然边界层受到流向逆压力梯度的影响，但对数律层仍然很好地存在于边界层中。从流向位置 x=258mm 到 x=280mm，尾迹区明显增强，而在 x=280mm 下游，尾迹区则不再有明显增强。对于逆压力梯度边界层，在实验中未观测到文献[9]～[12]在实验中发现的对数律层存在凹陷的情况。对数律层凹陷形成的直接原因是对数律层速度值法向差异的减小，逆压力梯度边界层中增强的湍流特性和湍流混合是对数律层速度值差异减小的根本原因。尽管超声速湍流边界层的湍流特性在逆压力梯度的影响下显著增强，但对数律层凹陷在超声速逆压力梯度边界层中的出现明显延迟。

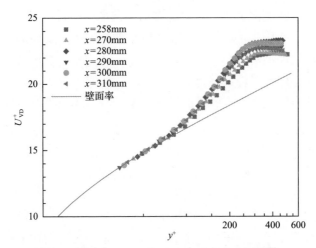

图 3.5　经 van Driest 变换后的流向速度剖面[3]

逆压力梯度平板边界层在不同流向位置的速度剖面；Spalding[13]的壁面率也在图中给出

在超声速逆压力梯度边界层中，压缩波对边界层的影响不可忽略，尤其是在外层雷诺数较大即惯性力占据主导地位的区域。本节合理地假设边界层中总焓沿流向保持不变，这样温度和速度的关系可以写为

$$C_p T + \frac{u^2}{2} = \text{const} \tag{3.1}$$

其中，C_p 为定压比热；const 为常数。根据式(3.1)，可以看出边界层中温度和速度的变化趋势相反，低速则导致高温，这样与温度相关的马赫数 $Ma = u / \sqrt{\gamma RT}$ 在边界层内沿法向则会比速度的变化更为剧烈。

一束简单压缩波对速度的影响可用 Prandtl-Meyer 关系进行估算：

$$\frac{\mathrm{d}u}{u} = -\frac{\mathrm{d}\alpha}{\sqrt{Ma^2 - 1}} \tag{3.2}$$

其中，$\mathrm{d}\alpha$ 为流动偏转角。由于 $u = Ma \cdot \sqrt{\gamma RT}$，式(3.2)可改写为

$$\mathrm{d}u = -\frac{\sqrt{\gamma RT}}{\sqrt{1 - \frac{1}{Ma^2}}} \mathrm{d}\alpha \tag{3.3}$$

从式(3.3)中可以看出，在压缩波的影响下，对于相同的流动偏转角，速度越低则其速度值减小越快，其直接结果是沿流动方向，随着压缩波对流场压缩效应的积累，流向速度在法向上的差异逐渐增加，这是尾迹区强度沿流向增强的主要原因。与压缩波的作用相反，增强的湍流特性倾向于减小法向的速度差异，显然两者在对边界层速度型的重塑上有相反的效果，从实验中观测到的现象也应当是这两个因素相互作用与妥协的结果。

为分析逆压力梯度对湍流脉动的影响，本章对 341 个瞬时流场数据进行统计平均，并计算得到了流向湍流度 $\overline{(u')^2} / U_\infty^2$ 和法向湍流度 $\overline{(v')^2} / U_\infty^2$ 在不同流向位置的分布。对逆压力梯度平板边界层，流向和法向湍流度分别在图 3.6 和图 3.7 中给出。通常，可压缩边界层的湍流数据会采用密度加权平均，以考虑流动压缩性的影响。前人的研究表明基于密度加权平均的湍流度会在逆压力梯度的影响下升高[14]。这里，出于两点考虑没有采用密度加权平均：一是，来流马赫数为 2.95，流动的压缩性对湍流脉动的影响较弱；二是，不采用密度加权平均也可以直接反映湍流速度场本身的脉动受到逆压力梯度和流向曲率的影响情况。

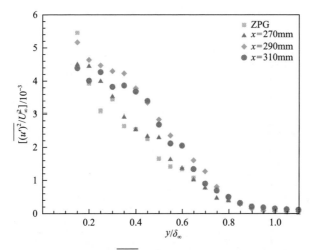

图 3.6　流向湍流度 $\overline{(u')^2}/U_\infty^2$ 在不同流向位置处的分布[3]

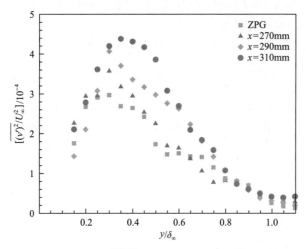

图 3.7　法向湍流度 $\overline{(v')^2}/U_\infty^2$ 在不同流向位置处的分布[3]

　　图 3.6 所示为不同流向位置处流向湍流度在法向上的变化,从图中可以看出,在 $y/\delta_\infty<0.6$ 的高度范围内,湍流度沿流向存在微弱增长,而在 $y/\delta_\infty>0.8$ 的范围内,湍流度沿流向变化则非常微小。与流向湍流度类似,法向湍流度在逆压力梯度影响下沿流向也表现出增长趋势,如图 3.7 所示,法向湍流度增加最显著的区域出现在 $y/\delta_\infty=0.3$ 附近。

　　图 3.8 所示为逆压力梯度平板边界层和凹曲壁边界层中平均雷诺应力 $-\overline{u'v'}/U_\tau^2$ 在两个相近流向位置的分布,零压力梯度平板边界层的数据也在图中给出。显然,在 $y/\delta_\infty<0.6$ 的范围内,逆压力梯度平板边界层内的雷诺应力要大于零压力梯度

边界层，而凹曲壁边界层的雷诺应力值则更高。

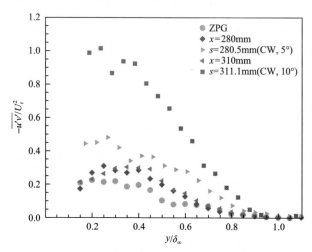

图 3.8　零压力梯度平板边界层、逆压力梯度平板边界层和
凹曲壁边界层中平均雷诺应力 $-\overline{u'v'}/U_\tau^2$ 的分布[3]

CW 表示凹曲壁，10° 和 5° 表示壁面偏转 10° 和 5° 的位置

图 3.9 所示为逆压力梯度平板边界层和凹曲壁边界层中湍流生成 $(\overline{u'v'}\cdot\partial\overline{U}/$
$\partial y)\cdot\delta/U_\infty^3$ 在两个相近流向位置的分布，零压力梯度平板边界层的数据也在图中
给出。从图中可以看出，在 $y/\delta_\infty < 0.6$ 的区域内，逆压力梯度边界层的湍流生成
大于零压力梯度平板边界层，凹曲壁边界层的湍流生成则远大于逆压力梯度边

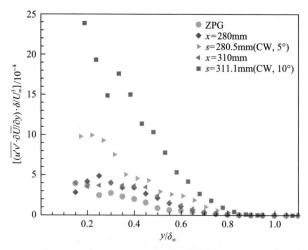

图 3.9　零压力梯度平板边界层、逆压力梯度平板边界层和凹曲壁边界层中
湍流生成 $(\overline{u'v'}\cdot\partial\overline{U}/\partial y)\cdot\delta/U_\infty^3$ 的分布[3]

层。综合不同模型表面边界层的湍流特性，可以看出，流向逆压力梯度和凹曲率对边界层的湍流特性有相似的影响趋势，曲率本身对边界层的影响显著（具体分析将在第 4 章给出）。

王旭等[2,4]通过直接数值模拟方法得到的高分辨率数值结果，支持了逆压力梯度湍流边界层速度剖面变化的相关结论。图 3.10 给出了不同流向位置处由壁面参数无量纲化的经 van Driest 变换的时均速度剖面，同时还给出了零压力梯度算例 $x=0$ 处的速度剖面用于参照。湍流发展段（$x=-3\delta_0$ 和 $x=0$）内的速度剖面很好地表明，在压缩波入射之前，已经形成了完全发展的湍流边界层。然而，在 $x=0$ 时，基准算例和逆压力梯度平板超声速湍流边界层的速度分布略有不同。这是因为压缩波在到达壁面之前，会有部分穿过上游边界层，尽管如此，各位置处，近壁线性底层（$y^+<6$）的速度分布均符合壁面律。当壁面压力升高时，逆压力梯度平板超声速湍流边界层算例的平均速度剖面在下游具有更显著的尾迹区。在逆压力梯度剖面（图 3.10(b)）中，当流动向下游发展时，平均速度剖面首先向上移动，然后恢复到零压力梯度对数律分布。在第一个入射点（$x=0$）后较短时间内观察到的上升趋势与 Franko 和 Lele[15]的 DNS 结果一致，这可能是 β 的松弛过程引起的，因为它不能突然从零增加到预期的稳定值。本章并没有观察到速度剖面对数律区的下移或凹陷，其原因可能与有限的计算域长度有关，这与 Wang 等[3]的实验结果一致。根据早期的实验[9,16]，对于受逆压力梯度影响的平板边界层只有当逆压力梯度区域的流向长度足够长（是本章计算域长度的若干倍）时才会发生偏移。

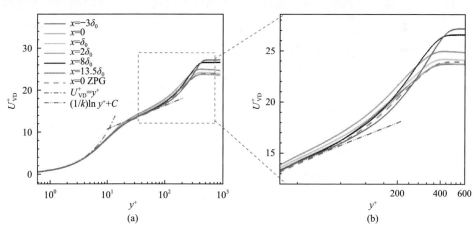

图 3.10　不同流向位置的时均速度分布
(a)整体视图；(b)尾迹区局部放大图[2,4]

图 3.11 给出了由当地边界层厚度无量纲化的高度平均速度分布。在逆压力梯度流动中，边界层外缘存在明显的速度亏损，较高的壁面压力会导致较大的亏损，而在近壁区域会观察到相反的趋势，即速度随着压力的升高而增加，如图 3.11(b)

的局部放大图所示，这与压缩波对湍动能输运的影响有关。

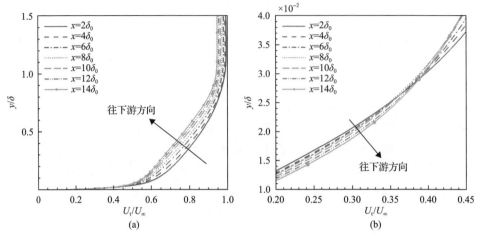

图 3.11　不同流向位置处采用当地边界层厚度无量纲化的平均速度剖面

(a) 全局视图；(b) y/δ = 0.01 至 y/δ = 0.04 的局部放大视图[4]

2. 壁面摩阻系数

王前程[1]的实验结果表明：超声速逆压力梯度边界层的壁面摩阻系数变化规律与不可压缩边界层相反，壁面摩阻系数在遇到压缩波后的较短距离内减小，之后增大，呈总体上升趋势。逆压力梯度平板超声速湍流边界层算例和零压力梯度算例沿流向壁面摩阻系数 $C_f = \tau_w / 0.5\rho_\infty U_\infty^2$ 的分布由图 3.12(a) 给出。在 ZPG 边界层算例中，壁面摩阻系数呈缓慢下降趋势。在逆压力梯度流动的湍流发展段，

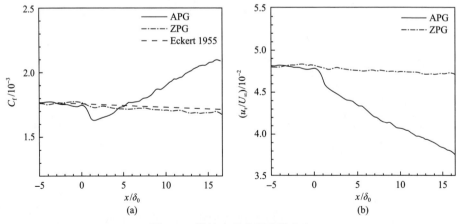

图 3.12　沿流向的壁面参数分布

(a) 壁面摩阻系数；(b) 摩擦速度[4]

尽管在 $x=0$ 之前的一个短区域内有微小的差异，但是壁面摩阻系数与基准算例
(ZPG)一致。这表明逆压力梯度情况下湍流发展段的流动与零压力梯度情况基本
相同。壁面摩阻系数呈总体上升趋势，这与文献[9]和[16]的实验结果一致，与不
可压缩边界层对逆压力梯度的响应相反。图 3.12(b)中所示的摩擦速度的降低主要
是壁面密度的增加导致的。

3. 应变率

应变率是重要的湍流边界层统计特性，通过实验测得的速度可以进一步分析
逆压力梯度对流场应变率的影响。图 3.13(a)所示为逆压力梯度边界层无量纲主应
变率$(\partial U/\partial y)\cdot(\delta_\infty/U_\infty)$六个不同流向位置的剖面，零压力梯度边界层的主应变率
也在图中给出。从图中可以看出，在 $x=280\text{mm}$ 上游，边界层在 $y/\delta_\infty=0.2\sim0.6$
高度范围内，主应变率沿流向增长。图 3.13(b)所示为逆压力梯度边界层和曲壁边
界层的应变率在两个相近流向位置的对比，从图中可以看到，在 $y/\delta_\infty=0.2\sim0.6$
高度范围内，凹曲壁边界层的主应变率要高于逆压力梯度边界层。由于两个模型
表面形成的边界层受到相似的压力梯度的影响，两种边界层之间的差异表明纯流
向凹曲率也会导致应变率的增长，这可能是由曲壁边界层中离心力对边界层的压
缩作用导致的。由于应变率往往和湍流生成相关，高应变率也会导致高湍流度。

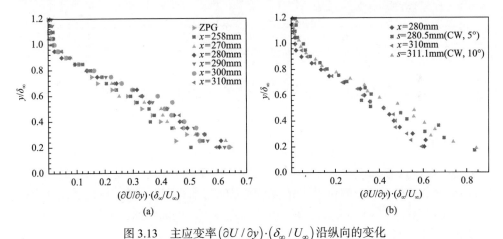

图 3.13　主应变率 $(\partial U/\partial y)\cdot(\delta_\infty/U_\infty)$ 沿纵向的变化
(a)逆压力梯度边界层在不同流向位置处与零压力梯度边界层的对比；
(b)逆压力梯度边界层和凹曲壁边界层在两个相似位置的对比[3]

图 3.14 给出了逆压力梯度段不同流向位置处边界层的无量纲化主应变率
$S_u=\partial(u_t/u_\infty)/\partial(y/\delta_0)$ 的分布，其中 u_t 表示平均流向速度。结果表明，线性底
层的平均剪应力高于对数律区和尾迹区，主应变率从边界层的内层到外层迅速降
低。从图 3.14(a)可以看出，当线性底层区域的压力增加时，主应变率有增加的趋

势，但这种趋势在 $y/\delta=0.015$（$y^+\approx5$，δ 表示当地边界层厚度）附近立即发生了反转。当壁面法向距离从缓冲层过渡到对数律层和尾迹层时（图 3.14(b)），主应变率出现了第二次的反转，Wang 等[17]的数值结果也报告了类似的变化趋势(图 3.14)。结合图 3.14 给出的平均速度剖面，可以看出沿壁法线方向上流向速度存在几种不同的增长率：在逆压力梯度的作用下，当 y/δ 约小于 0.015 时，剪切应力沿流动方向增大，经过此近壁区域之后又立即出现反转，直到 $y/\delta\approx0.4$（$y^+\approx100$），速度沿壁面法向呈三明治分布，即中间区域的减小被内、外区域的增大所包围。由压缩波引起的体积压缩可能是外层剪应力增加的直接原因，而内层剪应力增加可能是由增强的下洗事件引起的。同时，近壁低动量流体的向外运动解释了中间区域主应变率的减少。

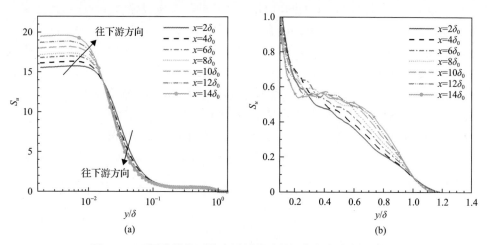

图 3.14 不同流线位置处边界层的无量纲化主应变率 S_u 分布

(a)近壁区域（y/δ 为对数坐标）；(b)局部放大，从 $y/\delta=0.1$ 到 $y/\delta=1.4$[4]

4. 热效应

通过数值计算结果可进一步了解逆压力梯度对边界层温度分布的影响[4]。图 3.15 给出了在不同流向位置边界层厚度方向的平均密度分布，可以看出压缩波所致的体积压缩引起密度增加，进一步导致边界层厚度随壁面压力的增加而减小。温度和压力脉动分别由图 3.16(a)和(b)给出，并分别由当地平均温度 T 和壁面动压 $\rho_w u_\tau^2$ 无量纲化。可以看出，T_{rms} 和 p_{rms}^+ 展现出了不同的趋势，由于压力的升高，边界层内、外层的温度脉动强度沿流动发展方向增大，在 $0.03<y/\delta<0.4$ 的区域则呈减小趋势，这与主应变率的变化趋势相似。这意味着，由于逆压力梯度的存在，边界层由内到外以及由外到内的热输运都得到了增强，即低动量高温流体向外层运动以及高动量低温流体向内层运动的增强。与 T_{rms} 相比，逆压力梯度作用下，随着流动的发展，整个边界层的压力脉动增大，其在内层的强度大于外层，

说明内层流体的体积压缩作用较强。

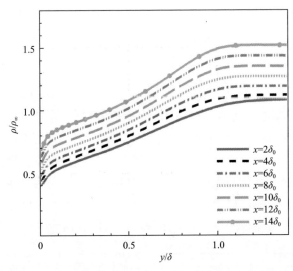

图 3.15　不同流向位置边界层厚度方向的平均密度分布(由来流密度无量纲化)[4]

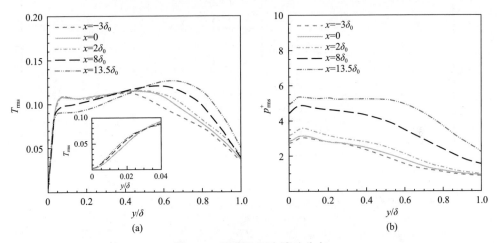

图 3.16　温度和压力脉动分布

(a)当地平均温度 T 无量纲化的温度脉动；(b)壁面动压 $\rho_{\mathrm{w}} u_\tau^2$ 无量纲化的压力脉动[4]

图 3.17 给出了逆压力梯度边界层中的强雷诺比拟关系及边界层中温度和速度脉动之间的相关性。经典 Morkovin 关系式[7]如下：

$$\frac{\left(\overline{T''^2}\right)^{1/2}\Big/\tilde{T}}{(\gamma-1)Ma^2\left(\overline{u''^2}\right)^{1/2}\Big/\tilde{u}} \approx 1 \tag{3.4}$$

边界层温度和速度脉动之间的关系由式(3.5)给出:

$$R_{u''T''} = \frac{-\overline{u''T''}}{\left(\overline{u''^2}\right)^{1/2}\left(\overline{T''^2}\right)^{1/2}} \tag{3.5}$$

图 3.17(a)表明,除边界层的内层和外缘,在边界层中间区域可以较好地满足经典的 Morkovin 关系。从图 3.17(b)中观察到,尽管变化趋势相反,但几乎在所有位置,u'' 和 T'' 都具有很强的相关度,$R_{u''T''}$ 约为 0.6,这与零压力梯度超声速边界层[5]的结果相似。SRA 和 $R_{u''T''}$ 的行为都表明,在线性亚层和尾迹区,由逆压力梯度引起的温度脉动变化与速度波动变化并不匹配,这表明了逆压力梯度引起的压缩性对边界层的影响。对于受到逆压力梯度影响的湍流温度边界层,也有类似的观测结果,从能量输运的角度看,也反映出动能和内能处于非平衡状态。

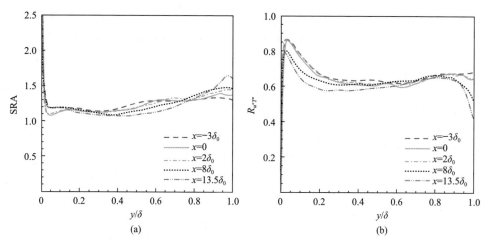

图 3.17　逆压力梯度边界层的强雷诺比拟关系及速度与温度脉动的相关性分布
(a)SRA 分布; (b) $R_{u''T''}$ 分布[4]

3.2.2　瞬态流场与湍流结构

1. 流场显示实验结果

Wang 等[3]通过粒子图像测速技术,对 Ma 为 2.95 的湍流边界层的平均和湍流特性进行了实验研究,揭示了逆流压力梯度影响超声速边界层的物理机理。图 3.18 显示了基于 PIV 和 NPLS 技术的流场可视化结果,可以直观地观察到边界层中湍流结构的瞬时形态和结构。与零压力梯度边界层相比,逆压力梯度会增加主应变率和湍流强度。

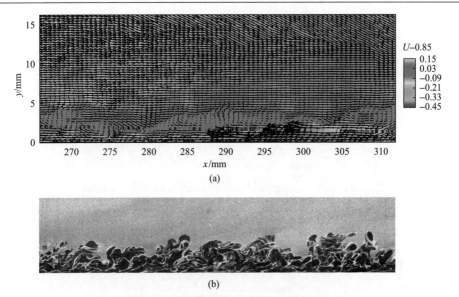

图 3.18　平板边界层瞬态流场显示

(a) PIV 速度场显示；(b) NPLS 流场显示

为了解释逆压力梯度的湍流放大效应，Wang 等[3]提出了发夹包与压缩波之间的物理相互作用模型。模型显示，在低动量区域和高动量区域之间的界面处的速度差可以通过压缩波来加剧，导致主应变率增加，这可以诱导更多的湍流产生。湍流结构可以通过逆的压力梯度而改变，在逆压力梯度的影响下会产生新的速度模式。由于湍流数据的整体平均值没有显示湍流脉动的信息，因此在整体平均值之后，这部分湍流生成将被隐藏。在 3.3 节中将进一步分析逆压力梯度导致湍流强度被低估的机理。

2. 近壁条带结构

数值仿真得到的结果展示了逆压力梯度和零压力梯度作用下湍流边界层中的近壁条带结构。不同壁面法向距离处的流向速度场由图 3.19 给出，从图中容易识别出交替出现的低速条带和高速条带。与顺压力梯度流动相比，在整个湍流发展段和逆压力梯度段内压缩波相对较弱的区域（$[0, 5\delta_0]$）都出现了类似的近壁条带结构。当靠近壁面（$y/\delta_0 = 0.02$）时，可以发现在逆压力梯度段的下游，高速条纹被拉长并聚集成较宽的斑块，形成与零压力梯度情况不同的条带形貌。

在 $y/\delta = 0.25$ 时（图 3.19(b)），逆压力梯度边界层中出现大量低动量的斑块，并将来流高速条带截断，而在远离壁面位置，内层低动量流体有向外运动进入边界层外层的趋势，并且向外运动和向内运动的相互作用应该比线性底层强。

图 3.20 比较了在不同壁面法向距离下逆压力梯度边界层流向速度脉动的展向

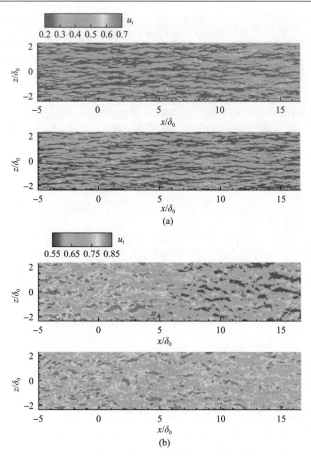

图 3.19　不同壁面法向位置处的逆压力梯度边界层(上)和
零压力梯度边界层(下)流向速度分布对比

(a) $y/\delta_0 = 0.02$；(b) $y/\delta_0 = 0.25$[4]

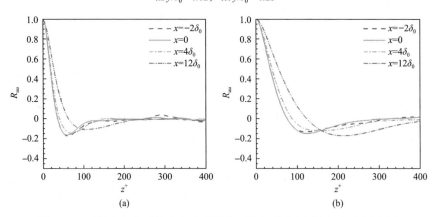

图 3.20　不同流向位置的流向速度展向两点相关(展向尺度采用内标度)

(a) $y/\delta_0 = 0.03$；(b) $y/\delta_0 = 0.3$[4]

两点相关,这可以定量比较条带之间的展向间距。可见,在这两个壁面法向位置,由于压缩波的增强,条带间距增大,同时近壁区域形成了速度斑块,外层形成了大规模的相干结构。这一趋势清楚地表明,在压缩波所致逆压力梯度作用下,内、外层的流动形貌都发生了很大的变化。

3. 大尺度结构

图 3.21 分别显示了基准(零压力梯度)算例和逆压力梯度平板超声速湍流边界层算例流向速度为 $u_t / U = 0.45$ 的速度等值面,很明显,逆压力梯度段的流动形貌发生了改变。图中观察到的逆压力梯度段流向结构被汇聚成大尺度速度斑块(团状结构),一部分团状结构被抬升到外层,另一部分则似乎潜入到内层。受到逆压力梯度的影响,压缩波增强了层与层之间的相互作用,使零压力梯度段内的起伏流动形貌变为类似于耙状的形貌。

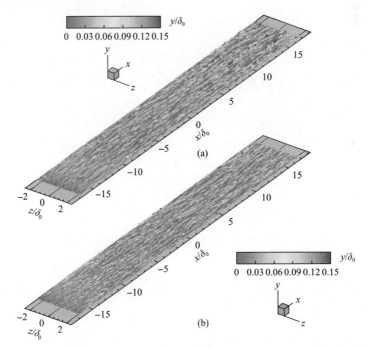

图 3.21　流向速度为 $u_t / U = 0.45$ 的速度等值面,云图为无量纲壁面距离
(a)逆压力梯度; (b)零压力梯度[4]

为了表征涡结构, 图 3.22(a)和(b)给出两种流动情形下的 λ_2 的分布, 通常可以采用 λ_2 取较小的负值来显示湍流结构, 这里取 $\lambda_2 = -0.06$, 云图由瞬态流向速度着色, 图中还给出了 $y/\delta_0 = 0.5$ 处瞬态流向速度的法向截面。逆压力梯度流动与零压力梯度流动存在明显差异: 压缩波引起体积压缩, 因此在近壁面处湍流结构被

"压缩"成较薄的壁面法向区域,这与早前的研究相一致[9,17]。当仔细观察图 3.22(a)时,很容易在外层区域识别出嵌入低动量区的大尺度结构,尽管可以在图 3.22(b)所示的零压力梯度流动中找到此类结构的痕迹,但逆压力梯度边界层中几乎每个方向上均出现明显较大尺度的湍流结构。根据早期针对零压力梯度湍流边界层的研究[18-20],这些大的旋涡结构符合 LSM 结构的特征,即涡包内的发夹涡沿流向排列,并在它们的涡脚之间诱导出低动量流体区域,这些结构在流向上的跨度有(2~3)δ_0,在展向上跨度约为 δ_0。在逆压力梯度效应与壁面曲率耦合的超声速流动中,LSM 总是与曲率相关的类 Görtler 结构相关联,此处 LSM 是由于纯逆压力梯度而增强的,没有壁面曲率的影响。

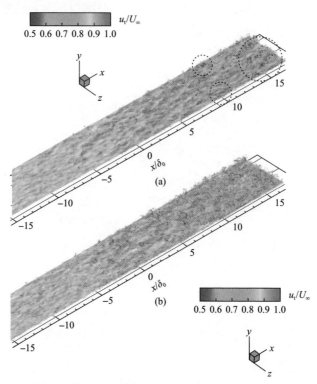

图 3.22　由无量纲速度着色的 λ_2 等值面及瞬时流向速度在 $y/\delta_0 = 0.5$ 截面上的分布
(a)逆压力梯度;　(b)零压力梯度[4]

图 3.23 比较了从 $x = 0$ 引出位于 $y/\delta_0 = 0.03$ 法向高度的三维瞬态流线分布,由壁面法向距离着色。由图可知,零压力梯度流动的流线比较平直,没有明显的偏移,但随着压力的增加,逆压力梯度流线在壁面法向上更为活跃并呈现分层特征,该趋势与速度等值面相同。流线的向内和向外偏离清楚地表明,来自外层的向内动量输运显著增强,并且由于向内运动的增强,向外运动似乎也随之更加显著。

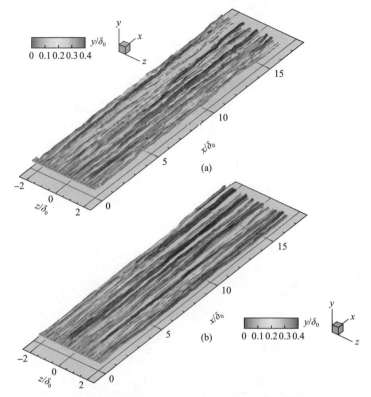

图 3.23　$y/\delta_0 = 0.03$ 处由原点发出的三维流线(云图为无量纲壁面距离)
(a)逆压力梯度边界层；(b)零压力梯度边界层[4]

为了更详细地了解这些增强的 LSM 是如何形成的，以及它们与近壁结构的关系，图 3.24 给出了 $x/\delta_0 = 10$ 处截面瞬态速度云图，以观察边界层内的流动形貌。

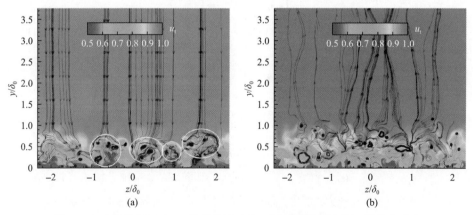

图 3.24　流向位置 $x/\delta_0 = 10$ 处的流向速度云图及该截面中的二维流线分布
(a)逆压力梯度；(b)零压力梯度[4]

在两种情况下，流向速度的一般形貌是不同的：在逆压力梯度流动中，近壁面的低速流体更容易聚集在一起，向上抬升，远离壁面，而不是像零压力梯度流动那样几乎均匀地分布在近壁区。从面内流线分布来看，逆压力梯度流中的大尺度的流向涡对围绕在凸起结构的顶部，而零压力梯度流动中的大尺度成对流向涡则是随机的、尺度较小的，这与图 3.22 中 LSM 的形貌一致。进一步的证据可以通过图 3.25 所示不同流向位置处沿壁面法向分布的流向涡量概率密度函数(probability density function，PDF)找到，在不同的壁面法向位置，零压力梯度情况下的流向涡量PDF吻合较好，近壁区和边界层外层的自相似特征与早期的研究结果一致[8,21]。在近壁区域，PDF 分布较为尖锐，尾部较窄，而在外层，它变得更像高斯分布，

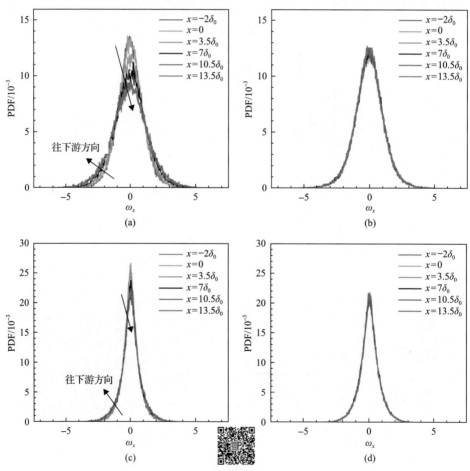

图 3.25　逆压力梯度(左)和零压力梯度(右)算例在不同流向位置处
无量纲流向涡量 ω_x 的概率密度函数(彩图扫二维码)

(a)和(b) $y/\delta_0 = 0.01$；(c)和(d) $y/\delta_0 = 0.25$[4]

并且有更宽的尾部。速度或其梯度脉动 PDF 的这种差异与小尺度和大尺度结构的分布有关[6,22]。在逆压力梯度边界层中，随着流动向下游发展，PDF 分布形状在近壁区域和外层变得不再尖锐和窄小，表明在逆压力梯度作用下，外层和内层都有强化的涡结构存在。

为了进一步研究压力梯度对涡量 ω 的影响，此处讨论涡量动力方程中的斜压项(等式右边第三项)。

$$\frac{D\omega}{Dt} = (\omega \cdot \nabla)u - \omega(\nabla \cdot u) - \frac{\nabla p \times \nabla \rho}{\rho^2} + \frac{\nabla p \cdot \tau}{\rho} \tag{3.6}$$

式中，D 表示物质导数。

该项表示密度和压力梯度的交叉产生，当局部密度梯度和压力梯度不一致时，这一项有助于总涡量的增加。图 3.26 给出了 $x/\delta_0=10$ 截面的斜压扭矩分布云图，仔细观察发现，在逆压力梯度平板超声速湍流边界层算例中，边界层内形成了耳片状的斜压结构，而零压力梯度算例中没有发现明显的类似结构。近壁区条带结构的存在会引起密度变化，从而可增加斜压扭矩，这在两种情况下均可观察到。然而，对于逆压力梯度边界层，附加压力梯度会与条带引起的密度梯度进一步相互作用，最终导致壁面涡量增加，形成耳片状结构的根部。这可以解释前述讨论中逆压力梯度流动近壁区出现的低速流体或斑块的积聚现象。同样的原因可能导致耳片头部的形成，耳片头部可能出现 LSM，并与压缩波相互作用，从而导致比零压力梯度算例更大的斜压性。外层增加的斜压性反过来加强了涡量，进一步加强了边界层内外层的相对运动(图 3.23)，从而增强了 LSM。最后，由压缩波在整个边界层引起的外层高密度流体的总的内向运动(比由内层反射的压缩波引起的向外运动强，如图 3.24 所示)形成整个耳片状结构。

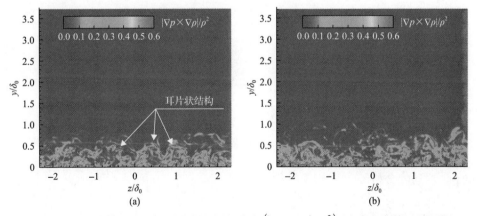

图 3.26 流向位置 $x/\delta_0 = 10$ 处的斜压扭矩分布 $\left(|\nabla p \times \nabla \rho| / \rho^2\right)$ (由来流参数无量纲化)

(a)逆压力梯度；(b)零压力梯度[4]

　　在固定壁面法向位置处随流动发展的无量纲斜压项的 PDF 如图 3.27 所示。图中显示了与流向涡量相似的分布，反映出斜压效应与涡量生成之间强烈的相关性。因此，逆压力梯度作用下边界层内的大尺度流向涡和低速、高速流体的相对运动可以用斜压效应引起的涡度增加来解释。

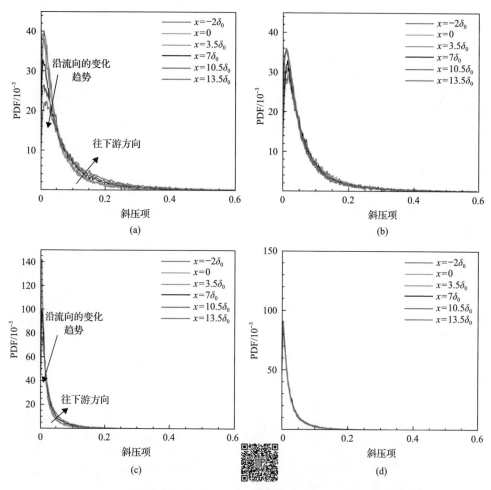

图 3.27　逆压力梯度（左）与零压力梯度（右）算例在不同流向位置处
无量纲斜压项的概率密度函数（彩图扫二维码）
(a) 和 (b) $y/\delta_0 = 0.01$；(c) 和 (d) $y/\delta_0 = 0.25$[4]

3.2.3　湍动能分析

1. 湍动能分布

　　图 3.28～图 3.31 比较了数值计算得到的逆压力梯度边界层不同流向位置的速

度脉动和雷诺应力。在湍流发展段内 $(x/\delta_0=-3\sim0)$ 湍动能的分布基本重合，表示在进入逆压力梯度段之前，湍流已达到平衡状态。

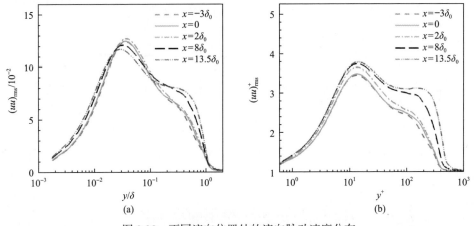

图 3.28　不同流向位置处的流向脉动速度分布

(a) 由来流参数无量纲化；(b) 由壁面参数无量纲化[4]

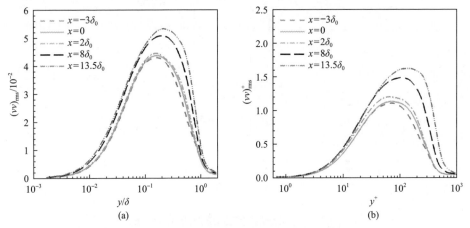

图 3.29　APG 中不同法向位置处的法向脉动速度分布

(a) 由来流参数无量纲化；(b) 由壁面参数无量纲化[4]

如图 3.28(a) 所示，逆压力梯度下流向速度脉动在近壁面处明显增加，在零压力梯度流动的内层出现了一个峰值，但峰值已被逆压力梯度改变。研究发现，当由当地来流速度无量纲化时，内层峰值有一个先增大（高达 $x=2\delta_0$）然后随着流动向下游发展而减小的趋势，这种非单调变化可能是压缩波引起的当地平均流向速度的降低以及用来流速度无量纲化而引起的结果。当脉动值以壁面参数无量纲化时（图 3.28(b)），观察到峰值持续增加，峰值出现在几乎相同的位置（$y^+\approx15$）。从这两幅图中可以看出，外层的速度脉动出现了第二峰值，并且随着压力的升高而增强。

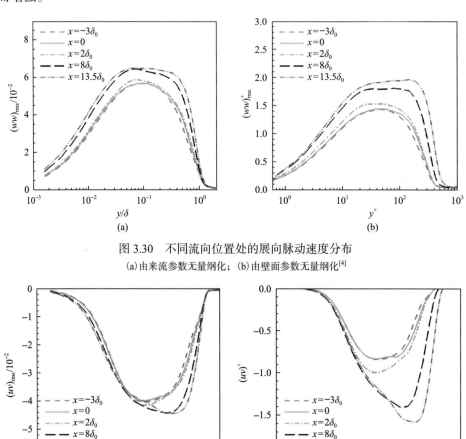

图 3.30　不同流向位置处的展向脉动速度分布

(a)由来流参数无量纲化；(b)由壁面参数无量纲化[4]

图 3.31　不同流向位置处的雷诺应力分布

(a)由来流参数无量纲化；(b)由壁面参数无量纲化[4]

由于逆压力梯度的存在，法向速度脉动[图 3.29(a)、(b)]也被放大。峰值位置的向外移动暗示了内层和外层增强的横向运动，这支持了先前对瞬时结果的讨论。展向速度脉动也有类似的分布趋势[图 3.30(a)、(b)]。值得注意的是，由于压力的上升，曲线顶点已变为平面，这一现象可能支撑对增强的向内和向外运动的瞬时和平均流量结果以及由此产生的 LSM 的观察。此外，雷诺应力也得到了显著提高，曲线顶点变得更尖锐，并有向外移动到外层的趋势，峰值位置对应于流向速度剖面中的第二峰值。

在高雷诺数边界层中，由于外层大尺度运动的贡献，湍动能和雷诺应力的产生在外层会有显著的提升。在以往的逆压力梯度边界层研究中，湍流强度分布的外层峰值也有报道[17,23,24]，高雷诺数湍流边界层也观察到了类似的现象[25]。从前面对湍动能的讨论来看，由于逆压力梯度的作用，所有外层的湍动能分布都发生了很大的变化，结合对瞬态流场的观测，LSM 有可能在提高湍流强度和雷诺应力产生过程中发挥着关键作用。在仔细检查速度脉动和雷诺应力的分布时，近壁区内的湍流强度也得到了加强（尽管并不显著），随着流动的发展有增加的趋势。正如 Smits 等[26]指出的那样，对数律层和尾迹区的大尺度运动可能对近壁湍流的行为有很大的影响，这一结果为瞬时讨论内外层运动之间的相互作用提供了证据。

　　图 3.32 展示了数值研究得到的不同流向位置处的湍流马赫数 $Ma_t = \sqrt{\overline{u'u'}/c}$（其中，$c$ 表示局部平均声速）和由来流参数无量纲化的脉动马赫数 Ma_{rms}。与湍动能分布一致，湍流马赫数和脉动马赫数分布均观察到第二个峰值。基准算例与逆压力梯度平板超声速湍流边界层算例之间存在明显差异，这表明在逆压力梯度作用下的超声速湍流边界层中可压缩效应起着重要作用。

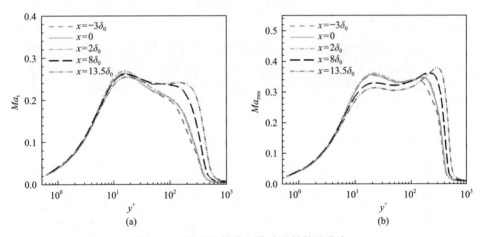

图 3.32　湍流马赫数和脉动马赫数的分布
(a) 湍流马赫数 Ma_t；(b) 脉动马赫数 Ma_{rms}[4]

2. 象限分解分析

　　为了分析近壁湍流流动，王旭采用象限分解技术[17,27,28]，将速度脉动在 u'-v'（流向和壁面法向脉动速度）平面内分为 4 组或 4 个象限，每个脉动样本被视为一个事件，事件分别命名为外向作用（在第 1 象限中，记为 Q1 事件）、上喷（Q2 事件）、内向作用（Q3 事件）和下洗（Q4 事件）事件。

　　图 3.33 给出了不同流向和法向位置处边界层中湍流事件的概率密度分布。由

此发现在黏性底层中[图 3.33(a)]，湍流事件大多具有小的脉动，特别是 v'，同时这一壁面高度上 Q4 事件略占主导地位。然而，对于缓冲层和对数律层(图 3.33(b)、(c))，脉动增强，尤其是 Q2 事件和 Q4 事件显著增加。随着压力的上升，事件开始从原点($u'=0$ 和 $v'=0$)附近分散到一个相对较大的区域内。在零压力梯度流动中则观察到了不同的现象，即所有事件都聚集在原点附件的一个较小的区域内。由此可以判断，上喷和下洗事件强度由于逆压力梯度作用而增加。Q2 事件和 Q4 事件均与横向运动和雷诺应力有关。这进一步表明，逆压力梯度对高速流体的向内运动和低速流体的向外运动都有明显的增强作用。雷诺应力相应的增强也促进了湍流强度的提高。

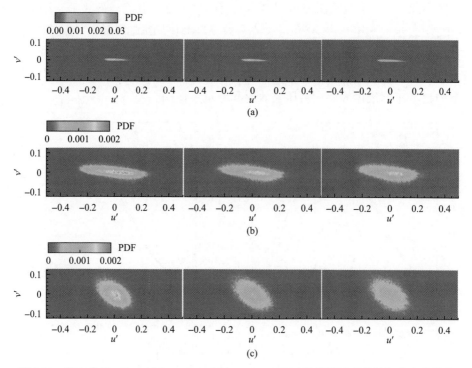

图 3.33　流向位置 $x/\delta_0=0$(左)、$x/\delta_0=7$(中)、$x/\delta_0=14$(右)处的湍流事件的概率密度分布
(a)$y/\delta_0=0.01$；(b)$y/\delta_0=0.04$；(c)$y/\delta_0=0.2$[4]

图 3.34 给出了平板超声速湍流边界层在逆压力梯度和零压力梯度两种情况下，固定壁面法向位置($y/\delta_0=0.01$ 和 $y/\delta_0=0.2$)处不同流向位置的展向脉动 PDF，可以观察到与图 3.25 所示类似的分布。在两个壁面法向位置，零压力梯度情况下的自相似性仍然存在，逆压力梯度情况下沿流动方向的变化同样存在。如前所述，PDF 形状的尾部加宽代表着尺度增长的趋势。观察图 3.34(a)和(c)所示

的展向脉动，进一步得出湍流结构展向尺度被放大的结果。通过对湍流事件 PDF 和三维流线的讨论，可以很自然地得出，近壁区域和外层都存在着的流向涡结构在逆压力梯度作用下会被加强。事实上，展向速度脉动概率密度分布为象限分解分析提供了第三维度的信息。

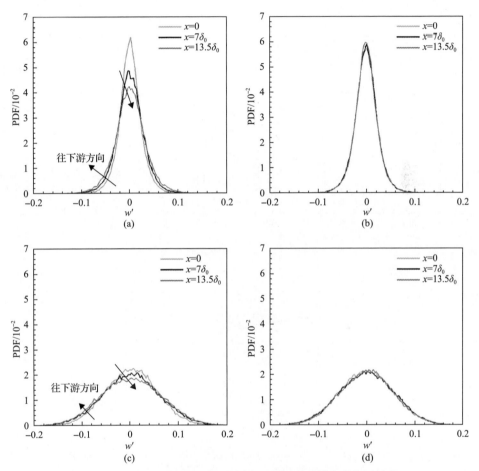

图 3.34　逆压力梯度和零压力梯度边界层在不同流向位置处的
展向脉动速度 w' 的概率密度分布

(a)、(c) 逆压力梯度边界层；(b)、(d) 零压力梯度边界层；(a)、(b) $y/\delta_0 = 0.01$；(c)、(d) $y/\delta_0 = 0.2$[4]

图 3.35 绘制了沿流向位置不同象限中事件的统计分布。在逆压力梯度的影响下，四个象限的事件均明显增多，其中以 Q2 和 Q4 事件为主。它们的峰值位置逐渐向外层移动，这进一步证明了由于逆压力梯度的存在，外层湍流强度增强，这与湍动能分布是一致的。在近壁区，Q4 事件贡献了大部分的雷诺应力，表明下洗事件在近壁湍流的产生中占主导地位，这与前面的讨论是一致的。Q2 事件的贡献

比 Q4 事件的贡献增加得快，并最终在边界层的其余部分占主导地位。有趣的是，与 Q4 事件相比，Q2 事件的峰值并不是单调增加的，但是 Q2 事件的范围已在边界层内得到扩展。当压力增加时，代表从外层向内层运动的 Q4 事件随之增强，而代表从内层向外层运动的 Q2 事件则不依赖于压力的变化。由 Q4 事件引起的大尺度结构也会对 Q2 事件产生影响。

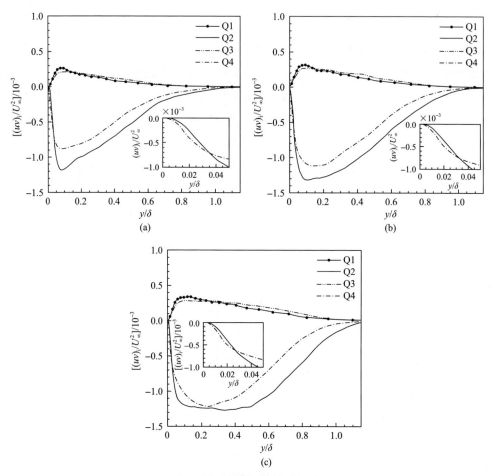

图 3.35　不同流向位置象限分解雷诺应力的统计分布

(a) $x/\delta_0=0$；(b) $x/\delta_0=7$；(c) $x/\delta_0=14$[4]

3. 湍动能平衡

基于数值计算结果，可通过湍动能进一步了解边界层湍流生成耗散过程。在零压力梯度情况下，在 $x=0$ 处的能量平衡绘制在图 3.36 中，并与 Schlatter 和 Örlü[29] 得到的 $Re_\theta=1006$ 的不可压缩结果进行了比较，图中，P 表示生成项；T 表示湍流输运项；Π 表示压力膨胀和扩散组合项；D 表示黏性扩散项；Φ 表示黏性耗散项；C 表示对流项。所有项都用 $\rho_{\mathrm{w}} u_\tau^4 / \nu_{\mathrm{w}}$ 无量纲化，其中 ν_{w} 表示壁面区域的运动黏性系数。模拟结果与参照结果基本一致（尽管存在小的差异，这可能是非绝热壁条件导致的），这证明了本模拟的可靠性，并进一步验证了 Morkovin 假设[30,31]。图 3.37 显示了逆压力梯度情况下不同流向位置的能量平衡，还给出了零压力梯度算例在 $x = 0$ 处（虚线）的分布作为参考，图中各标识含义与图 3.36 相同。逆压力梯度流动在 $x = 0$ 处的能量平衡与零压力梯度算例基本一致。边界层内的黏性耗散项平衡了生成项，而近壁区的黏性扩散主要由黏性耗散平衡。Pirozzoli 等[31]、Guarini 等[32]和 Sun 等[33]也报告了类似的结果。

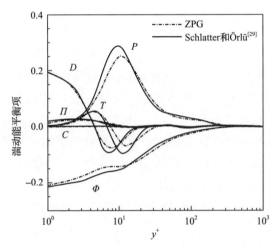

图 3.36　零压力梯度算例在 $x = 0$ 位置处的湍动能平衡与 Schlatter 和 Örlü[29]
给出的不可压缩情况的结果比较[4]

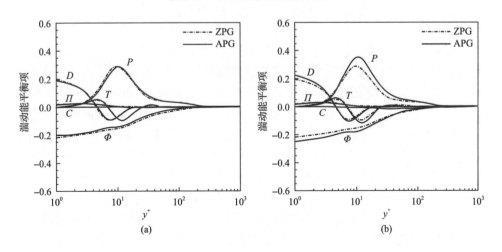

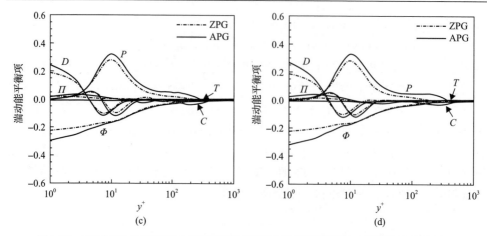

图 3.37　不同流向位置逆压力梯度算例与零压力梯度算例间湍动能平衡分布的对比

(a) $x/\delta_0=0$；(b) $x/\delta_0=2$；(c) $x/\delta_0=8$；(d) $x/\delta_0=13.5$[4]

在逆压力梯度的影响下,湍动能平衡中的所有项都被放大,表明湍流被增强,这与前面的讨论是一致的。尤其是湍流输运项,即外层和内层之间的输运的增加主要是受到逆压力梯度的影响。黏性耗散的增加可能是压缩波引起的密度增加导致的,它总是可以通过边界层内层黏性扩散的增加来平衡,这表明在近壁区域存在更活跃的结构。在边界层外层,生成项在逆压力梯度作用下形成第二峰值(图 3.37(c)和(d)),表明边界层中该区域内湍流强度的增强,同时,外层对流项和湍流输运项的显著增加与生成项的第二峰值构成了新的能量动态平衡。外层的湍动能平衡过程的加强为大尺度结构的存在及边界层内外层动量交换提供了证据。

3.3　逆压力梯度的作用机制

通过前面的分析可知,流向逆压力梯度会增强边界层的流向和法向湍流度。Bradshaw[34]曾指出,可压缩条件下湍流边界层对压力梯度的响应要大于雷诺输运方程中显性项给出的预测值,主应变率和雷诺应力对湍流度的放大作用并不能给出令人满意的解释。这一差异的来源可能是压力梯度对湍流结构的重要影响[34],本节通过 Wang 等[3]的实验结果进一步揭示流向压力梯度对湍流结构的影响机制。

湍流边界层的一个重要特征是边界层中沿流向排布的大尺度发卡涡[20,35],发卡涡往往以发卡涡包的形式存在。发卡涡的旋转引起了边界层中的上喷(Q2 事件,$u'<0$,$v'>0$,诱导壁面附近的低速流体往上流动)和下洗(Q4 事件,$u'>0$,$v'<0$,诱导外层的高度流体朝向壁面方向流动)。这样边界层中的低速流体便会和高速流体相遇,形成剪切层。本节采用 Adrian 等[20]给出的方法进行涡识别,在

他们给出的方法中，涡为一个具有集中涡量的区域，当以涡中心速度为参考时，其周围流线基本呈圆形。由于较大涡量往往存在于强剪切区域，如壁面附近，单纯采用涡量进行涡识别存在一定问题，当将涡量和流线形式结合在一起使用时，能够可靠识别涡结构[20]。为了进行涡识别，首先需要确定一个基于对流速度的参考系。前人研究指出，整个边界层内对流速度的差距并不大，均约为 $0.8U_\infty$[35]。Adrian 等[20]指出，并不存在一个确定的最优参考速度，参考速度的选择存在一定的自由度，只要能够满足涡识别要求即可。选择 $0.85U_\infty$ 作为参考速度来显示流场的涡结构，对应的相对于参考速度的瞬时向量场在图 3.38(a)给出，图中的云图为瞬时流向速度，对应的瞬时涡量在图 3.38(b)中给出。边界层中的展向涡结构可清晰地在图中看出，如 A、B、C 和 D 所示。由于不同涡结构的运动速度稍有不同，基于不同的参考系识别出的涡结构也稍有差异。由图可知，涡结构一般存在于当地涡量峰值附近，但当地涡量峰值并不总对应于涡结构。在涡结构后方，也往往存在涡量值较高的细长剪切层，如图中的圆圈和曲线标识所示，涡头和其后的剪切层标志着流场中发卡涡的存在。

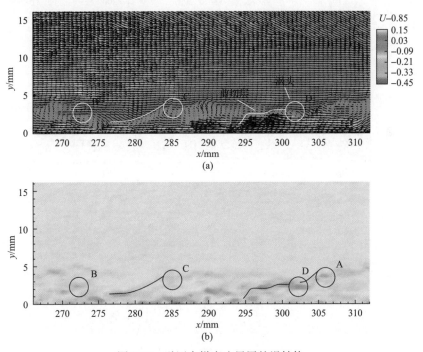

图 3.38 逆压力梯度边界层的涡结构

(a)以流向速度 $0.8U_\infty$ 为参考系的瞬时向量场和瞬时流向速度云图；
(b)相应的瞬时展向涡量云图 $(\partial u / \partial y - \partial v / \partial x)$[4]

Ganapathisubramani 等[36]指出，发卡涡包对雷诺应力的贡献显著，本章为了阐明发卡涡如何影响湍流生成,在图 3.39(a)~(c)中给出了无量纲瞬时雷诺应力 $-u'v'/U_\infty^2$、流向湍流度 $I_u = \overline{(u')^2}/U_\infty^2$ 和法向湍流度 $I_v = \overline{(v')^2}/U_\infty^2$ 的等值线。图中的云图为瞬时主应变率 $S_{\text{prin}} = (\partial u / \partial y) \cdot (\delta / U_\infty)$。可以看出,瞬时雷诺应力、流向湍流度和法向湍流度的峰值区域均集中在主应变率值较高的区域。这一现象表明了局部剪切层与湍流形成的密切关系,若将此与发卡涡的分布相结合,由图3.38可知,发卡涡事实上是通过诱导形成强剪切区域从而推动湍流生成的。基于此,本章随后将分析逆压力梯度对由发卡涡诱导形成的局部剪切层的影响。

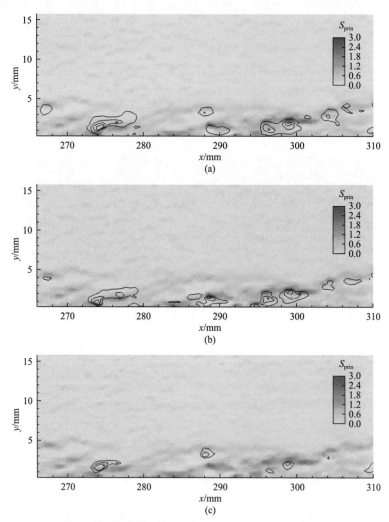

图 3.39　无量纲瞬时主应变率云图 $S_{\text{prin}} = (\partial u / \partial y) \cdot (\delta / U_\infty)$

图中给出了不同湍流参数等值线:(a)瞬时雷诺应力 $-u'v'/U_\infty^2$;(b)瞬时流向湍流度 $I_u = \overline{(u')^2}/U_\infty^2$;(c)瞬时法向湍流度 $I_v = \overline{(v')^2}/U_\infty^2$ [4]

图 3.40 所示为湍流边界层中典型的拟序结构示意图，由向上运动的低速流体和发卡涡组成，由逆压力梯度形成的压缩波也在图中给出。假设压缩波上游高速区和低速区的流动速度分别为 U_1 和 U_2，经过压缩波，高速区和低速区的流动速度分别为 U_3 和 U_4。从图中 A 处开始，向上穿过低速区进入高速区整个范围内流场速度的变化曲线在图中右上角给出，由于高速区和低速区之间形成的剪切层，U_1 和 U_2 之间以及 U_3 和 U_4 之间的应变率均较高。压缩波过后，低速区和高速区的流向速度均减小，即 $U_3 < U_1$，$U_4 < U_2$。

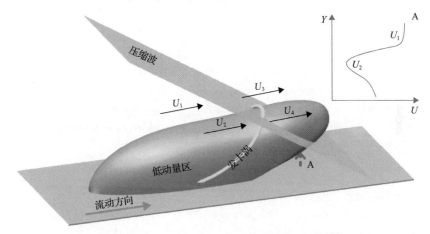

图 3.40　湍流边界层中典型的拟序结构示意图[3]

在相同的流动偏转角下，马赫数越高则流向速度降低越少，这样便会导致剪切层两侧的速度差异增加，其直接结果是剪切作用的增强和湍流生成的增加。由于发卡涡腿(流向涡结构)是沿展向排列的，展向的剪切层也会因此而增强，以及随之而来的湍流生成的增加。由于剪切的增强，湍流结构同样会因此而受到影响，这与前人在实验中观测到的超声速凹曲壁湍流边界层中大尺度结构迅速破碎的现象是一致的[37]。

3.4　本 章 小 结

本章总结了逆压力梯度作用下平板超声速湍流边界层的实验和数值模拟结果，阐述了平均特性、湍流结构以及统计特征对逆压力梯度的响应，进一步揭示逆压力梯度影响湍流结构的物理机制。

(1)逆压力梯度会增加超声速湍流边界层内主应变率和湍流强度，但是对数律层仍然很好地存在于边界层中；壁面摩阻系数在遇到压缩波后的较短距离内减小，之后增大，呈总体上升趋势；边界层由内到外以及由外到内的热输运都得到了增强。

（2）超声速湍流边界层中逆压力梯度段的下游，条纹结构被拉长并聚集成较宽的斑块，形成与零压力梯度情况不同的条带形貌。同时逆压力梯度产生的斜压效应导致边界层内大尺度涡结构得以增强。

（3）逆压力梯度作用下，超声速湍流边界层中流向和法向速度脉动被放大，湍流的上喷和下洗事件强度增大。这与湍流输运项增加和生成项的第二峰值导致的脉动增强相关。

（4）超声速湍流边界层受到压力梯度作用的机理总结为逆压力梯度形成的压缩波增强了发卡涡诱导的剪切层，局部强剪切推动了湍流生成。

参 考 文 献

[1] 王前程. 超声速边界层流向曲率效应研究[D]. 长沙: 国防科技大学, 2017.

[2] Wang X, Wang Z G, Sun M B, et al. Direct numerical simulation of a supersonic turbulent boundary layer subject to adverse pressure gradient induced by external successive compression waves[J]. AIP Advances, 2019, 9(8): 085215.

[3] Wang Q C, Wang Z G, Zhao Y X. On the impact of adverse pressure gradient on the supersonic turbulent boundary layer[J]. Physics of Fluids, 2016, 28(11): 116101.

[4] 王旭. 压力梯度作用下超声速湍流边界层的直接数值模拟[D]. 长沙: 国防科技大学, 2020.

[5] Guarini S E, Moser R D, Shariff K, et al. Direct numerical simulation of a supersonic turbulent boundary layer at Mach 2.5[J]. Journal of Fluid Mechanics, 2000, 414: 1-33.

[6] Pouransari Z, Biferale L, Johansson A V. Statistical analysis of the velocity and scalar fields in reacting turbulent wall-jets[J]. Physics of Fluids, 2015, 27(2): 025102.

[7] 王博. 激波湍流边界层相互作用流场组织结构研究[D]. 长沙: 国防科技大学, 2015.

[8] Tsuji Y, Nakamura I. Probability density function in the log-law region of low reynolds number turbulent boundary layer[J]. Physics of Fluids, 1999, 11(3): 647-658.

[9] Fernando E M, Smits A J. A supersonic turbulent boundary layer in an adverse pressure gradient[J]. Journal of Fluid Mechanics, 1990, 211: 285-307.

[10] Hoffmann P H, Muck K C, Bradshaw P. The effect of concave surface curvature on turbulent boundary layers[J]. Journal of Fluid Mechanics, 1985, 161: 371-403.

[11] Donovan J F, Spina E F, Smits A J. The structure of a supersonic turbulent boundary layer subjected to concave surface curvature[J]. Journal of Fluid Mechanics, 1994, 259: 1-24.

[12] Defani D, Smits A J. Response of a compressible, turbulent boundary layer to a short region of surface curvature[J]. AIAA Journal, 1989, 27(1): 113-119.

[13] Spalding D B. A single formula for the "law of the wall"[J]. Journal of Applied Mechanics : Transactions of the ASME, 1961, 28(3): 455-458.

[14] Fernando E M, Smits A J. A supersonic turbulent boundary layer in an adverse pressure gradient[J]. Journal of Fluid Mechanics, 1990, 211: 285-307.

[15] Franko K, Lele S K. Effect of adverse pressure gradient on high speed boundary layer transition[J]. Physics of Fluids, 2014, 26(2): 024106.

[16] Smith D R, Smits A. A study of the effects of curvature and compression on the behavior of a supersonic turbulent boundary layer[J]. Experiments in Fluids, 1995, 18(5): 363-369.

[17] Wang Q C, Wang Z G, Sun M B, et al. The amplification of large-scale motion in a supersonic concave turbulent boundary layer and its impact on the mean and statistical properties[J]. Journal of Fluid Mechanics, 2019, 863: 454-493.

[18] Adrian R J. Hairpin vortex organization in wall turbulence[J]. Physics of Fluids, 2007, 19(4): 457.

[19] Hutchins N, Hambleton W T, Marusic I. Inclined cross-stream stereo particle image velocimetry measurements in turbulent boundary layers[J]. Journal of Fluid Mechanics, 2005, 541: 21-54.

[20] Adrian R J, Meinhart C D, Tomkins C D. Vortex organization in the outer region of the turbulent boundary layer[J]. Journal of Fluid Mechanics, 2000, 422: 1-54.

[21] Lindgren B R, Johansson A V, Tsuji Y. Universality of probability density distributions in the overlap region in high reynolds number turbulent boundary layers[J]. Physics of Fluids, 2004, 16(7): 2587-2591.

[22] Rasam A, Pouransari Z, Vervisch L, et al. Assessment of subgrid-scale stress statistics in non-premixed turbulent wall-jet flames[J]. Journal of Turbulence, 2016, 17(5): 471-490.

[23] Monty J P, Harun Z, Marusic I. A parametric study of adverse pressure gradient turbulent boundary layers[J]. International Journal of Heat & Fluid Flow, 2011, 32(3): 575-585.

[24] Harun Z, Monty J P, Mathis R, et al. Pressure gradient effects on the large-scale structure of turbulent boundary layers[J]. Journal of Fluid Mechanics, 2013, 715: 477-498.

[25] Pirozzoli S, Bernardini M. Turbulence in supersonic boundary layers at moderate Reynolds number[J]. Journal of Fluid Mechanics, 2011, 688: 120-168.

[26] Smits A J, McKeon B J, Marusic I. High-Reynolds number wall turbulence[J]. Annual Review of Fluid Mechanics, 2011, 43(1): 353-375.

[27] Tichenor N R, Humble R A, Bowersox R D W. Response of a hypersonic turbulent boundary layer to favourable pressure gradients[J]. Journal of Fluid Mechanics, 2013, 722: 187-213.

[28] Lu S S, Willmarth W W. Measurements of the structure of the reynolds stress in a turbulent boundary layer[J]. Journal of Fluid Mechanics, 2006, 60(3): 481-511.

[29] Schlatter P, Örlü R. Assessment of direct numerical simulation data of turbulent boundary layers[J]. Journal of Fluid Mechanics, 2010, 659: 116-126.

[30] Morkovin M V. Effects of compressibility on turbulent flows[J]. Mécanique de la Turbulence, 1962, 367(380): 26.

[31] Pirozzoli S, Grasso F, Gatski T B. Direct numerical simulation and analysis of a spatially evolving supersonic turbulent boundary layer at M=2.25[J]. Physics of Fluids, 2004, 16(3): 530-545.

[32] Guarini S E, Moser R D, Sharif F K, et al. Direct numerical simulation of a supersonic turbulent boundary layer at Mach 2.5[J]. Journal of Fluid Mechanics, 2000, 414: 1-33.

[33] Sun M, Sandham N D, Hu Z. Turbulence structures and statistics of a supersonic turbulent boundary layer subjected to concave surface curvature[J]. Journal of Fluid Mechanics, 2019, 865: 60-99.

[34] Bradshaw P. The effect of mean compression or dilatation on the turbulence structure of supersonic boundary layers [J]. Journal of Fluid Mechanics, 1974, 63(3): 449-464.

[35] Elsinga G E, Adrian R J, Oudheusden B W V, et al. Three-dimensional vortex organization in a high-reynolds-number supersonic turbulent boundary layer[J]. Journal of Fluid Mechanics, 2010, 644: 35-60.

[36] Ganapathisubramani B, Longmire E K, Marusic I. Characteristics of vortex packets in turbulent boundary layers[J]. Journal of Fluid Mechanics, 2003, 478: 35-46.

[37] Wang Q C, Wang Z G. Structural characteristics of the supersonic turbulent boundary layer subjected to concave curvature[J]. Applied Physics Letters, 2016, 108(11): 114102.

第 4 章　超声速凹曲壁边界层

超声速凹曲壁边界层在实际工程应用中很常见，凹曲率的几何边界会给可压缩边界层流动带来显著影响，其中包括逆压力梯度、体压缩等。此外，在凹曲壁的离心效应的作用下，超声速边界层可能会激发出不稳定的流动模式，主要表现为流体产生流向相反的旋转漩涡，称之为 Görtler 涡[1]。

本章将结合实验结果和直接数值模拟结果，展示超声速凹曲壁边界层的组织结构和产生、发展的演化过程，并结合超声速湍流边界层统计特性进行具体分析研究，从流体输运、斜压作用机制等方面，对凹曲壁边界层涡的产生发展、湍流增强等现象进行机理性分析，总结相关规律。

4.1　超声速凹曲壁边界层的组织结构

4.1.1　湍流结构的三维时空演化

针对超声速凹曲壁边界层，国防科技大学王前程[2]和刘源[3]做了相关的实验研究，用可视化手段分析了超声速凹曲壁边界层的典型结构，发现凹曲壁能够促进边界层转捩，并在边界层中诱导形成 Görtler 涡、大尺度条带等典型结构，加深了对超声速边界层流向曲率效应的认识，所有实验结果均通过国防科技大学 $Ma=2.95$ 的超声速静风洞实验研究得到；国防科技大学孙明波[4]和王前程[2]则利用 DNS 仿真手段对流场典型结构和时均及统计特性进行了细致分析，并总结了凹曲壁影响超声速湍流边界层的物理机制。

1. 实验结果

王前程[2]着眼于研究不同凹曲壁曲率半径对于超声速湍流边界层的影响，实验采用的模型如图 4.1 所示，由长平板段、具有转角的凹曲率段组成。图中所示 250mm 零压力梯度平板段可以作为研究层流边界层的边界层发展段，通过在边界层发展段上粘贴粗糙带则可实现边界层的强制转捩，将其转化为湍流边界层生成与发展段。凹曲率段为凹曲率扰动施加段，以曲率半径进行命名，曲率半径为 113mm 时命名为 R113，曲率半径为 350mm 时命名为 R350，实验过程中用于对比的平板(flat plat，FP)实验段命名为 FP 实验段。刘源[3]同样进行了不同凹曲壁曲率半径作用下超声速湍流边界层流场特性的研究，相较王前程[2]的实验研究，刘源[3]的实验研究增加了研究受凹曲率扰动后边界层特性改变以及恢复机制的观测段，可以进一步观测凹曲壁结构对于流场扰动的后续影响。其采用的实验模型如图 4.2 所示，实验模型由一块 250mm 长平板段、一个具有转角的凹曲率段以及一段与曲率段相切的平板段组成。其中初始平板段为湍流边界层生成与发展段，凹曲率段为曲率扰动施加段，均与前述王前程实验相似，增加的末端平板段作为研究受凹曲率扰动后边界层特性改变以及恢复机制的观测段。同样地，实验结果展示以曲率半径进行命名，曲率半径为 250mm 时命名为 R250，曲率半径为 500mm 时命名为 R500。

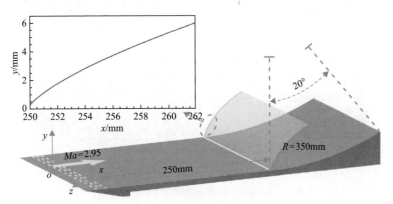

图 4.1　凹曲壁边界层实验设置图[2,5]

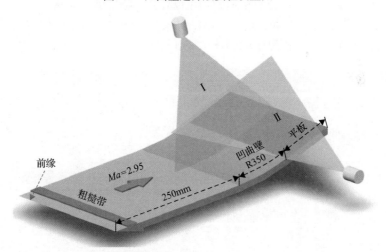

图 4.2　带恢复段的凹曲壁边界层实验设置图[3]

超声速条件下，凹曲壁结构会造成层流边界层的快速失稳转捩。图 4.3 和图 4.4 分别示出超声速平板边界层流场结构和超声速凹曲壁边界层流场结果，对比可知，在整个实验区域内，平板边界层始终保持层流状态，虽然边界层沿流向逐渐增厚，但没有表现出明显的转捩迹象；而在 R113 凹曲壁作用实验中，流动在图中所示

X=250mm 上游的平板段都完好地保持为层流状态。但在流动进入到凹曲壁段以后，层流边界层迅速转捩为湍流。这一实验结果与前人发现的流向凹曲率能够使边界层失稳的结论一致[6]，而且不可压条件下流场对曲率影响的响应较慢[7]，而超声速边界层对流向凹曲率的响应更为迅速，失稳和转捩能够在较短距离内迅速完成。

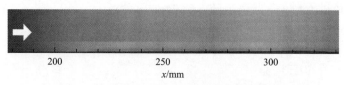

图 4.3　超声速平板边界层的瞬时流场图像[2]

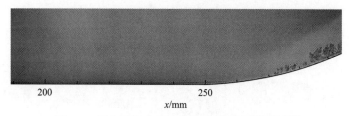

图 4.4　超声速凹曲壁边界层的瞬时流场图像[2,8]

　　通过实验结果进一步分析凹曲壁作用下超声速层流到湍流转捩的产生机制，能够发现：凹曲壁边界层本身是一个不稳定系统，满足一定条件的扰动便可以诱导形成 Görtler 涡，引起边界层的转捩。图 4.5 展示出采用 NPLS 技术获得的时间

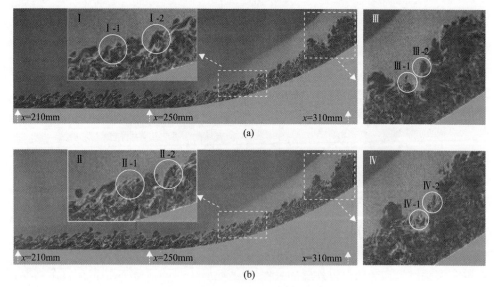

图 4.5　凹曲壁边界层的瞬时流场结构

(a)和(b)之间的时间间隔为 4μs；Ⅰ、Ⅱ、Ⅲ和Ⅳ分别为对应区域的放大图[2,9]

间隔为 4μs 的两个时间相关时刻超声速凹曲壁边界层的瞬时流场结构，表现 Görtler 涡的细节结构与其发展过程。发现在凹曲壁作用下，一些大尺度的涡结构在输运的同时，出现了发展、破碎的现象，这说明一方面曲壁边界层本身的离心力和存在的逆压力梯度会导致大尺度涡的破碎；另一方面凹曲壁的挤压作用也使得不同微团之间有更高的概率发生相互作用，从而导致大尺度涡结构的破碎。

刘源[3]则结合平板和不同凹曲壁（R350 和 R500）扰动下湍流边界层的流向可视化流场，分析出在湍流来流条件下，凹曲率半径对于超声速边界层湍流涡结构的影响很大。图 4.6 显示，在凹曲壁作用下，相比于平板段，大尺度的涡结构会在流向凹曲率的作用下迅速破碎成小尺度结构，但结构的破碎并不影响边界层中大尺度涡结构的运动。实验结果显示出另外一个现象：相对于平板边界层，凹曲壁湍流边界层在遭受曲率扰动后边界层厚度明显降低。这是由于在凹曲壁压缩作用下，边界层内低速流体被压缩。不同曲率半径下的实验结果表明，R350 凹曲率段中边界层厚度减小程度明显大于 R500 凹曲率段，这是由于更小的凹曲率引起的壁面扰动和其所带来的逆压力梯度更大（R350 中可观测到压缩波汇聚成激波），这将导致 R350 凹曲壁较 R500 凹曲壁作用下，在相同流向位置处凹曲率段内有更大的湍流度提升。

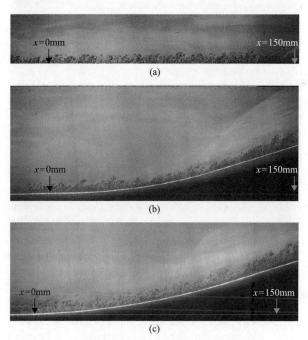

图 4.6　凹曲壁湍流边界层流向显示图像
(a) 平板边界层；(b) R350；(c) R500[3]

进一步分析超声速凹曲壁边界层展向方向的流场变化，图 4.7 示出了平板边界层、R350 和 R500 凹曲壁湍流边界层末端平板展向可视化观测图，其示出的 x=0mm 的原点位置即为末端平板起始端。由图可以发现：在两个凹曲壁结构的截面上均观测到涡结构沿着流向方向呈现出明显的纵列结构，并且两列结构间存在明显间隙，即呈现典型条带结构。而且随着流向的发展（箭头指向方向），超声速凹曲壁边界层在尾部平板段末端，两列涡结构间空隙逐步减小，推测该现象与湍流边界层中大尺度涡结构（类 Görtler 涡）的破碎有关。对比 R350 和 R500 实验中大尺度流向结构的延伸情况，发现较大曲率拥有更快的大尺度涡破碎速度。

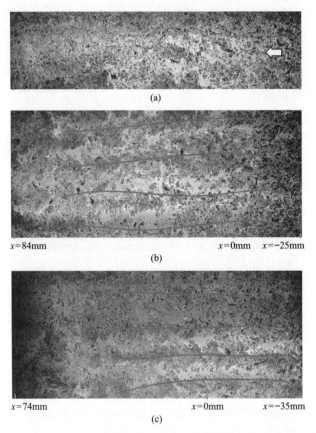

图 4.7　平板边界层、凹曲壁湍流边界层末端平板展向流向显示图像
(a) 平板边界层；(b) R350；(c) R500[3]

　　通过实验结果可以发现：凹曲壁作为一个流场强扰动，能够诱导边界层产生 Görtler 涡等结构，诱发超声速边界层由层流到湍流的转捩；凹曲壁边界层本身的离心力和压力的不平衡会导致大尺度涡的破碎，凹曲面的挤压作用也使得不同流体微团之间有更高的概率发生相互作用，凹曲壁作用下，一些大尺度的涡结构在输运的同时，出现了发展、破碎的现象，而且曲率越大，大尺度涡破碎速度越快。

2. DNS 结果

通过 DNS 结果可以更细致地展现各个流场方向的流动特征和凹曲壁扰动的作用机理，本章所述 DNS 方法通过高精度的有限差分格式直接求解无量纲 N-S 方程，计算程序采用熵分裂方法求解可压缩的 N-S 方程，并采用四阶精确差分法求解，采用三阶 Runge-Kutta 格式进行时间匹配。

孙明波 DNS 计算算例[4]采用入口马赫数 Ma 为 2.7 的来流条件，名义 99%边界层厚度估计为 $\delta_i = 5.7\text{mm}$，可压缩(包括密度变化)边界层位移厚度 $\delta_i^* = 1.96\text{mm}$，动量厚度 θ=0.41mm，假设黏度随温度变化，参考温度设置为 122.1K，以匹配流入条件，Sutherland 常数设置为 110.4K。所有模拟均使用恒定普朗特数(0.72)。DNS 模型如图 4.8 所示，与前述王前程实验模型类似，由长平板段、具有转角的凹曲率段组成，长平板段长度 L_i 为 $15\delta_i = 85.5\text{mm}$，保证来流湍流边界层能够充分发展，凹曲率段长度 $L_e = 16\delta_0 \approx 100\text{mm}$，其中两个凹曲率算例的曲率半径分别 308mm、908mm，分别记作 R308 和 R908，对比的平板算例记作 FP。整个计算区域的网格规模大致为 1.6 亿量级(2305×241×289)。

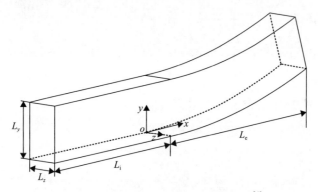

图 4.8　DNS 算例计算区域构型及尺寸[4]

王前程 DNS 计算算例[2]采用入口马赫数 Ma 为 2.95，算例模型如图 4.9 所示，在弯曲开始前设置了长度为 $20\delta_i$ 的平板段，保证来流湍流边界层能够充分发展，后接曲率半径为 350mm 的 12°弯曲段。整体结构与前述王前程实验模型一致，将曲率半径为 350mm 的凹曲壁算例记作 R350，整个计算区域的网格规模约为 8000 万量级(1620×240×210)。

孙明波 DNS 计算所得的瞬时密度场图像如图 4.10 所示[4]，由上到下分别为平板(FP)、R908 曲壁、R308 曲壁的计算结果。可以发现：相比平板情况，在凹曲率作用下，在从平板到凹曲壁的转折点下游的边界层中，凹曲壁上的密度增加，且随着曲率半径的减小，压缩波变得明显，边界层变得更薄，这与刘源[3]的实验结果相一致，厚度变化可能源于凹曲壁引起的强烈展向变化的不稳定结构。进一步分析凹曲壁导致的涡结构，取速度梯度分量的 3×3 矩阵的第二特征值 $\lambda_2(\lambda_2=-0.3)$ 来可视化湍流结构值，得到如图 4.11 所示的湍流结构示意图。图 4.11 展现

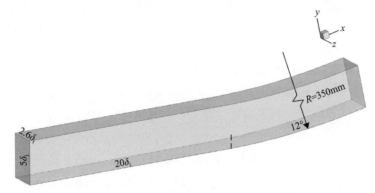

图 4.9 DNS 算例计算区域构型及尺寸[2,10]

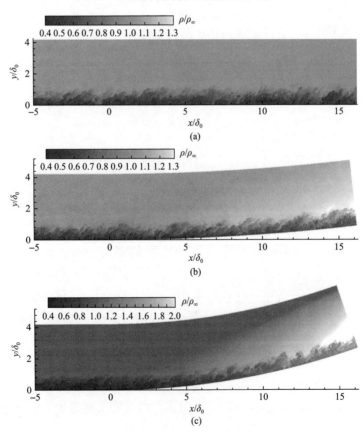

图 4.10 平板和不同曲率的凹曲壁的超声速边界层密度图

(a) FP；(b) R908；(c) R308[4]

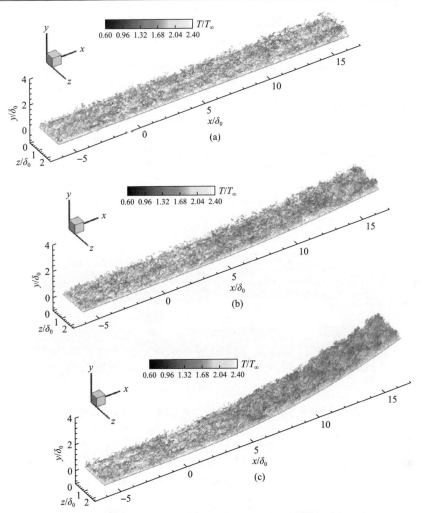

图 4.11　平板和不同曲率的凹曲壁的超声速边界层 λ_2 涡三维图
(a) FP；(b) R908；(c) R308[4]

了三维情况下边界层的涡发展情况，与平板边界层相比，超声速流体通过凹曲壁后，λ_2 涡显著增强，且随着曲率半径的减小，增强更加明显。如图 4.11(c) 所示，在 R308 的情况下，湍流强度快速增强，曲面下游边界层中形成了大量新的大尺度结构。结合图 4.10 的密度场图像，对凹曲壁上湍流结构的仔细观察表明，许多较小的波动叠加在大尺度结构上，形成了整体的涡结构。

　　为了便于比较凹面情况和平板，取 R308 和平板流场结果，在贴体坐标系中绘制凹曲壁，将计算域转换为矩形框，如图 4.12 所示。转换后的速度分量 u_t 和 v_t 考虑受 y 轴影响的局部偏转弧度。图 4.13 给出相同壁面法向距离（$y/\delta_0=0.0068$）处转换坐标下的流向速度场，交替的低速（深色）和高速（浅色）条带可以清楚地识别出来，在这两种情况下，典型的近壁条带都出现在上游未扰动边界层中，然而，由于凹曲壁的作用，在更下游的边界层内层，沿着凹曲壁产生了大量的小涡结构。与平板情况相比，凹曲壁上相邻低速条带之间的距离减小。凹曲壁会诱发流场出现典型的条带结构，这也可以在前述刘源[3]的实验结果中找到对照，而且较大曲率拥有更快的大尺度涡破碎速度。

图 4.12　凹域到矩形域的变换示意图[4]

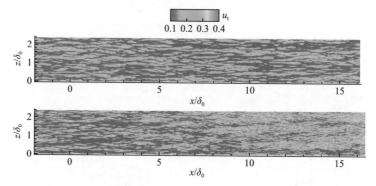

图 4.13　速度归一化后平板和凹曲壁出现的近壁条带图[4]

　　DNS 结果验证了实验观测的结果，而且进一步说明了：随着曲率半径的减小，扰动增强，大尺度涡的破碎速度更加明显；凹曲壁相较平板实验相邻低速条带之间的距离减小，凹曲壁会诱发流场出现典型的条带结构。

4.1.2　湍流结构的空间相关性

　　湍流结构的空间相关性主要从展向（xz 平面）和流向（xy 平面）两方面进行分析。在 xz 平面方面，沿流向伸展的低速条带是近壁湍流的典型结构，刘源的实验结果[3]和孙明波的 DNS 计算结果[4]均展示出超声速凹曲壁边界层具有典型的条带结构。xy 平面方面也存在空间相关性，在湍流边界层中，随着发卡涡的形成、发展与破碎，流场中湍流脉动信息不仅随着涡的运动往下游传递，同时也会往边界层外缘方向传递。为了进一步分析超声速湍流边界层 xz 平面和 xy 平面内的空间相关情况，下面将利用王前程 DNS 结果，展现不同流向位置和不同法向高度上的空间相关性，涉及的空间相关性的衡量采用空间相关系数，其表达式如下：

$$R_{uu}\left(x_0+\Delta x,y_0,z_0+\Delta z\right)=\frac{\overline{u'\left(x_0,y_0,z_0\right)\cdot u'\left(x_0+\Delta x,y_0,z_0+\Delta z\right)}}{\sqrt{\overline{u'\left(x_0,y_0,z_0\right)^2}}\cdot\sqrt{\overline{u'\left(x_0+\Delta x,y_0,z_0+\Delta z\right)^2}}} \tag{4.1}$$

首先展示展向(xz 平面)情况，距参考点壁面法向高度称为 y^+，以此分析不同高度情况下展向空间相关性。图 4.14～图 4.16 给出了空间相关结果分别在参考点法向高度为 y^+=10、y^+=20 和 y^+=100 的三个展向平面上的分布云图，在每个高度上分别计算了四个流向位置处的空间相关系数。这四个流向位置为(a)平板段 S=18.3δ_i、(b)曲壁段 α=3.0°、(c)α=6.0°和(d)α=9.0°。从实验结果中可以看出，在不同流向位置和法向高度处，相关区域沿流向的伸展长度不同：在 y^+=10 的平面上，曲壁湍流边界层的空间相关结构沿流向缩短；在 y^+=20 的平面上，空间相关结构沿流向基本保持不变；而在 y^+=100 的平面上，空间相关结构沿流向表现出增

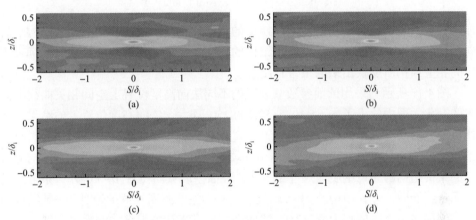

图 4.14　不同流向位置，法向高度 y^+=10 处的曲壁湍流边界层展向空间相关系数分布云图
(a) S=18.3δ_i；(b) α=3.0°；(c) α=6.0°；(d) α=9.0°[2]

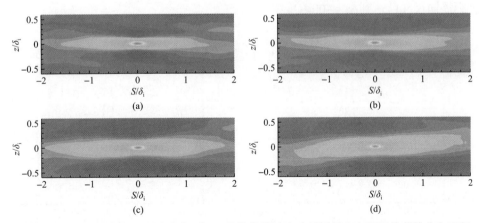

图 4.15　不同流向位置，法向高度 y^+=20 处的曲壁湍流边界层展向空间相关系数分布云图
(a) S=18.3δ_i；(b) α=3.0°；(c) α=6.0°；(d) α=9.0°[2]

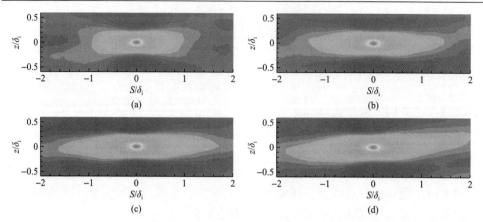

图 4.16　不同流向位置，法向高度 y^+=100 处的曲壁湍流边界层展向空间相关系数分布云图
(a)S=18.3δ_i；(b)α=3.0°；(c)α=6.0°；(d)α=9.0°[2]

加的趋势，说明条带结构沿流向是蜿蜒的且结构也是复杂的，空间相关结构沿流向延伸的长度并不能充分反映条带结构的长度，条带结构的实际长度将远远大于空间相关结构所反映出来的条带长度。

　　图 4.17 所示为采用壁面参数 y^+ 表征的不同法向高度位置上空间相关曲线沿流向的变化，图中给出了 y^+=5,10,20,50,100,250 这六个法向高度位置上的结果。在这里研究的所有六个法向高度位置上，超声速湍流边界层受流向凹曲率的影响，条带结构的无量纲展向尺寸Δz^+均沿流向增加。在 y^+=5 高度上，平板段 S=18.3δ_i 处的条带结构的无量纲展向尺寸Δz^+≈90；在曲壁段流向位置 α=3.0°处，条带结构的无量纲展向尺寸轻微增长到Δz^+≈100；进一步往下游到 α=9.0°处时，条带结构的无量纲展向尺寸已增长为Δz^+≈340。法向高度的升高让条带结构的无量纲展向尺寸增长表现得更为明显，例如，在 y^+=50 高度上，流向位置 α=9.0°处条件结构的无量纲展向尺寸已达到Δz^+≈400。

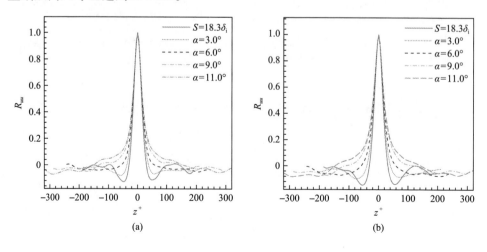

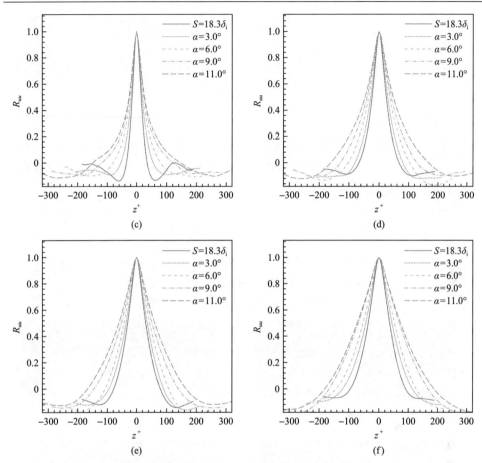

图 4.17　在不同法向高度位置处，曲壁湍流边界层速度脉动在 xz 平面内的
两点空间相关系数沿流向的变化

展向相对位置采用基于壁面参数无量纲化的 z^+ 表征；(a) y^+=5；(b) y^+=10；
(c) y^+=20；(d) y^+=50；(e) y^+=100；(f) y^+=250[2]

　　通过上述结构可以发现，展向方向上 (xz 平面)，流向凹曲率对增加条带结构
基于壁面参数的无量纲特征尺寸的作用非常明显，在近壁区的一定高度范围内，
条带特征会随着到壁面距离的增加而得到强化，根据前面的分析，这一高度范围
位于 y^+=0～20。也正是在这一高度范围内湍流边界层中较强的条带结构特征使流
向凹曲率的影响也较为显著。在更高的高度上，湍流特性增强导致条带结构特征
削弱，流向凹曲率的影响也随之减小。

　　图 4.18～图 4.21 分别给出了湍流流向速度脉动在 y^+=5,15,50,160 这四个高度上
的空间相关结果，在每个高度上分别计算了 (a) S=18.3δ_i、(b) α=3.0°、(c) α=6.0° 和
(d) α=9.0° 四个流向位置的空间相关系数，为方便不同流向位置相关结果的对比，对
曲壁段的横纵坐标进行了变换，其中横坐标为流向位置 S，纵坐标为到壁面的距离 d。

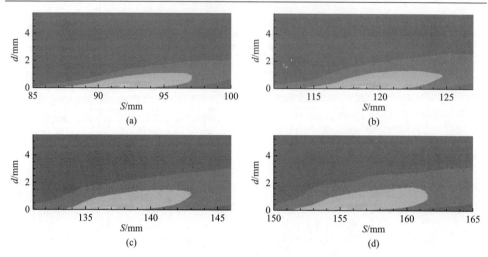

图 4.18　在法向高度位置 y^+=5 处，曲壁湍流边界层速度脉动在 xy 平面内的
两点空间相关系数在不同流向位置的分布云图

(a) S=18.3δ_i；(b) α=3.0°；(c) α=6.0°；(d) α=9.0°[2]

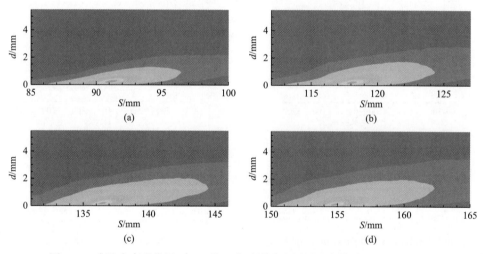

图 4.19　在法向高度位置 y^+=15 处，曲壁湍流边界层速度脉动在 xy 平面内的
两点空间相关系数在不同流向位置的分布云图

(a) S=18.3δ_i；(b) α=3.0°；(c) α=6.0°；(d) α=9.0°[2]

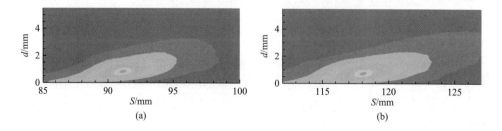

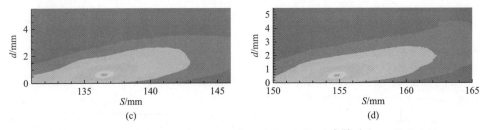

图 4.20　在法向高度位置 y^+=50 处，曲壁湍流边界层速度脉动在 xy 平面内的
两点空间相关系数在不同流向位置的分布云图

(a) S=18.3δ_i；(b) α=3.0°；(c) α=6.0°；(d) α=9.0°[2]

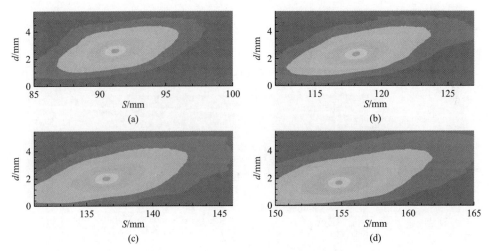

图 4.21　在法向高度位置 y^+=160 处，曲壁湍流边界层速度脉动在 xy 平面内的
两点空间相关系数在不同流向位置的分布云图

(a) S=18.3δ_i；(b) α=3.0°；(c) α=6.0°；(d) α=9.0°[2]

图 4.18 所示为参考位置 y^+=5 处 xy 平面内的互相关结果，由于近壁区发卡涡腿部紧贴壁面，与壁面的夹角较小，在这一高度上相关结构与壁面的夹角也同样较小。在流向凹曲率的影响下，相关结构尺寸在从平板段到 α=6.0° 的范围内明显增长，但从 α=6.0° 进一步往下游，相关结构的尺寸则无明显变化。在 y^+=15,50,160 高度上，相关结构沿流向也有相似的变化趋势。此外，在相同流向位置，距离壁面越远，一方面，相关结构的尺度越大；另一方面，相关结构与壁面之间的夹角也越大。

空间相关性分析展现出：在 xz 平面，流向凹曲率扰动对条带结构增强效果非常明显，特别是在近壁区 (y^+=0~20)，条带特征会随着到壁面距离的增加而得到强化，也正是在这一高度范围内，湍流边界层中较强的条带结构特征使流向凹曲率的影响也较为显著；在 xy 平面，在流向凹曲率的影响下，相关空间结构尺寸在从平板段到 α=6.0° 的范围内明显增长，且在相同流向位置，距离壁面越远，相关空间结构的尺寸越大。

4.2　流向凹曲率对超声速湍流边界层统计特性的影响

关于流向凹曲率对超声速湍流边界层的影响,目前学界已经有了一定程度的了解,但对于流向凹曲率对超声速湍流边界层统计特性的影响却很少有人研究。本节将对流向凹曲率对超声速湍流边界层的影响规律进行解构,通过对流场参数进行平均和统计,系统全面地展示流向凹曲率对超声速湍流边界层的时均速度、流场静压、边界层厚度、应变率、湍流统计参数和壁面参数等的影响。

4.2.1　凹曲壁边界层的统计特性

1. 时均速度与压力分布

图 4.22 展示了通过 PIV 获得的 R113 中 x 和 y 方向无量纲时均速度分布云图,

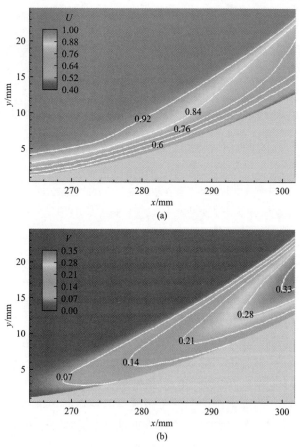

图 4.22　采用 PIV 获得的 R113 边界层的无量纲时均速度分布云图
(a)x 方向速度分布;(b)y 方向速度分布[2]

特征速度为自由来流速度U_∞。从图 4.22 可以明显看出一道弓形激波的存在，这与我们在流动显示图像中看到的现象是一致的。激波产生在 x=275mm 附近，其对应的壁面偏转角约为 13°，激波过后，x 方向速度分量在短距离内迅速降低，壁面附近低速区域面积沿流向快速增长，而 y 方向速度分量则迅速增加。由于凹曲壁的持续压缩作用，激波强度沿流向逐渐增加。

图 4.23 和图 4.24 所示分别为基于 PIV 实验结果和 DNS 结果获得的 R350 边界层的时均速度分布云图。在图 4.23 中，由于 PIV 实验中对曲壁斜率为 0°～10° 和 10°～20° 两段分开测量，因此图中给出的结果也分为两部分：Section-A 和 Section-B。其中 Section-A 的流场范围为从 x=272mm 到 x=318mm，对应的曲壁偏转角由 3° 变化 11°，云图中的向量数为 74×72 (x, y)，为 616 个瞬时向量场的系综平均结果；对于 Section-B，流场范围为从 x=318mm 到 x=364mm，对应的流场偏转角为 11°～19°，云图的向量数为 78×73 (x, y)，为 582 个瞬时向量场的系综平均结果。

总体来看，实验和仿真数据无明显差异：在压缩波的影响下，x 方向速度分量沿流向逐渐降低，而 y 方向速度分量则逐渐增加。不同的是：由于实验观测区域较数值模拟长，在图 4.23 给出的 PIV 数据中，可见一道弱激波在 x=335mm 附近形成，对应的曲壁偏转角为 14°，在本书的仿真范围之外。R350 流场中激波的

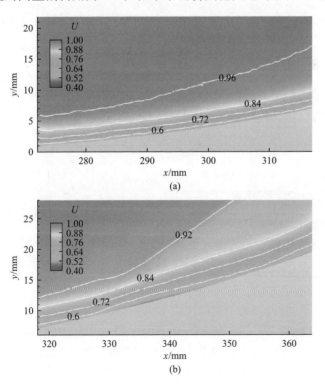

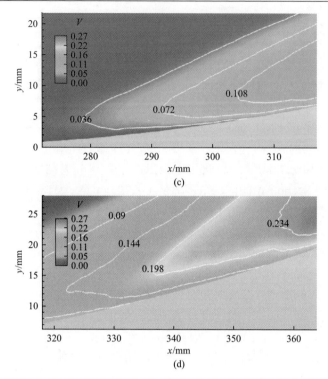

图 4.23　采用 PIV 获得的 R350 边界层的无量纲时均速度分布云图
(a)、(b)x 方向速度分布；(c)、(d)y 方向速度分布；(a)、(c) 为 Section-A；(b)、(d) 为 Section-B[2]

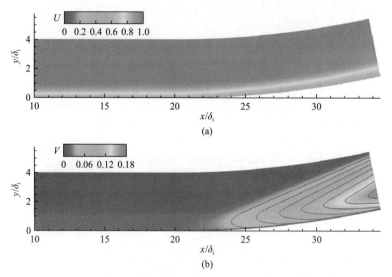

图 4.24　DNS 获得的曲壁边界层时均 x 和 y 方向速度分布云图
(a)x 方向速度分布；(b)y 方向速度分布[2]

产生位置与 R113 非常接近，激波过后，x 方向速度分量小于 0.6 的区域面积明显

增大,表明激波对边界层低速区面积的影响显著,一定距离后,边界层低速区逐
渐恢复到激波压缩前的状态。

凹曲壁不仅影响边界层内的速度分布,曲壁压缩诱导形成的压缩波也会改变
主流的流动参数。在平板边界层中,主流的时均参数沿法向保持不变,但在曲壁
边界层中,由于法向压力梯度的存在(图 4.25),主流的时均流动参数不仅沿流向
变化,同时也沿法向变化(图 4.24(b)),主流参数的变化给确定边界层厚度带来一
定困难。

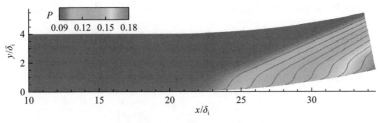

图 4.25 时均压力分布云图[2,10]

2. 边界层厚度

从图 4.25 给出的时均压力分布云图中可以看出,虽然边界层内法向压力梯度
较小,但假设边界层外缘压力与壁面处相同仍会不可避免地引入人为误差,为此
以一种更为客观的边界层厚度确定方法进行分析研究。图 4.26 所示为无量纲主应
变率 $(\partial u_t / \partial d) \cdot (\delta / U_\infty)$ 在流场中分布的云图,显然,边界层内的剪切作用明显强
于主流,从图中可清楚看到边界层和主流的分界。主流中的无量纲主应变率一般
在 10^{-4} 量级,而边界层内的无量纲主应变率则要远大于此。因此,为避免通过选
取边界层外边界参数进而确定边界层厚度而引入的误差,根据无量纲主应变率的
变化选取一个合适的阈值来确定湍流边界层的外边界是一个物理上合理的做法。

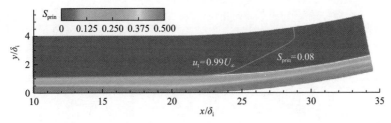

图 4.26 无量纲主应变率 $(\partial u_t / \partial d) \cdot (\delta / U_\infty)$ 分布云图[2]

图 4.27 示为根据基于边界层外缘附近五个不同的无量纲主应变率阈值确定的
边界层厚度沿流向的变化曲线。可以看出,对于不同但相对合理的无量纲主应变
率阈值,边界层厚度沿流向均表现出相似的变化规律:在平板段,边界层厚度沿

流向逐渐增加，进入到曲壁段以后，边界层厚度在经历一个短暂的调整之后开始减小，并逐渐趋于稳定。这一现象也表明，并不存在一个最优的阈值，阈值的选取在一定范围内具有柔性，只要能够作为边界层厚度的有效表征即可。实验结果选取无量纲主应变率 0.08 为界进行研究，如图 4.27 中的实线所示，选此为阈值主要是考虑到在这一阈值条件下，计算域入口边界层厚度与设定值 δ_i 较为接近。图 4.28 所示为基于无量纲主应变率为 0.08 确定的外边界流向速度沿流向的变化曲线，从图 4.28 中可以看出，在整个平板段，外边界速度都近似为 0.99，与传统基于主流速度 99%确定边界层厚度的准则是一致的，这表明了采用无量纲主应变率来确定边界层厚度的可靠性。

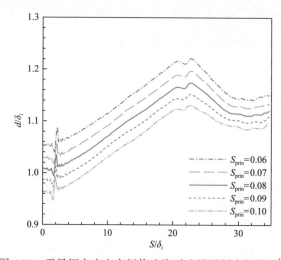

图 4.27　无量纲主应变率阈值选取对边界层厚度的影响[2]

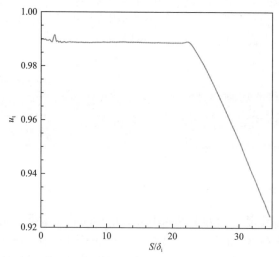

图 4.28　对应无量纲主应变率阈值确定的边界层外缘无量纲流向速度沿流向的变化[2]

3. 速度剖面

图 4.29 所示为采用 PIV 获得的 R113 和 R350 曲壁边界层在不同流向位置处 van Driest 变换后的流向速度剖面，其中 d^+ 为距离当地壁面的无量纲法向高度，流向位置采用壁面偏转角表示。从图中给出的实验结果可以看出，对于两个不同曲率的湍流边界层，尽管受到流向凹曲率和逆压力梯度的双重影响，但在所有位置对数律层都很好地存在于边界层中。这样，根据 PIV 实验数据采用 Kendall 和 Koochesfahani[11]给出的方法来估算摩擦速度，和前人给出的结果不同[12,13]，并没有发现曲壁边界层的对数律层存在凹陷的情况。边界层尾迹区在壁面偏转 0°∼15° 的范围内明显增强，继续往下游则表现出减弱趋势。

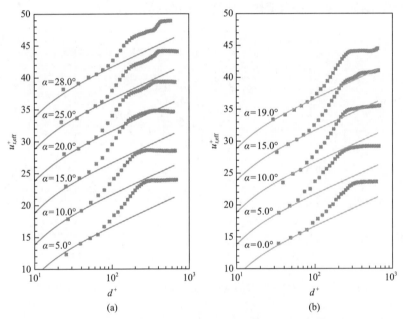

图 4.29　基于 PIV 数据 van Driest 变换后的平均流向速度剖面
(a) R113；(b) R350；Spalding 的壁面率也在图中给出 (实线)[2]

DNS 获得的超声速曲壁湍流边界层在不同流向位置处经密度加权变换后的速度剖面在图 4.30 给出。可以看出，流向凹曲率未能对线性底层产生显著影响，在不同流向位置，黏性底层均完好地存在于边界层中。但在曲壁影响下，过渡区面积沿流向增加。在对数律层，曲率的影响主要有两点：一是对数律层虽仍存在于边界层中，但其斜率沿流向逐渐减小，这一点未能在实验中反映出来；二是受过渡区面积增加影响，对数律层也随之往边界层外缘移动。PIV 结果未能分辨曲壁边界层中对数律层的变化，这主要源于在确定壁面位置和计算摩擦速度过程中引入的误差。对于 PIV 结果，壁面位置难以精确确定，越靠近壁面，壁面位置的不确定度对速度剖面的影响越显著，壁面位置的不确定性自然会在确定对数律层位置和斜率过程中引入误差。在 Kendall 和 Koochesfahani[11]给出的方法中，研究人员考虑了壁面位置的不确定性会对确定摩擦速度产生不利影响，为缓解这一不利影响，他们采取的方法是给定一个微小的壁面位置变化范围，通过最小二乘法拟合实验数据和理论型面来确定摩擦速度和精确的壁面位置。对于充分发展的平板湍流边界层，这一方法具有充分的合理性，但在曲壁边界层中，虽然对数律层仍存在于边界层中，但受曲壁影响，其斜率和位置均发生变化，而对数律层的位置和斜率对壁面位置和摩擦速度的变化均较敏感，采用 Kendall 和 Koochesfahani[11]给出的拟合方法便自然抹掉了曲壁带来的影响。DNS 结果显示的尾迹区沿流向的变化与实验结果一致，在数值仿真研究的范围内沿流向增强。

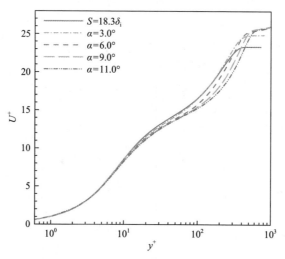

图 4.30　基于 DNS 曲壁湍流边界层不同流向位置处的速度剖面[2]

4. 边界层主应变率分布

图 4.31 所示为采用 PIV 实验获得的 R113 和 R350 曲壁边界层内无量纲主应变率 $(\partial u_t / \partial d)\cdot(\delta / U_\infty)$ 在几个不同流向位置的剖面曲线。无量纲主应变率的计算基于平均速度场，采用中心差分估算，图中无量纲主应变率的无量纲化基于来流边界层厚度和自由来流速度。在前面已经指出，壁面附近第一个网格点内的数据不可靠，因此对于这里计算得到的应变率，其有效数据从壁面附近第三个网格点开始，距离壁面 0.15δ 以内的数据在图中没有给出。

对比 R113 和 R350 在不同流向位置的无量纲主应变率分布，可以看出它们沿流向的变化趋势存在显著不同，特别是在距壁面高度 $d / \delta > 0.5$ 的范围内。对于

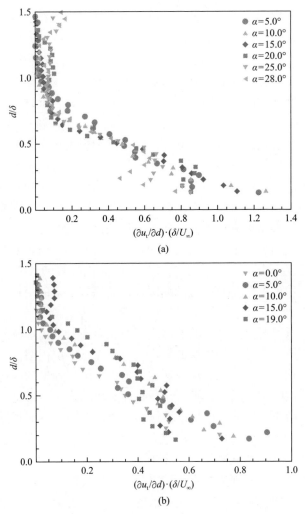

图 4.31　基于 PIV 数据的不同流向位置处无量纲主应变率沿法向的分布
(a) R113；(b) R350[2]

R113，在边界层内 $d/\delta > 0.5$ 并靠近边界层外边缘的范围内，无量纲主应变率从曲壁偏转角 $\alpha = 5.0°$ 至曲壁偏转角 $\alpha = 20.0°$ 沿流向减小；从曲壁偏转角 $\alpha = 20.0°$ 继续往下游，无量纲主应变率沿流向增加；而对于 R350 边界层，在同样的高度范围内，无量纲主应变率仅表现出单一的变化趋势，即沿流向增加。在 $d/\delta = 0.2 \sim 0.5$ 的高度范围内，R113 和 R350 边界内的无量纲主应变率沿流向的变化趋势则基本一致，总体表现出减小趋势。

　　R113 的无量纲主应变率在边界层 $d/\delta > 0.5$ 范围内表现出与 R350 不同的变化趋势主要是由流场中形成的弓形激波导致的。由于在曲壁段初期，弓形激波距离边界层较近，会引起边界层内流向速度快速降低，虽然在图中同样可以看到边界层厚度在曲壁压缩的作用下沿流向减小，但若其减小速率低于速度的降低速率，无量纲主应变率便会表现出减小趋势。在曲壁段后期，随着激波逐渐远离边界层，压缩波在这一高度范围内逐渐占据影响流场的主导地位，影响流场参数的控制因素与 R350 接近，导致 R113 的无量纲主应变率沿流向表现出与 R350 相同的变化趋势。

对于 R113 和 R350 两个受不同曲率影响的超声速湍流边界层来说，边界层内主无量纲主应变率在从 $d/\delta = 0.2\sim0.5$ 的高度范围内表现出的减小趋势并不符合预期。本书和前人的研究结果[13]均表明壁面切应力随着流向增加，也意味着壁面附近速度梯度的增加。Donovan 等[13]认为，壁面切应力及壁面附近速度梯度的增加是流场密度的增长速率大于速度降低速率引起的边界层快速变薄导致的，但他们并没有给出详细数据以支撑他们的猜测。根据他们的解释，整个边界层内的无量纲主应变率都应当表现出沿流向增加的趋势，而不应当出现实验所观察到的无量纲主应变率在边界层内不同高度表现出不同变化趋势的现象，此结果也说明Donovan 等[13]给出的解释有其明显的局限性，壁面切应力的增长应当是由其他原因引起的。

为了方便分析出现这一现象的原因，假设边界层只受简单波的影响，并将湍流边界层分为三层：Ⅰ层，最外层的超声速层，在这一层内惯性力和压缩波对边界层有决定性影响；Ⅱ层，仍为超声速层，但由于流场速度的降低，黏性逐渐成为影响边界层特性的主要因素；Ⅲ层，最靠近壁面的区域，为亚声速层。

在Ⅰ层中，由于压缩波往流场下游倾斜，流场在距离壁面越远的位置受到压缩波的影响越小，考虑到边界层内距壁面越远速度值越大，那么边界层内速度值越大的位置受到压缩波的减速作用反而越小，相反，速度值越小的位置受到压缩波的减速作用越大。这一现象的直接结果是流场速度的法向梯度的增加，也即无量纲主应变率的增加。除此之外，压缩波的另一特性也会导致无量纲主应变率的增加，可以从 Prandtl-Meyer 关系中看出，微分形式的 Prandtl-Meyer 关系如下：

$$\frac{\mathrm{d}U}{U} = -\frac{\mathrm{d}\alpha}{\sqrt{Ma^2-1}} \tag{4.2}$$

其中，$\mathrm{d}\alpha$ 为壁面偏转角的一个微小变化，从式(4.2)中可以看出对于相同的流动偏转角的一个微小变化值，马赫数越低则速度值降低越多，这也是引起无量纲主应变率增加的原因之一。在 $d/\delta > 0.5$ 的高度范围内，流场主要受压缩波影响，在上述两个因素作用下，出现了图 4.31 所示的无量纲主应变率沿流向增加的现象。

在Ⅲ层中，气流速度为亚声速，压缩波不会对流动产生直接影响。超声速边界层内亚声速层的厚度由声速线确定，其值往往很小。根据湍流边界层内流向速度的理论分布曲线和本书的来流边界条件，反算出边界层内平均马赫数的分布，如图 4.32(a)所示。从图中可以看出，亚声速层大约只占据了整个边界层厚度的 4.2%，对于本书的研究条件，亚声速层的厚度约为 0.24mm，完全超出了 PIV 的分辨率。边界层中无量纲速度随马赫数的变化曲线在图 4.32(b)中给出，可以看出，当边界层内无量纲速度小于 0.5 时即进入到了亚声速区。对于凹曲壁边界层，压缩波的压缩作用会导致边界层内温度以及与温度密切相关的声速 $a = \sqrt{\gamma RT}$ 的增加，声速的增加也意味着亚声速层外边界速度的增长。如果声速的增长快于亚声速层厚度的增加，亚声速层内的速度梯度以及与之相关的壁面切应力即会随之增加。在压缩波的压缩作用下，这是极有可能出现的。

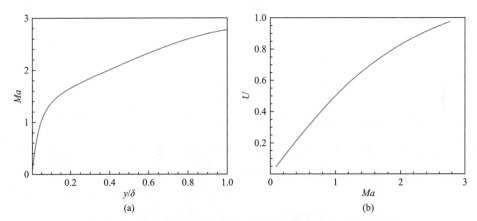

图 4.32　充分发展湍流边界层中的马赫数和无量纲速度分布
(a)超声速边界层内马赫数的剖面；(b)边界层内无量纲速度随马赫数的变化曲线[2,5]

对于 Ⅱ 层，其下边界即为 Ⅲ 层的上边界，其速度值为声速，且沿流向增长，而在压缩波的作用下，其上边界(即 Ⅰ 层的下边界)的速度却沿流向减小，其直接结果便是这一层内主应变率沿流向减小，这也正是在 0.2δ 到 0.5δ 高度范围看到的现象。但 PIV 实验的一个显著缺陷是难以分辨边界层近壁数据，而近壁速度变化却是影响壁面参数的关键。为进一步验证三层假设的合理性，将基于 DNS 数据对应主变率进行更为详细的分析。

DNS 计算结果支撑了风洞实验中发现的规律。图 4.33 所示为曲壁湍流边界层在不同流向位置处无量纲主应变率随 y^+ 的变化。可以看出，湍流边界层黏性底层的速度梯度要远大于 PIV 能够分辨的对数律层和尾迹区，这也表明真正能够影响壁面摩阻的区域为黏性底层。在过渡区，速度梯度开始快速抹平，事实上，过渡区也是湍流边界层内雷诺应力和湍流脉动快速增长的区域，也正是雷诺应力的快速增长使其量级迅速超过黏性，成为影响边界层耗散和动量输运的主导因素，导致速度梯度被快速抹平。在不同的流向位置，无量纲主应变率在 $y^+ < 10$ 的范围内(位于亚声速层内)沿流向的增长最为显著，其中在黏性底层的增长尤为明显，越

靠近边界层外缘，无量纲主应变率的变化越缓慢。

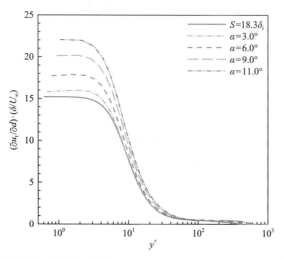

图 4.33　不同流向位置处无量纲主应变率 $(\partial u_t / \partial d) \cdot (\delta / U_\infty)$ 随 y^+ 的分布[2]

由于不同高度范围内无量纲主应变率数值差距过大，为进一步研究不同法向高度范围内无量纲主应变率沿流向的变化，图 4.34(a)和(b)分别给出了曲壁湍流边界层的无量纲主应变率在 $d / \delta_{\text{local}} = 0 \sim 0.1$ 和 $d / \delta_{\text{local}} = 0.1 \sim 1.5$ 这两个高度范围内的分布，法向高度采用无量纲参数 $d / \delta_{\text{local}}$ 表征，其中 δ_{local} 为当地边界层厚度。从图中可以明显看出，在不同的法向高度范围内，无量纲主应变率沿流向的变化趋势明显不同，这和图 4.33 所给出的无量纲主应变率随 y^+ 的变化规律并不一

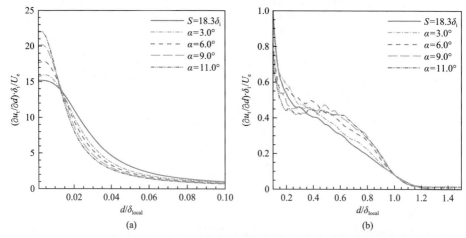

图 4.34　在不同流向位置，超声速曲壁湍流边界层的无量纲主应变率
在不同高度范围内随 $d / \delta_{\text{local}}$ 的分布
(a)法向高度 $d / \delta_{\text{local}} = 0 \sim 0.1$；(b)法向高度 $d / \delta_{\text{local}} = 0.1 \sim 1.5$[2]

致。在 $d/\delta_{\text{local}} < 0.012$ 的高度范围内，无量纲主应变率沿流向增加；在 $d/\delta_{\text{local}} = 0.015 \sim 0.1$ 的范围内，无量纲主应变率沿流向减小；而在 $d/\delta_{\text{local}} = 0.1 \sim 0.8$ 的范围内，无量纲主应变率虽然数值较小，但仍表现出较弱的沿流向增加并在流场下游位置逐渐趋于稳定的趋势。图 4.34(b) 给出的高度范围与 PIV 的分辨能力接近，对比图 4.34(b) 与图 4.31(a) 可以看出，在这一高度范围内实验和仿真的无量纲主应变率结果相近。

图 4.35 所示为超声速曲壁湍流边界层在不同流向位置，无量纲流向速度 u_t/U_∞ 分别在 $d/\delta_{\text{local}} = 0 \sim 0.05$ 和 $d/\delta_{\text{local}} = 0 \sim 1.0$ 高度范围内的剖面。结合图 4.35(a) 和 4.35(b) 可以看出，在壁面处，湍流边界层在不同流向位置的速度值均为零，在 $d/\delta_{\text{local}} < 0.03$ 高度范围内，超声速湍流边界层受流向凹曲率影响，流向速度值沿流向增加，在法向高度 $d/\delta_{\text{local}} = 0.03$ 附近的速度沿流向的变化率基本为零，而在 $d/\delta_{\text{local}} > 0.03$ 的高度范围内，流向速度值沿流向减小。由于从壁面到边界层外缘总的无量纲速度亏损为 1，不同高度范围内流向速度值沿流向的变化趋势必然是不一致的，若流向速度值在某一高度范围内沿流向增加，那么它自然就会在另一高度范围内沿流向减小，图 4.35 清晰地展现了这一规律。结合图 4.31(a) 和图 4.32(a) 可以推断：超声速湍流边界层受流向凹曲率效应的影响，在 $d/\delta_{\text{local}} < 0.012$ 的高度范围内，距离壁面越远，流向速度值沿流向增长越快，这也是曲壁边界层无量纲主应变率在近壁区沿流向增加的原因；而在 $d/\delta_{\text{local}} = 0.012 \sim 0.03$ 的高度范围内，距离壁面越远，流向速度值沿流向增长越慢，导致无量纲主应变率在这一高度范围内开始沿流向减小；在 $d/\delta_{\text{local}} = 0.03$ 附近，流向速度值沿流向的增速基本为零。在 $d/\delta_{\text{local}} > 0.03$ 高度范围内，随着流向速度值在距离壁面越远处沿流向减

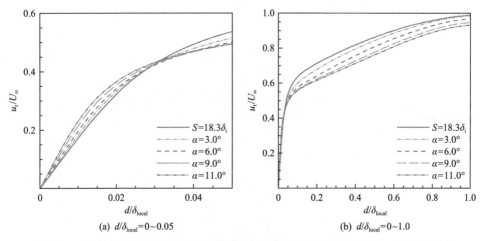

(a) $d/\delta_{\text{local}} = 0 \sim 0.05$　　　　(b) $d/\delta_{\text{local}} = 0 \sim 1.0$

图 4.35　在不同流向位置，超声速曲壁湍流边界层的无量纲流向速度 u_t/U_∞ 分别在 $d/\delta_{\text{local}} = 0 \sim 0.05$ 和 $d/\delta_{\text{local}} = 0 \sim 1.0$ 高度范围内随 d/δ_{local} 的分布[2]

小越快，无量纲主应变率沿流向的减小速度开始加快。结合图 4.34(b) 和图 4.35(b) 可以看出：流向速度值沿流向变化趋势的再次转变始于法向高度 $d / \delta_{\text{local}} \approx 0.4$ 位置，在 $d / \delta_{\text{local}} = 0.4 \sim 0.8$ 的高度范围内，法向高度越高，流向速度减小越慢，导致无量纲主应变率在这一高度范围内表现出微弱的沿流向增加的趋势。

5. 壁面参数与压力前传

本小节给出 R350 构型的 DNS 算例结果。图 4.36 所示为壁面摩阻系数和无量纲摩擦速度沿流向的变化，其中壁面摩阻系数的定义为 $C_{\text{f}} = \tau_{\text{w}} / \left(\rho_{\text{e}} U_{\text{e}}^2 / 2 \right)$。

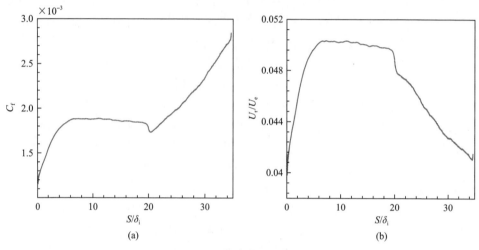

图 4.36　壁面参数沿流向变化
(a) 壁面摩阻系数；(b) 无量纲摩擦速度 U_{τ} / U_{e} 沿流向的变化[2]

从图 4.36(a) 中可以看出，在 $S = 0 \sim 6\delta_{\text{i}}$ 范围内，壁面摩阻系数快速升高。这是入口湍流的调整阶段，因为尽管数值滤波 (digital-filter，DF) 方法给定的入口湍流时均、脉动统计量分布满足湍流边界层速度统计的数学特性，但这并非物理的湍流边界层，其流场结构与近壁真实的湍流拟序结构之间存在显著差异，因而流场结构难以维持，需要一定距离重新发展恢复至物理状态。摩阻系数在经历最初的快速增长之后，便基本维持稳定并缓慢下降。由于相同的原因，图 4.36(b) 中无量纲摩擦速度在平板段的变化趋势与摩阻系数相似。壁面摩阻在曲壁段的增长以及无量纲摩擦速度在曲壁段的减小与在实验中观测到的现象一致。但在壁面弯曲开始 ($S = 20\delta_{\text{i}}$) 前后，摩阻系数和无量纲摩擦速度均出现了一定幅度的突变，突变起始位置位于曲壁开始前，表明曲壁引起的扰动存在一定程度的前传。

进一步地，图 4.37 给出了整个计算区域内无量纲的壁面静压 $p_{\text{w}} / \rho_{\text{e}} U_{\text{e}}^2$ 沿流向的分布。从图 4.37(a) 中可以看出，在平板段，无量纲壁面静压基本保持不变，进入到弯曲段以后（$S > 20\delta_i$），在曲壁压缩的作用下，无量纲壁面静压快速升高。事实上，由于曲壁段流向逆压力梯度在边界层中亚声速区的前传，无量纲壁面静压的升高应当始于 $S = 20\delta_i$ 的上游位置。从图 4.37（b）中可以看出，无量纲壁面静压的升高大概始于曲壁开始上游 $0.5\delta_i$ 的位置。平板段压力起初为缓慢增长，大约从 $S = 19.8\delta_i$ 起，无量纲壁面压力开始快速增长，直至进入到曲壁段。从壁面处时均静压的分布来看，流向逆压力梯度沿边界层中亚声速区前传的影响范围似乎比较有限，仅影响到其上游约 $0.5\delta_i$ 的范围，但由于时均的抹平效果，瞬时压力扰动能够前传至何位置，从这里的数据尚难以看出。图 4.38 所示为无量纲流向压力梯

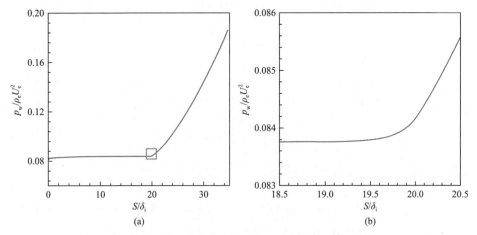

图 4.37　无量纲壁面静压 $p_w / \rho_e U_e^2$ 沿流向的分布

(a) 无量纲壁面静压在整个计算区域内沿流向的分布；(b) 无量纲壁面静压弯曲起始位置附近的分布[2]

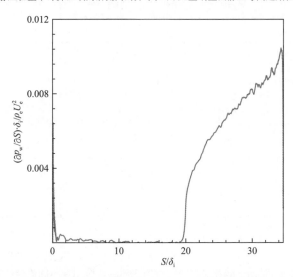

图 4.38　无量纲流向压力梯度 $(\partial p_w / \partial S) \cdot \delta_i / \rho_e U_e^2$ 沿流向的变化[2]

度$(\partial p_{\mathrm{w}}/\partial S)\cdot\delta_{\mathrm{i}}/\rho_{\mathrm{e}}U_{\mathrm{e}}^{2}$沿流向的变化，可见沿流向方向，除了在入口恢复段，无量纲流向压力梯度在平板段基本为零，在弯曲起始点前后开始迅速抬升，在计算域出口附近达到最大。

6. 湍流脉动与雷诺应力

本小节将在上述小节的基础之上采用统计学分析方法对流场中的各项主要关注参数进行展示，进一步解构流向凹曲率对超声速边界层的影响作用规律。

图 4.39～图 4.42 所示为采用不同无量纲方式表征的曲壁湍流边界层的湍流脉动参数在不同流向位置处的分布，其中图(a)均为基于自由来流速度和当地边界

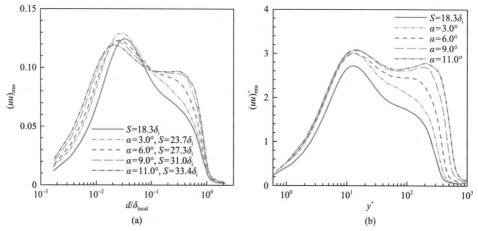

图 4.39　采用不同无量纲方式表征的时均流向湍流脉动在不同流向位置处的分布

(a)基于自由来流速度和当地边界层厚度无量纲化；(b)基于壁面参数的无量纲$(uu)_{\mathrm{rms}}^{+}$随y^{+}的变化[2]

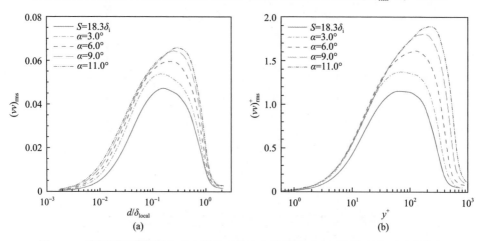

图 4.40　采用不同无量纲方式表征的时均法向湍流脉动在不同流向位置处的分布

(a)基于自由来流速度和当地边界层厚度无量纲化；(b)基于壁面参数的无量纲$(vv)_{\mathrm{rms}}^{+}$随y^{+}的变化[2]

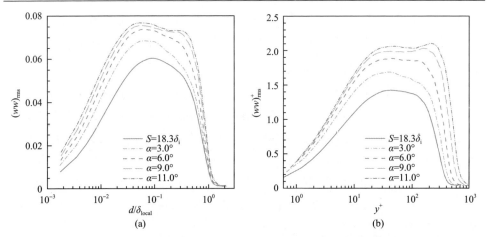

图 4.41　采用不同无量纲方式表征的时均展向湍流脉动在不同流向位置处的分布

(a) 基于自由来流速度和当地边界层厚度无量纲化；(b) 基于壁面参数的无量纲 $(ww)^+_{\mathrm{rms}}$ 随 y^+ 的变化[2]

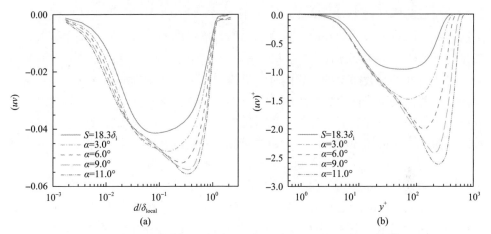

图 4.42　采用不同无量纲方式表征的时均雷诺应力在不同流向位置处的分布

(a) 基于自由来流速度和当地边界层厚度无量纲化；(b) 基于壁面参数的无量纲 $(uv)^+$ 随 y^+ 的变化[2]

层厚度无量纲化的结果，图 (b) 为采用壁面参数无量纲化的结果。对于基于自由来流速度无量纲化的湍流脉动参数，它们的表达形式分别为 $(uu)_{\mathrm{rms}} = \sqrt{\overline{u'^2}} / U_{\mathrm{e}}$、$(vv)_{\mathrm{rms}} = \sqrt{\overline{v'^2}} / U_{\mathrm{e}}$、$(ww)_{\mathrm{rms}} = \sqrt{\overline{w'^2}} / U_{\mathrm{e}}$ 及 $(uv) = \overline{u'v'} / U_{\mathrm{e}}^2$，基于这一无量纲方式的湍流脉动值能够表征脉动绝对值沿流向的变化。

图 4.39 所示为流向湍流脉动在不同位置处的分布。从图 4.39(a) 中可以看出，流向湍流脉动在峰值位置处沿流向的变化趋势与它在边界层其他位置不同。脉动峰值只在流动从平板位置进入到曲壁这一较短距离内表现出增长趋势，在流向位置 $\alpha = 3.0°$ 下游，脉动峰值沿流向减小，且峰值位置逐渐往壁面附近移动。在边界

层的其他法向位置,边界层的流向湍流脉动均沿流向增长,特别是在 $d/\delta_{\text{local}}=0.3$ 附近,流向脉动的增长尤为显著,但其增长速度沿流向有逐渐放缓的趋势。对于基于壁面参数的无量纲脉动 $(uu)^{+}_{\text{rms}}$,从图 4.39(b)中可以看出,脉动值的增长在 $y^{+}>100$ 的尾迹区表现得尤为显著。由于流向湍流脉动在尾迹区的持续增长,对于流向位置 $\alpha=9.0°$ 和 $\alpha=11.0°$,脉动值在 $y^{+}\approx200$ 处甚至出现了另一个峰值。在法向高度 $y^{+}=10\sim100$ 范围内(主要位于过渡层和对数律层),从平板段到流向位置 $\alpha=6.0°$,流向湍流脉动增长较快,而从 $\alpha=6.0°$ 到 $\alpha=11.0°$,脉动的增长则逐渐放缓。在 $y^{+}<10$ 的线性底层,流向湍流脉动的增加仅出现在从平板段到曲壁段的较短流向距离内($\alpha=3.0°$ 上游),而在曲壁段(从 $\alpha=3.0°$ 至 $\alpha=11.0°$),脉动值则基本保持不变。

图 4.40 所示为法向湍流脉动在不同流向位置的分布。从图 4.40(a)中可以看出,法向脉动在整个边界层范围内均沿流向增长。和流向湍流脉动类似,法向湍流脉动沿流向增长最为显著的区域也位于 $d/\delta_{\text{local}}=0.3$ 附近,但和流向湍流脉动不同的是,法向湍流脉动峰值位置有明显的远离壁面的趋势。对于基于壁面参数无量纲化的法向湍流脉动 $(vv)^{+}_{\text{rms}}$,从图 4.40(b)中可以看出,脉动峰值在不同的流向位置始终处于对数律层的外缘附近。沿流向,一方面脉动峰值逐渐增加;另一方面,随着对数律层往边界层外侧移动,峰值位置也逐渐向边界层外侧移动。另外值得注意的是:在湍流边界层内层,法向湍流脉动的明显增长仅限于从平板段过渡到曲壁段这一较短的区间内,而曲壁段法向湍流脉动的变化则非常微弱,法向湍流脉动在过渡到脉动峰值位置之前始终沿法向保持着相同的变化趋势。

图 4.41 所示为展向湍流脉动在不同流向位置的分布。从图 4.41(a)中可以看出,展向湍流脉动的变化趋势与法向湍流脉动类似,其在整个边界层范围内都表现出沿流向增长的趋势。对于基于壁面参数无量纲化的展向湍流脉动 $(ww)^{+}_{\text{rms}}$,从图 4.41(b)中可以看出,脉动峰值沿流向快速增长,尤其在 $y^{+}=100$ 外侧区域,并逐渐形成了一个新的脉动峰值。与流向和法向湍流脉动沿流向的变化趋势不同的是,在法向高度 $y^{+}<10$ 的区域内,展向湍流脉动的增长虽然缓慢,但其沿流向的增长趋势显而易见。

综合流向、法向和展向湍流脉动在不同流向位置的分布可以发现,在 $y^{+}=100$ 的外侧区域,湍流脉动沿流向的增长要显著强于边界层内层湍流脉动的增长,并逐渐形成一个新的峰值位置。伴随着湍流脉动在流向的变化,雷诺应力沿流向也有显著变化,如图 4.42 所示。对于湍流边界层,黏性应力主导的范围非常小,仅局限于近壁区的黏性底层中。进入到对数律层,平均运动黏性切应力的影响已经可以忽略不计,当地平均速度梯度主要靠雷诺应力来维持。

4.2.2　不同曲率对边界层的影响

本节主要选用 DNS 结果中的边界层厚度、速度剖面、湍动能分布以及湍流马赫数分布等指标来展示不同曲率对流场的作用影响规律。为进一步揭示不同曲率对流场的影响，对不同曲率半径作用下的流场进行 DNS 仿真，并将计算结果同第 3 章中所研究平板作用下的流场结果进行比较分析，以更清晰地解释不同凹曲率对流场的作用规律。本节选用 FP、R308、R908 构型对应的 DNS 计算结果进行相关对比。

1. 边界层厚度及速度剖面

与 4.2.1 节中不同，这里根据湍流边界层速度分布，通过式 (4.3) 和式 (4.4) 定义边界层位移厚度 δ^* 和动量厚度 θ：

$$\delta^* = \int_0^h \left(1 - \frac{\rho}{\rho_e} \frac{u}{U_e}\right) \mathrm{d}y \qquad (4.3)$$

$$\theta = \int_0^h \frac{\rho}{\rho_e} \frac{u}{U_e} \left(1 - \frac{u}{U_e}\right) \mathrm{d}y \qquad (4.4)$$

式中，h 为任一满足 $h > \delta$ 的距离壁面的高度位置。

图 4.43 显示了不同情况下的计算结果 (此处给出 FP、R308 和 R908 对应的 DNS 计算结果)。可以看到，对于平板，位移厚度和动量厚度均增加。对于凹曲壁，δ^* 在某一点后开始下降，然后在 $x/\delta_0 \approx 4.0$ 上升，继而下降。对大曲率壁面，类似的变化更为显著。

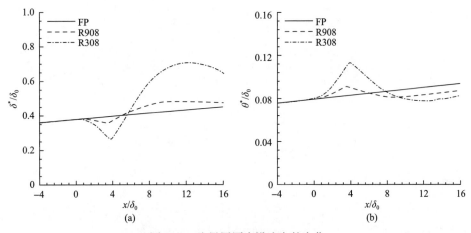

图 4.43　边界层厚度沿流向的变化

(a) 位移厚度；(b) 动量厚度[4]

在这里引入等效马赫数 $Ma_{c,bl}$ 来评估湍流边界层在逆压力梯度下的可压缩性，定义如下：

$$Ma_{c,bl} = \frac{\Delta U_{VD}^+}{U_e^+} \frac{Ma_\infty}{(1 + a_w/a_\infty)} = \frac{\Delta U_{VD}^+}{U_e^+} \frac{Ma_\infty}{(1 + \sqrt{T_w/T_\infty})} \tag{4.5}$$

其中，a_w 为壁面位置声速；a_∞ 为自由来流声速；ΔU_{VD}^+ 指与在 $y=\delta$ 处使用 van Driest 变换后的速度分布的对数律相比，尾迹区域中经 van Driest 变换的速度增量，即

$$\Delta U_{VD}^+ = U_{e,\delta}^+ - \left(\frac{1}{\kappa} \ln \delta^+ + b\right) \tag{4.6}$$

其中，$U_{e,\delta}^+$ 表示在 $y=\delta$ 处的 van Driest 变换速度；$\kappa = 0.41$，为冯卡门数；$b=4.9$，为常数。计算结果如图 4.44 所示。通常将 0.3 作为阈值，超过此阈值说明可压缩性较为显著。可以看到，随着曲率的增加，可压缩性也随之增加，R308 的等效马赫数几乎达到了 0.3。这一结果表明，对于来流马赫数或曲率更大的情况，可压缩性校正将变得十分必要。

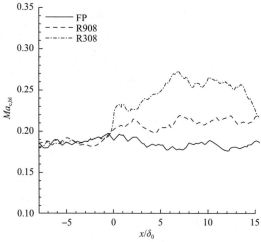

图 4.44　平板和凹曲壁对应的等效马赫数 $Ma_{c,bl}$ [4]

2. 湍动能分布

图 4.45 比较了三个方向速度分量的 RMS 值以及在不同流向位置的雷诺应力。可以看到在凹曲壁上，所有方向的速度分量波动均更为明显。

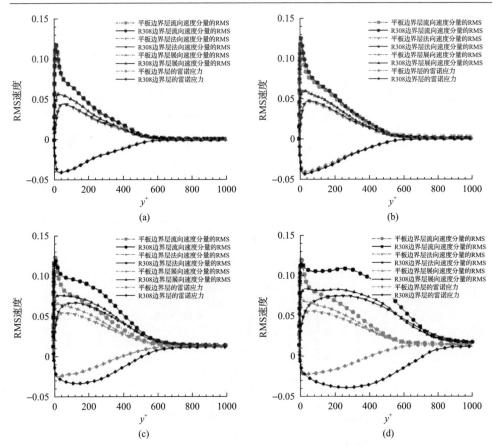

图 4.45 通过自由来流速度无量纲化的不同流向位置的 RMS 速度分布

(a) $x/\delta_0=-2.42$；(b) $x/\delta_0=0.81$；(c) $x/\delta_0=5.65$；(d) $x/\delta_0=10.50$[4]

湍动能定义为 $\tilde{k}=\overline{\rho u_i'' u_i''}/2\bar{\rho}$。不同情况下不同的流向位置处的 TKE 分布如图 4.46 所示。与平板上的相同位置相比，凹曲壁边界层内层中的湍流强度在转折点的下游增大，但随后沿凹曲壁减小。相反，边界层外层湍流强度继续增大，并出现了第二峰值。该结构归因于凹曲壁边界层中的湍流剪切应力放大，推测是由于大规模的 Görtler 结构，而内部边界层保持局部平衡。

3. 湍流马赫数分布

图 4.47(a)、(b)给出了边界层在 $x/\delta_0=0.81, 5.65, 10.50$ 三个不同流向位置的湍流马赫数分布情况。除了湍流马赫数之外，还考察了脉动马赫数的分布，如图 4.47(c)、(d)所示。对于平板，湍流马赫数不超过 0.3，而对于凹曲率工况，湍流马赫数则存在第二峰值，这与图 4.46 所示的第二峰值具有相似的特征。第二峰值的最大值接近 0.3，这表明可压缩性可能足够高。回顾图 4.44 中关于 $Ma_{c,bl}$ 的分

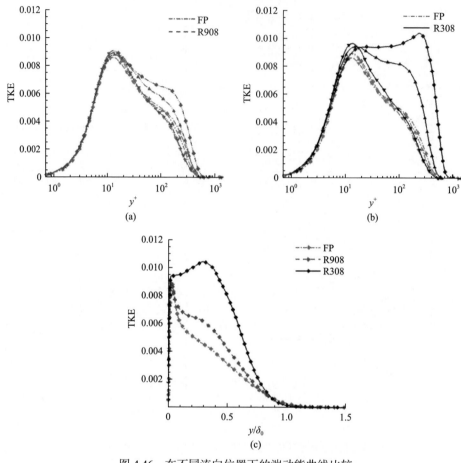

图 4.46　在不同流向位置下的湍动能曲线比较

其中，$x/\delta_0=0.81$（符号▼），$x/\delta_0=5.65$（符号▲），$x/\delta_0=10.50$（符号◆）；（a）FP 和 R908 的对比；（b）FP 和 R308 的对比；（c）FP、R908 和 R308 对比[4]

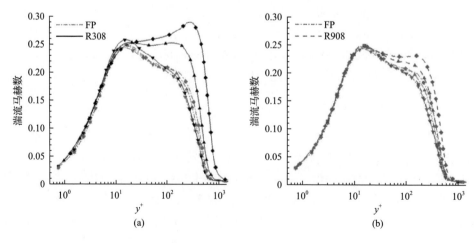

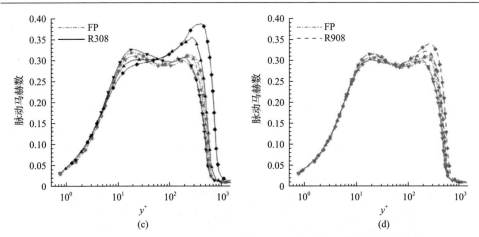

图 4.47　不同的流向位置平板及凹曲率的湍流马赫数与脉动马赫数分布

其中，$x/\delta_0=0.81$（符号▼），$x/\delta_0=5.65$（符号▲），$x/\delta_0=10.50$（符号◆）；(a)FP 和 R308 的湍流马赫数对比；(b)FP 和 R908 的湍流马赫数对比；(c)FP 和 R308 的脉动马赫数对比；(d)FP 和 R908 的脉动马赫数对比[4]

析，可以认为 R308 对应的可压缩性始终处于可压缩性的临界点，在湍流建模中应考虑其可压缩性。

4.3　凹曲壁影响超声速湍流边界层的物理机制

实验结果和 DNS 结果表明：流向凹曲率增强了边界层内外的大尺度输运能力，本节针对这一现象进行进一步研究分析。图 4.48 给出了王前程[2]算例中超声速曲壁湍流边界层在不同流向位置横截面上的流向速度云图。从图中给出的平板段（$S/S_i \leqslant 20$）上两个不同流向位置处的速度云图中可以看出，平板边界层中低动量流体主要集中在壁面附近，且在不同流向位置，低动量流体的大致分布区域无明显区别。在边界层进入到曲壁段以后，边界层内外湍流掺混作用明显增强，近

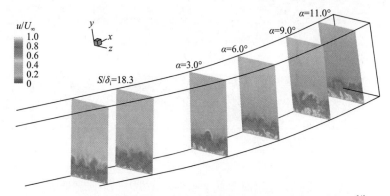

图 4.48　曲壁边界层不同流向位置横截面上的流向速度云图切片[4]

壁低动量流体上涌趋势显著。在流向位置 $\alpha = 9.0°$ 和 $\alpha = 11.0°$ 处，低动量流体甚至可以直达尾迹区，显然，局部小尺度脉动的增强难以如此大范围地将近壁低动量流体输运到外层。

流向凹曲率促进边界层内动量掺混的效果显著。图 4.49 给出了曲壁边界层在不同流向位置处横截面上壁面附近的流向速度云图与流线。从图中给出的流线可以看出，边界层在壁面附近存在大量尺度不同且形态各异的准流向涡结构。根据图中的速度分布和准流向涡对的旋转方向可以清楚辨识出边界层中的上喷下洗

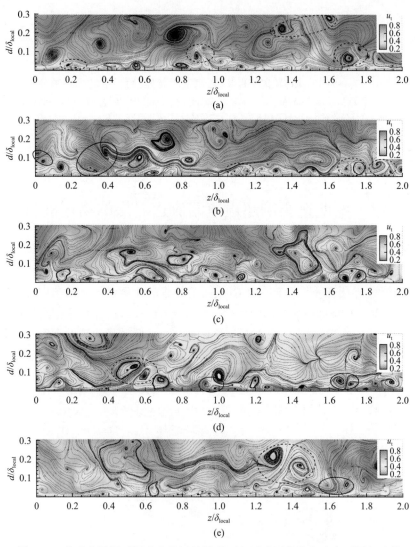

图 4.49　曲壁边界层不同流向位置处横截面上近壁区的流向速度云图与流线
(a) $S = 18.3\delta_i$；(b) $\alpha = 3.0°$；(c) $\alpha = 6.0°$；(d) $\alpha = 9.0°$；(e) $\alpha = 11.0°$[2]

事件。由于速度差异和剪切方向的不同，上喷和下洗分别在低动量和高动量流体两侧形成的反转流向涡对的旋转方向相反，图中虚线圈所标示的区域为上喷事件诱导形成的对转流向涡，实线所标示的区域为下洗事件诱导形成的对转流向涡。上喷和下洗事件是边界层中湍流生成的重要机制，而与之相关的准流向涡结构则是近壁湍流的典型特征之一。从图 4.49 给出的五个流向位置的速度分布和流线形状可以看出，平板边界层和凹曲壁边界层的上喷和下洗事件出现的概率差异显著：对于平板边界层，上喷事件似乎是边界层内外动量输运的主导；在凹曲壁边界层，下洗事件出现的概率明显增加。

　　凹曲壁边界层中存在类 Görtler 结构。图 4.50 给出了孙明波 DNS 算例[4]中不同曲率对应的流场结构，从中可以清楚地看出，较小的凹曲率半径(R308)更易使边界层结构失稳。对于图 4.50(a)所示的平板算例，可以清楚地看到 $u_t/U_\infty = 0.4$ 等值面上典型的细长条带结构。在 R908 算例中，仍能观察到条带结构，但进入

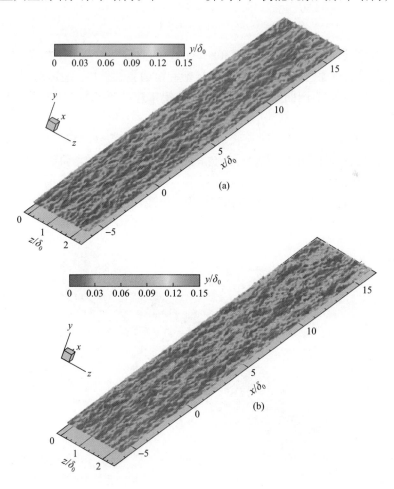

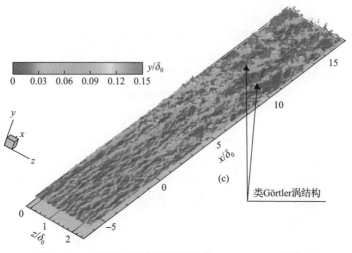

图 4.50　由距壁面垂直距离着色的 $u_t / U_\infty = 0.4$ 等值面
(a) FP；(b) R908；(c) R308[4]

曲面后流场波动明显加剧。对于 R308 算例，凹曲壁上的条带结构发展为一种新的模式：大量的有序条带结构从壁面上被抬起至边界层外层。通过对图 4.50(a)～(c)的比较可以看出，凹曲壁效应加剧了边界层中速度条带的上升过程，并出现了类 Görtler 涡。

　　图 4.51 展示了典型的瞬时流线，流线始于平面（y/δ_0=0.0266，x/δ_0= −6.0）。这些流线根据与壁面距离的不同进行染色，用以说明流体的运动轨迹。平板工况下，流线展示出条带状结构。对于凹曲壁算例，流线中出现了典型的上升条带，这与类 Görtler 涡的产生相一致，也揭示了从上游内边界层向下游外边界层的输运过程。

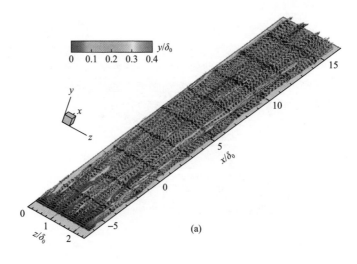

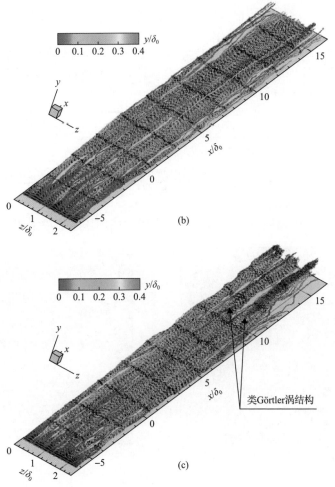

图 4.51　由距壁面垂直距离着色的流线斜视图

(a) FP；(b) R908；(c) R308[9]

图 4.52(a) 展示了在 $x/\delta_0=11.5$ 处瞬时的速度云图和流线结果。虚线框标识的区域为一典型的蘑菇形结构，这种流动结构与 Görtler 涡产生的机制相一致。从中可以发现，内边界层中的低动量流体通过类 Görtler 涡被输运至外层。图 4.52(b) 表明，凹曲壁上具有数量更为丰富的小尺度涡。

图 4.52(c) 展示了斜压生成项在切面 $x/\delta_0=11.5$ 上的分布，在此对斜压生成项进行如下说明。

涡量 ω 的输运方程可以写成如下形式：

$$\frac{\mathrm{D}\omega}{\mathrm{D}t} = (\omega \cdot \nabla)u - \omega(\nabla \cdot u) - \frac{\nabla p \times \nabla \rho}{\rho^2} + \nabla \times \left(\frac{\nabla \cdot \tau}{\rho}\right) \tag{4.7}$$

在第三项中，$\dfrac{\nabla p \times \nabla \rho}{\rho^2}$ 描述了基于斜压机制产生的涡，压力对涡量方程的影响只能通过该斜压机制实现。值得注意的是在凹曲壁流动中，涡可以由斜压产生，而涡方程中的其他项描述的是涡的放大、拉伸、弯曲或扩散。斜压生成项对应的涡量生成速率可以表示为如下形式：

$$
\begin{aligned}
\frac{\nabla p \times \nabla \rho}{\rho^2} &= \frac{1}{\rho^2}\left(\frac{\partial \rho}{\partial y}\frac{\partial P}{\partial z} - \frac{\partial \rho}{\partial z}\frac{\partial p}{\partial y}\right)\vec{i} \\
&+ \frac{1}{\rho^2}\left(\frac{\partial \rho}{\partial z}\frac{\partial p}{\partial x} - \frac{\partial \rho}{\partial x}\frac{\partial p}{\partial z}\right)\vec{j} + \frac{1}{\rho^2}\left(\frac{\partial \rho}{\partial x}\frac{\partial p}{\partial y} - \frac{\partial \rho}{\partial y}\frac{\partial p}{\partial x}\right)\vec{k}
\end{aligned}
\tag{4.8}
$$

由图 4.52（c）中可以看到凹曲壁外层边界层的斜压生成项大于平板上的斜压

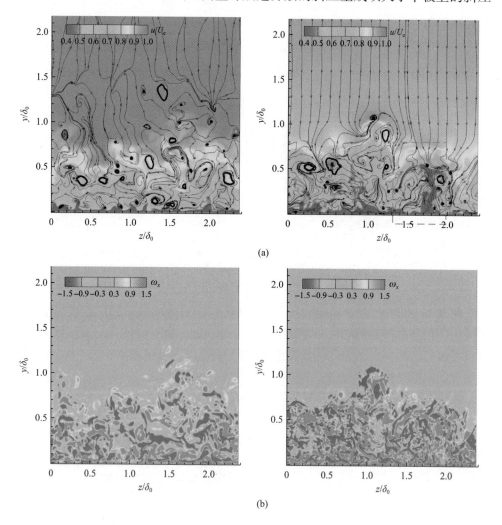

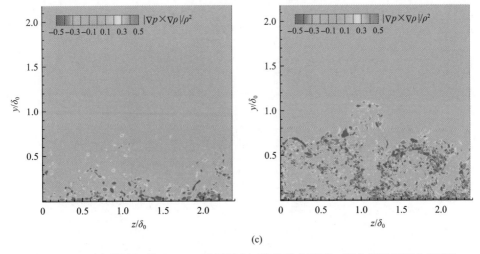

(c)

图 4.52　FP 边界层(左列)和 R308 边界层(右列)的流向速度、流向涡及斜压分布对比

(a)流向速度云图及流线；(b)流向涡云图；(c)斜压云图[4]

生成项，并且大都出现在高速流与低速流的交界面附近。在式(4.8)中，法向梯度 $\partial p/\partial y$ 可以与展向密度梯度 $\partial \rho/\partial z$ 相互作用，从而产生流向涡度。发生在凹曲壁边界层外侧的类 Görtler 涡很容易使初始的密度和压力梯度出现扭曲，在强烈的压力梯度与密度梯度相互作用下，凹曲壁边界层中产生比平板算例中更多的涡。

图 4.53 总结了 Görtler 不稳定性在超声速湍流凹曲壁边界层中的作用。Görtler 涡的示意图如图 4.53(a)所示，它展示了典型的 Görtler 涡对应的流场特性：Görtler 涡出现扭曲并使局部流场的密度梯度变形。比较图 4.53(a)和(b)，最明显的区别在于由 Görtler 涡引起的密度梯度面的伸展、扭转和变形与压缩波片相交，产生较大的斜压效应，引起较平板更多的涡旋。图 4.53(c)给出了压缩波与 Görtler 涡旋相互作用的典型方式，可以看到通过两者的作用，产生了大量的小涡旋。一些人

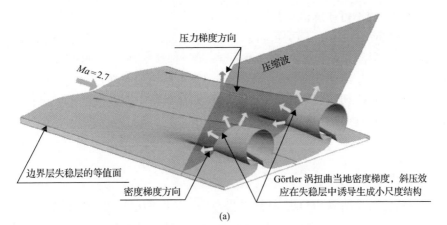

(a)

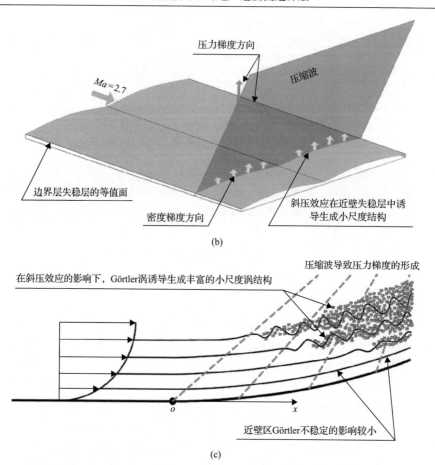

图 4.53　Görtler 涡不稳定在超声速湍流凹曲壁边界层中的作用

(a) Görtler 涡不稳在边界层的外侧促使流场局部梯度变形；(b) 产生逆压力梯度的边界层斜压作用；(c) Görtler 涡促进外侧边界层流体交换[4]

认为凹曲壁上的不可压缩流也包含 Görtler 涡和通过涡破裂而产生的湍流增强作用，然而凹曲壁上均匀的不可压缩流密度将减缓湍流的产生，甚至导致重新分层。对于超声速边界层来说，顺压力梯度同样会削弱拟序结构，并抑制边界层外部区域的湍流。对于超声速凹曲壁边界层，湍流强度的增强与超声速压缩过程中平均密度的线性增加密切相关。由此可以推断，斜压效应对小涡旋的形成对相应的湍流强度增强具有重要作用，并可能是其形成的基础。

4.4　本 章 小 结

本章结合实验结果和 DNS 计算结果对超声速凹曲壁边界层进行了刻画，主要对凹曲壁影响下的边界层组织结构特性及统计特性展开分析，并给出了流向凹曲率影响湍流边界层特性的物理机制。

(1)流向凹曲率促进超声速层流边界层转捩的效果显著,并且诱导产生较强的条带结构特征,且在展向平面内此现象更为明显。

(2)流向凹曲率效应使过渡层面积增加,对数律层斜率减小,曲壁边界层厚度沿流向先减小后趋于稳定。流向凹曲率能够显著提高边界层的湍流特性,尤其在对数律层。曲壁边界层中,壁面摩阻沿流向增加。曲壁段的逆压存在微弱前传,对弯曲开始位置附近壁面参数的影响明显。对比不同曲率影响下的边界层特性,观察到随着曲率的增加,边界层可压缩性也增加,所有方向速度分量波动强度均增大。

(3)曲壁边界层中湍流结构的变化是导致其时均和统计参数沿流向变化的主因,受流向凹曲率影响,边界层中下洗事件显著增强,使大量高动量流体涡团能够直达内层,一方面提高线性底层的速度梯度,另一方面增强了过渡层和对数律层内的动量掺混,导致边界层内湍流脉动增加。此外凹曲壁离心力作用诱发产生 Görtler 涡,并在斜压作用下分解破碎成大量小涡,从而增强了凹曲壁边界层内的湍流脉动。

参 考 文 献

[1] Görtler H. On the three-dimensional instability of laminar boundary layers on concave walls[R]. NACA-TM-1375, 1954.

[2] 王前程. 超声速边界层流向曲率效应研究[D]. 长沙: 国防科技大学, 2017.

[3] 刘源. 受扰动的超声速湍流边界层结构与作用机理研究[D]. 长沙: 国防科技大学, 2020.

[4] Sun M B, Sandham N D, Hu Z. Turbulence structures and statistics of a supersonic turbulent boundary layer subjected to concave surface curvature[J]. Journal of Fluid Mechanics, 2019, 865: 60-99.

[5] Wang Q C, Wang Z G, Zhao Y X. An experimental investigation of the supersonic turbulent boundary layer subjected to concave curvature[J]. Physics of Fluids, 2016, 28(9): 096104.

[6] Sarie W S. Görtler vortices[J]. Annual Review of Fluid Mechanics, 1994, 26: 379-409.

[7] Floryan J M. On the Görtler instability of boundary layers[J]. Progress in Aerospace Sciences, 1991, 28: 235-271.

[8] Wang Q C, Wang Z G, Zhao Y X. Visualization of Görtler vortices in supersonic concave boundary layer[J]. Journal of Visualization, 2017, 21(1): 57-62.

[9] Wang Q C, Wang Z G. Structural characteristics of the supersonic turbulent boundary layer subjected to concave curvature[J]. Applied Physics Letters, 2016, 108(11): 114102.

[10] Wang Q C, Wang Z G, Sun M B, et al. The amplification of large-scale motion in a supersonic concave turbulent boundary layer and its impact on the mean and statistical properties[J]. Journal of Fluid Mechanics, 2019, 863: 454-493.

[11] Kendall A, Koochesfahani M. A method for estimating wall friction in turbulent wall-bounded flows[J]. Experiments in Fluids, 2008, 44: 773-780.

[12] Jayaram M, Taylor M W, Smits A J. The response of a compressible turbulent boundary layer to short regions of concave surface curvature[J]. Journal of Fluid Mechanics, 1987, 175: 343-362.

[13] Donovan J F, Spina E F, Smits A J. The structure of a supersonic turbulent boundary layer subjected to concave surface curvature[J]. Journal of Fluid Mechanics, 1994, 259: 1-24.

第5章　平面激波/湍流边界层干扰流场

与不同压力梯度下边界层发展相对应,不同强度激波作用下分离程度不一致,相应的压缩膨胀过程也存在区别。本章首先对平面激波/湍流边界层干扰流场的结构以及统计特性等进行了较为详细的介绍,结合三个不同强度分离下的 DNS 仿真算例,重点针对中等分离尺度下的平面激波/湍流边界层干扰流场的激波结构、自由干扰特性以及能量平衡等进行了分析研究。同时针对不同强度激波边界层干扰的流场特性进行了分析对比,利用拉格朗日拟序结构分析方法显示了流场的精细结构。其次,揭示了壁温对于平面激波/湍流边界层干扰流场的影响,同样结合三个壁温值分别对应于冷却壁面、常温壁面和加热壁面下的 DNS 仿真算例,对不同温度下的平面激波/湍流边界层干扰流场的分离泡大小、湍流边界层发展等流场特性进行了分析研究。

5.1　平面激波/湍流边界层干扰流场分析

平面激波/湍流边界层干扰本质是壁面边界层存在条件下的激波反射问题。本节揭示了边界层存在下激波反射与理论无黏激波反射流场中波系结构的差异,对比研究了入射平面激波强度对流场时均波系结构、边界层形态以及分离区尺度的影响,并在此基础上验证了平面激波/湍流边界层自由干扰理论,确定了自由干扰区流向范围。此外,还基于雷诺平均对平面激波/湍流边界层流场流向动量平衡进行了分析。

5.1.1　流场激波结构分析

作为一种理想情况,斜激波的无黏反射对理解平面激波/湍流边界层干扰流场中反射激波强度和下游流场参数分布具有重要的参考意义。通过初步的激波极曲线分析我们得知,马赫数为 2.7 条件下常规反射与马赫反射临界点对应的入射激波后气流偏折角为 18.6°,远大于本书研究中涉及的最大气流偏折角 11°。因而本书研究中壁面附近的激波反射均为常规反射。

如图 5.1 所示,无黏条件下激波在壁面上的常规反射结构较为简单,气流方向在入射激波与反射激波作用下发生两次转折,且每次转折角大小均为 α。入射激波和反射激波将流场分为三个均匀流区,即上游来流区Ⅰ、入射波后区Ⅱ和反射波后区Ⅲ,各区域流场参数可通过斜激波理论得出。相比之下,边界层存在条件下的有分离平面激波/湍流边界层干扰流场结构(图 5.1(b))要更复杂,其中反射激波被上游分离激波和下游再附激波所取代,流场参数分布复杂,已无法通过理论分析直接得出。

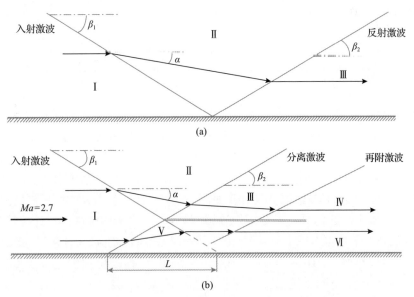

图 5.1　无黏激波反射与平面激波/湍流边界层干扰流场结构对照

(a)无黏激波反射流场示意图;(b)平面激波/湍流边界层干扰流场示意图[1]

本节介绍了基于大规模 DNS 的马赫数为 2.7 条件下,不同干扰强度的平面激波/湍流边界层干扰流场(SWBLI)激波结构。这里主要考虑了三种不同强度平面入射激波作用下的流场,波后气流偏折角依次为 7°、9°和 11°,分别对应弱分离(SWBLI-D7)、中等强度分离(SWBLI-D9)以及大尺度分离(SWBLI-D11)的情形。

非定常入口湍流边界层采用数值滤波方式生成,入口预设边界层厚度 $\delta_i = 5.7\text{mm}$,干扰区边界层厚度发展至 $\delta_t = 6.5\text{mm}$。考虑到分离区尺度的显著差异,为确保各组算例中干扰区之前湍流边界层达到充分发展状态且状态相同,在充分考虑不同入射激波强度下流场尺度的基础上,对控制体流向尺度及入射激波位置进行了调整(表 5.1),以将各算例干扰区起点大致控制在 $13\delta_i$ 处。对于弱分离算例及中等强度分离算例(SWBLI-D7 和 SWBLI-D9),流向尺度取 $L_x = 27\delta_t$ 可在预留充分的边界层发展距离前提下,保证流场下游有足够的边界层恢复距离。由于大尺度分离算例 SWBLI-D11 中分离区尺度显著增加,为保证其下游具有足够的再附距离,需将控制体流向尺度增加至 $L_x = 34\delta_t$。这里为了避免展向尺度对分离区结构发展的限制,将控制体展向尺度取为 $L_z = 4\delta_t$。

表 5.1　　DNS 算例控制体尺度、网格划分及计算周期[1]

算例	控制体尺度 $\left(L_x \times L_y \times L_z / \delta_t^3\right)$	干扰起始点 (x_{in})	网格点数 $\left(N_x \times N_y \times N_z\right)$	计算用时 （CPU×时间）
SWBLI-D7	$27 \times 3.9 \times 4.0$	89	$2310 \times 256 \times 522$	40320×16
SWBLI-D9	$27 \times 3.9 \times 4.0$	85	$2310 \times 256 \times 522$	20160×54
SWBLI-D11	$34 \times 3.9 \times 4.0$	80	$2900 \times 256 \times 522$	57600×10

注: CPU 为调用的计算核心数量; "时间" 单位为 h。

　　所有算例中网格分辨率为 $\Delta_x^+ \times \Delta_y^+ \times \Delta_z^+ = 6.25 \times 0.64 \times 4.1$。各个方向的网格点数如表 5.1 所示，其中算例 SWBLI-D7 和 SWBLI-D9 总网格点数均为 3.1 亿个，算例 SWBLI-D11 总网格点数约为 3.9 亿个。计算采用基于消息传递接口(MPI)的大规模并行计算来实现，相关数值模拟工作在国家超级计算广州中心进行，各算例执行过程中所采用的 CPU 核数及计算时间如表 5.1 所示，研究中所用到的最大并行规模为算例 SWBLI-D11 中采用的 57600 核并行。由于网格规模及计算量巨大，这里三组 DNS 中着重考虑中等强度分离算例 SWBLI-D9，而弱分离算例 SWBLI-D7 和大尺度分离算例 SWBLI-D11 主要用于定性呈现流场瞬态结构特征。

　　图 5.2 给出了不同干扰强度下的平面激波/湍流边界层干扰的流场时均速度场分布(左列)及激波系结构(右列，激波显示基于当地密度梯度大小)。为便于对比分析整个流场结构和关键点位置变化，这里将理论无黏激波入射点作为参考点。从图中可以看出，在入射激波作用下边界层迅速增厚，壁面附近出现局部回流区。由于边界层内部当地速度及马赫数的迅速降低，入射激波到达分离边界层上层之后逐渐弯曲，并终止于边界层声速线附近。边界层的变形及增厚导致上游分离激波的产生。随着入射激波强度的增大，回流区流向及法向尺度均显著增大。与此同时，分离激波位置明显前移，分离激波与入射激波交叉点法向高度逐渐增大。由于分离激波流向位置存在前后振荡，且激波运动幅度随分离区尺度的增大而增长，时均意义上的反射激波厚度也将随干扰强度的增大而增加，正如图 5.2 所示。

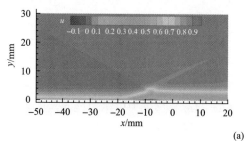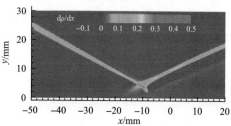

(a)

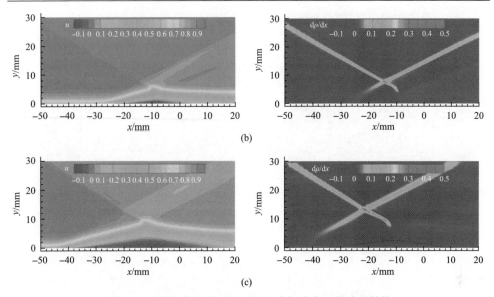

图 5.2　不同干扰强度下的时均速度场分布及激波系结构
(a) 弱分离条件下；(b) 中等强度分离条件下；(c) 大尺度分离条件下[1]

　　前面讨论了平面激波/湍流边界层干扰的流场波系结构，这里将进一步阐述流场近壁区边界层变形、分离特征。图 5.3 以中等强度分离平面激波/湍流边界层干扰的流场为例对激波作用下的典型分离边界层结构进行描述。图 5.3(a) 展示了时均流场速度场分布(其中激波结构以密度梯度等值线给出)，从图中可以看出时均流场近壁区存在明显回流(近壁面流线反向)，上游流线在分离激波角附近逐渐升离壁面，并在随后绕过分离区向下游流动。入射激波终止于边界层声速线附近，入射点正好为边界层厚度最高点。图 5.3(b) 给出了与图 5.3(a) 对应流向位置处的时均壁面摩阻(以 C_f 表示)分布。对比图 5.3(a) 和 (b) 可以看出，时均分离激波脚流向位置大致与分离点对应。X_{sf} 为分离激波脚位置，X_{imp} 为激波入射点，X_{inc} 为激波/边界层作用起始点，X_{sep} 为分离点，X_{att} 为再附点，L 为激波/边界层作用长度，L_{sep} 为分离区长度。图 5.3(b) 中显示从激波边界层干扰流场作用起始点至分离点壁面摩阻迅速下降，而从分离点开始至激波入射点壁面摩阻下降缓慢，且中间略有反弹。随后自入射点开始，壁面摩阻几乎呈线性增长，期间穿越再附点。

　　图 5.4 给出了不同干扰强度下的时均壁面摩阻分布。为便于对比分析，这里将参考点设定为壁面上的无黏激波入射点。从图中可以看出，随着入射激波强度的增大，分离点位置迅速前移，与此同时再附点位置明显后移，这使得分离区尺度显著增大。另外，随着分离区尺度的增大，壁面摩阻负峰值幅度亦逐渐增大，表明近壁区时均回流有所增强。

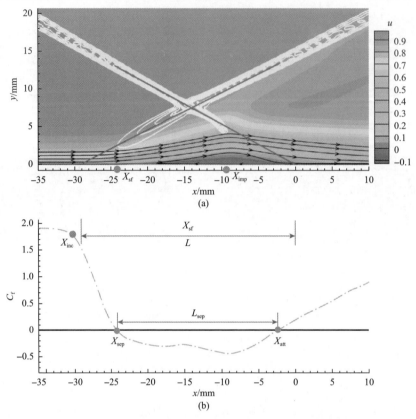

图 5.3　中等强度分离下的平面激波/湍流边界层干扰流场结构
(a)分离区尺寸；(b)时均摩阻分布图[1]

　　表 5.2 给出了不同干扰强度下平面激波/湍流边界层干扰流场分离区位置及尺度信息。流场时均回流区呈狭长的扁平结构，其流向尺度远大于法向尺度。三种强度流场时均回流区流向尺度依次为 1.3δ、3.4δ 和 7.7δ，而对应的法向高度则依次为 0.03δ、0.13δ 和 0.41δ。由于弱分离算例 SWBLI-D7 中回流区高度仅 0.17mm，采用 PIV 速度场测量很难分辨出这一高度上的时均回流区。值得一提的是，风洞实验及应用中由于侧壁三维效应的存在，时均回流区高度可能高于这里所展示的准二维流场。

表 5.2　不同干扰强度下平面激波/湍流边界层干扰流场分离区位置及尺度[1]

算例	分离点 x_{sep}/mm	再附点 x_{att}/mm	干扰区长度 L/mm	分离区长度 L_{sep}/mm	回流峰值位置 (x, y)/mm	交叉点 y/mm
SWBLI-D7	−14.10	−5.74	18.9	8.36	(−7.65,0.17)	4.41
SWBLI-D9	−23.45	−1.48	28.9	21.97	(−8.76,0.84)	7.70
SWBLI-D11	−40.37	9.50	46.5	49.87	(−10.5,2.68)	13.37

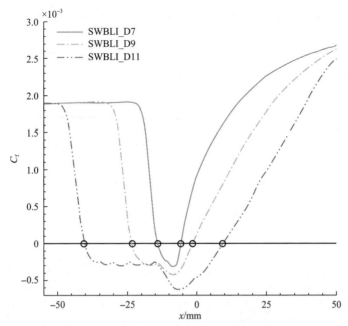

图 5.4　不同干扰强度下的时均壁面摩阻分布图[1]

5.1.2　流场自由干扰特性与能量平衡

建立在大量实验研究及理论分析基础上的自由干扰理论是较为成熟的早期激波边界层干扰理论之一。该理论认为，尽管下游逆压力梯度是触发边界层与外部超声速主流相互作用的直接原因，但相互作用的具体细节(包括边界层的增厚/分离、压缩波/分离激波的产生等)主要取决于边界层自身状态及其上层主流参数，而与触发这一相互作用的逆压力梯度源本身没有直接关系。对于本节研究对象，这意味着入射激波足以触发边界层分离时，从干扰起始点至分离点附近的流动状态与入射激波强度及整个激波边界层分离区尺度可能没有直接关系。为此，这里对不同干扰强度平面激波/湍流边界层干扰流场的起始段壁面压力分布进行了对比分析。

图 5.5 给出了不同干扰强度下的时均壁面压力分布，其中标示了无黏反射下的理论壁面压力阶跃。从图中可以看出各算例中，流场下游壁面压力均逐渐趋近于无黏壁面压力，其中大尺度分离算例 SWBLI-D11 中壁面压力恢复不充分，原因可能在于控制体长度尺度不足。从图中可以看到，随着入射激波强度以及下游压力的增大，干扰起始点位置逐渐上移，大尺度分离算例中呈现出典型的压力平台区，而在中等强度分离算例中压力曲线也出现明显的拐点。图 5.5(b) 给出了不同算例中壁面压力梯度分布，各算例中流场的起始段的压力梯度分布非常类似，

均存在一个快速突起的压力梯度峰值，且各曲线峰值幅度处于同一水平。

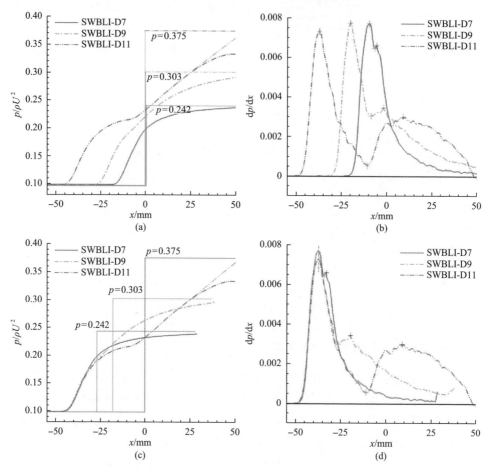

图 5.5 不同干扰强度下平面激波/湍流边界层干扰流场的壁面压力及其流向压力梯度分布
(a)不同干扰强度下的壁面压力分布；(b)不同干扰强度下的壁面压力梯度分布；(c)不同干扰强度下以干扰区起点
作为参考点的壁面压力分布；(d)不同干扰强度下以干扰区起点作为参考点的流向压力梯度分布[1]

为更好地展示这一相似性，图 5.5(c)和(d)中分别展示了以干扰区起点作为参考点的壁面压力及流向压力梯度分布。从图 5.5(c)可以观察到在平面激波/湍流边界层干扰流场的起始的一段距离内，壁面压力的确符合得很好，而在其下游壁面压力逐渐呈现显著的差异。图 5.5(d)中的压力梯度更为直接地展示了各个算例中壁面压力的相似性以及这种相似性存在的范围，图 5.5(b)和(d)中各曲线中均存在两个极大值(分别记为 P_1 和 P_2)和一个极小值(记为 S)。三条曲线中 P_1 的流向位置及其峰值大小近似相同，而 S 点和 P_2 位置差别较大。进一步观察可以发现，所有曲线的 S 点实际上均落在算例 SWBLI-D11 曲线上，也就是说，所有算例中在 S 点之前压力梯度曲线实际上均是重合的，这与自由干扰区的物理意义一致。在 S

点之后，压力梯度迅速反弹，直至第二个极大值点后开始下降。事实上算例 SWBLI-D11 中分离区尺度最大，因而其自由干扰区流向尺度应该也最长，这正是其他算例中 S 点落于其上的原因。因此，从干扰区起始点到压力梯度的极小值点 S 实际上代表的是平面激波/湍流边界层干扰的流场中与干扰强度无关的自由干扰区，该 S 点下游流场则是干扰强度相关区。

前面分析了平面激波/湍流边界层干扰的流场时均结构特征，它是外部激波结构产生的逆压力梯度与湍流边界层内部动量、应力平衡的结果。因此，湍流边界层内部雷诺应力分布对激波边界层干扰流场结构的形成具有重要意义。图 5.6 给出了不同干扰强度下平面激波/湍流边界层干扰的流场正应力及切应力分布。从图中可以看出，从流场激波角附近开始，正应力及切应力均迅速增大。这里应力的增长主要与分离区上层的剪切层有关。

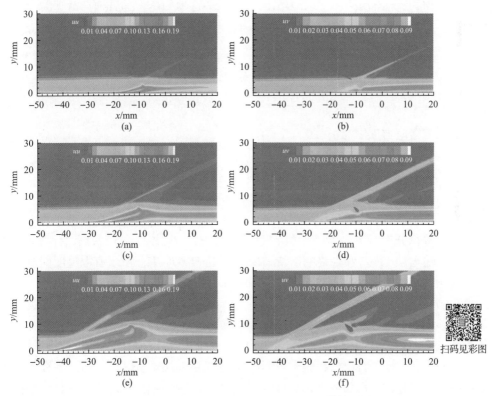

图 5.6 平面激波/湍流边界层干扰流场区域雷诺应力分布

(a)弱分离下的流场正应力分布；(b)弱分离下的流场切应力分布；(c)中等强度分离下的流场正应力分布；(d)中等强度分离下的流场切应力分布；(e)大尺度分离下的流场正应力分布；(f)大尺度分离下的流场切应力分布[1]

平面激波/湍流边界层干扰流场结构的形成是边界层内外层动量平衡的结果。

结合可压缩雷诺平均动量方程对平面激波/湍流边界层干扰流场中各个动量平衡参数进行分析。考虑平面激波/湍流边界层干扰流场在二维平面上的流向动量平衡问题时我们需要用到可压缩动量方程：

$$\rho \frac{\partial u}{\partial t} + \rho u \frac{\partial u}{\partial x} + \rho v \frac{\partial u}{\partial y} = -\frac{\partial p}{\partial x} + \frac{1}{Re} \frac{\partial t_{j1}}{\partial x} \tag{5.1}$$

定常条件下的雷诺平均形式为

$$\underbrace{\overline{\rho} \tilde{u} \frac{\partial \tilde{u}}{\partial x}}_{T_1} + \underbrace{\overline{\rho} \tilde{v} \frac{\partial \tilde{u}}{\partial y}}_{T_2} = \underbrace{-\frac{\partial \overline{p}}{\partial x}}_{T_3} + \underbrace{\frac{1}{Re} \frac{\partial \overline{t}_{j1}}{\partial x_j}}_{T_4} + \underbrace{\frac{\partial \tau_{j1}}{\partial x_j}}_{T_5} \tag{5.2}$$

其中，T_1 项为流向输运项；T_2 项为法向输运项；T_3 项为压力梯度项；T_4 项为分子黏性项；T_5 项为雷诺应力项；$\tilde{u} = \overline{\rho u} / \overline{\rho}$ 为速度的 Favre 平均。平均分子黏性应力项中有

$$\overline{t}_{11} = 2\mu \frac{\partial \tilde{u}}{\partial x} - \frac{2}{3}\mu \left(\frac{\partial \tilde{u}}{\partial x} + \frac{\partial \tilde{v}}{\partial y} \right), \quad \overline{t}_{21} = \mu \left(\frac{\partial \tilde{u}}{\partial y} + \frac{\partial \tilde{v}}{\partial x} \right) \tag{5.3}$$

湍流雷诺应力项中有

$$\tau_{11} = -\overline{\rho} \overline{u'u'}, \quad \tau_{21} = -\overline{\rho} \overline{u'v'} \tag{5.4}$$

下面基于平面激波/湍流边界层干扰流场数值模拟结果对以上流向动量方程中的各项进行分析。这里以中等强度平面激波/湍流边界层干扰流场为例对其中各向的量级进行分析。图 5.7(a)～(d) 依次给出了 T_1～T_4 项，图 5.7(e) 和 (f) 则分别给出了总输运项 T_1+T_2 和最终的动量平衡结果 $T_1+T_2-T_3-T_4$。由于有限尺度网格对激波阶跃的捕捉具有一定非物理性，因而在激波位置上的速度梯度值即由此得到的各个物理量可能是非物理的，因而讨论中不考虑入射激波和反射激波上的物理量分布。从图中可以看出，除激波位置外，流场中各点动量平衡结果 $T_1+T_2-T_3-T_4$ 约为 0，表明这里基于数值模拟得到的流场各点时均统计参数的确满足动量平衡。

从图 5.7 中可以看出，在整个平面激波/湍流边界层干扰区域，前三项在动量平衡中起主导作用。在流场内部激波入射点之前，流向输运项 T_1 均呈现负值且幅值相对较大，表明在该区域流向速度 u 的降低导致流向动量 ρu 持续减小；在激波入射点之后，由于膨胀波的作用，流向速度 u 有所增大，流向动量 ρu 有迅速恢复的趋势；法向输运项 T_2 几乎与流向输运项 T_1 呈相反的变化趋势，在激波入射点之前，正法向速度 v 及负流向速度梯度 $\partial u / \partial y$ 的存在导致当地速度呈降低趋势，而在入射激波之后随着当地法向速度 v 的反向，当地速度变化趋势出现反向；压

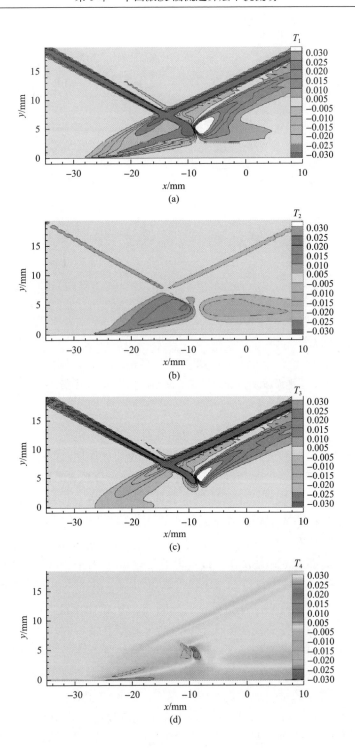

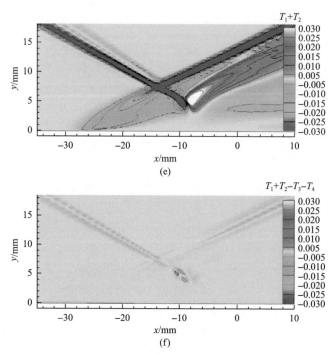

图 5.7　平面激波/湍流边界层干扰的流场流向动量平衡二维分布

(a)流向输运项；(b)法向输运项；(c)压力梯度项；(d)分子黏性项；(e)总输运项；(f)动量平衡结果[1]

力梯度项 T_3 对动量平衡的贡献主要表现在反射激波脚附近逆压力梯度对流向速度的滞止作用以及入射激波点之后膨胀波对气流的加速作用；与上述三项相比，雷诺应力项 T_5 的作用相对较弱，其作用最明显的区域为分离点下游的一小段距离内，虽然在平面激波/湍流边界层干扰流场的其他区域也存在，但幅值相对较小，其中一个主要特征是在边界层底层其贡献为正，而在边界层上层其贡献为负。

图 5.8 给出了两个典型高度上的动量平衡项沿流向的分布曲线。其中图 5.8(a)位于近壁区法向高度 $y = 0.3\delta$ 处，该位置上总输运项 T_1+T_2 与压力梯度项 T_3 幅值相近，且流向位置靠近该高度位置上的干扰起始点；雷诺应力项 T_5 幅值与前两者相比较小，且极值点流向位置相对靠后。图 5.8(b)给出了法向高度 $y = 0.6\delta$ 处的动量平衡关系，图中各曲线在流向上穿越激波脚所在位置时均出现了阶跃和方向翻转，且在激波间断处部分量的峰值可能不具有物理存在性。在激波入射点之前的区域，总输运项 T_1+T_2 幅值有所增强，且其幅值大小与压力梯度项相当，而雷诺应力项的贡献依然维持在较低水平且幅值位置相对靠后。综合图 5.8(a)和(b)中的信息可以得出，平面激波/湍流边界层干扰流场激波入射点之前的动量平衡中，总输运与压力梯度是主要因素，其作用范围相对靠前，雷诺应力项的贡献次

之，且作用位置相对靠后；在激波入射点之后的区域，各项的贡献均显著减小，此时在激波入射点之后的区域（$x \geq 10\text{mm}$），各动量平衡项幅值均较小，此时总输运项 $T_1 + T_2$、压力梯度项 T_3 和雷诺应力项 T_5 大致处于同一量级，因而与入射点之前相比，此处的雷诺应力项作用更为突出。

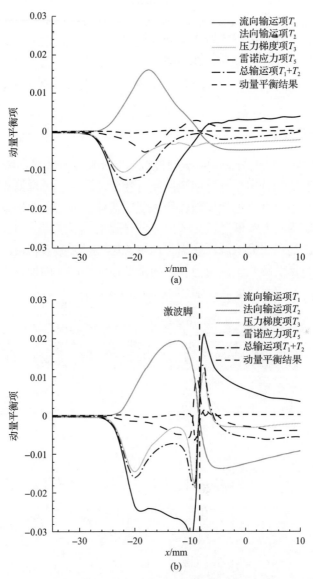

图 5.8　平面激波/湍流边界层干扰流场不同高度位置上流向动量平衡
(a)近壁区法向高度 $y=0.3\delta$；(b)近壁区法向高度 $y=0.6\delta$[1]

5.2　不同强度激波作用下的平面激波/湍流边界层干扰流场瞬态特性

　　前面重点针对不同入射平面激波强度下的平面激波/湍流边界层干扰流场的时均特征、统计特性等进行了较为详细的介绍，但不同入射平面激波强度下的流场瞬态特性同样存在明显差异。在不同激波强度下，边界层经过分离泡的压缩与膨胀程度不一，湍流强度等明显变化，流场瞬态分离流和回流区结构、湍流结构变化等存在显著区别。

5.2.1　瞬态流场结构

　　图 5.9 依次展示了弱分离、中等强度分离及大尺度分离平面激波/湍流边界层干扰流场瞬态温度场分布。近壁回流区由于速度的滞止，分离区内部流体温度显著增强，因而当地温度可近似反映流场中低速流体的分布。入射激波强逆压作用下干扰区内部出现大面积低速或回流流体，导致边界层变形，迅速增厚。研究中观察到分离激波呈现明显的波动状态，这与流场中分离激波在流向位置的脉动有关。随着逆压力梯度的减小以及边界层内部低速流体动量的恢复，下游出现再附

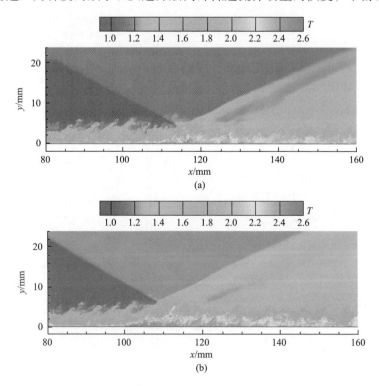

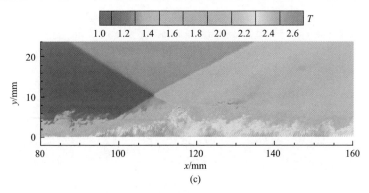

图 5.9　平面激波/湍流边界层干扰流场瞬态温度场分布

(a)弱分离条件下；(b)中等强度分离条件下；(c)大尺度分离条件下[1]

激波。再附激波的位置及形状呈现出更为强烈的不确定性，这表明平面激波/湍流边界层干扰流场下游再附区流场的非定常性强于分离区。下面将看到，这与流场下游大尺度对流结构的存在有关。再附区下游，尽管从时均角度看边界层流动实现了边界层再附，其动量水平也在逐渐恢复当中，但由于激波后单位雷诺数的升高，湍流结构的尺度有所减小。

图 5.10 给出了平面激波/湍流边界层干扰流场时均及瞬态波系结构。由于反射激波的低频不稳定性，时均激波厚度明显增加。图中显示在激波入射点附近时均流场与瞬态流场结构存在显著差异。经典激波/边界层理论认为，激波入射点附近的反射形成明显的膨胀波束，这一点从图中时均激波系结构可以得到确认。然而瞬态流场中激波在入射点处首先反射形成一道明显的激波(深色)，而紧随其后的才是膨胀波(浅色)。该反射激波与主分离激波汇合，形成最终的反射激波。由于反射激波强度相对较弱且入射点附近流场呈高度非定常状态，因而时均效果上该反射激波将被隐藏，这可能正是早期纹影实验中无法观察到该反射激波的主要原因。然而，在近期的高速纹影实验及 NPLS 瞬态流场结构中的确可以清晰地辨识出该激波结构。

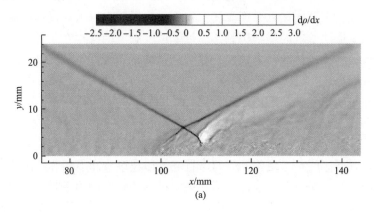

(a)

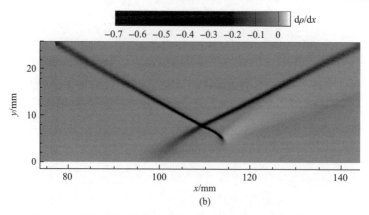

图 5.10　平面激波/湍流边界层干扰流场时均与瞬态波系结构
(a)瞬态波系结构；(b)时均波系结构[1]

　　实验研究中已经揭示了平面激波/湍流边界层干扰流场存在大尺度的展向结构，这里将基于 DNS 结果对比分析不同干扰强度下的平面激波/湍流边界层干扰流场典型的瞬态展向结构。图 5.11 给出了壁面摩阻瞬态分布，其在一定程度上与近壁区速度大小存在直接关系。从图中可以辨认出来流湍流边界层底层典型的速度条带结构，这些流向伸展的高、低摩阻条带在展向上交替分布，且呈现明显的蜿蜒特征。由前面相关研究可知，这些来流边界层速度条带结构的展向特征间距约为 $\Delta z^+ = 100$。进入干扰区的过程中，来流边界层底层速度条带结构一定程度上受到了破坏，并在干扰区内部形成新的大尺度展向结构。与来流边界层速度条带不同，分离区内部呈现的展向分布结构尺度更大，且其尺度随着干扰强度的增大而有所增加。再附区下游，随着边界层动量水平的恢复，近壁速度条带结构再次出现。这些条带结构呈现出两个主要特征：①速度条带的展向尺度显著减小；②速度条带在展向上呈现明显的非均一性。前者可能与干扰区之后雷诺数的增长有关，而后者则可能受到平面激波/湍流边界层干扰流场分离区大尺度对流结构的影响。从整体上看，小尺度的速度条带结构在局部区域存在富集的现象，这类似于 Marusic 等[2]在高雷诺数壁面湍流中发现的边界层上层大尺度速度条带结构对近壁区小尺度速度条带的调幅机制，即近壁速度湍流结构存在于外层大尺度结构所营造的外部环境，从而使得这些小尺度近壁结构的尺度特征与其上层大尺度结构存在直接关系。

　　为进一步展示平面激波/湍流边界层干扰流场瞬态回流区三维分布，图 5.12 给出了平面激波/湍流边界层干扰流场瞬态回流区（$u \leqslant 0$）及高度 $y^+ = 5$（黏性底层）平面上的瞬态速度分布，图中各流动区域与图 5.11 对应。从图 5.12 中可以看出，来流边界层速度条带结构的确对干扰起始段速度分布有着显著的影响。在低速条带区域，瞬态逆流明显前伸，形成展向排列的瞬态回流条带，其展向特征间

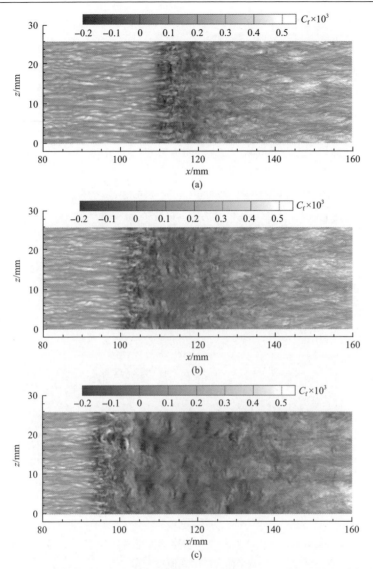

图 5.11　不同分离强度下平面激波/湍流边界层干扰流场区域壁面摩阻瞬态分布
(a) 弱分离条件下；(b) 中等强度分离条件下；(c) 大尺度分离条件下[1]

距与来流边界层中速度条带基本保持一致，这与相关实验研究[3,4]结论一致。因此可以认为在干扰起始段，边界层局部动量水平直接决定了当地边界层抵御下游逆压力梯度的能力，从而决定了当地分离区的展向分布。

然而进入分离区之后，瞬态回流区的展向覆盖范围逐渐增大，且随着干扰区强度及流向尺度的不断增大，瞬态分离区展向尺度也不断扩大。在弱分离流中，瞬态回流区展向尺度相对较小，与来流边界层速度条带处于同一量级；中等强度

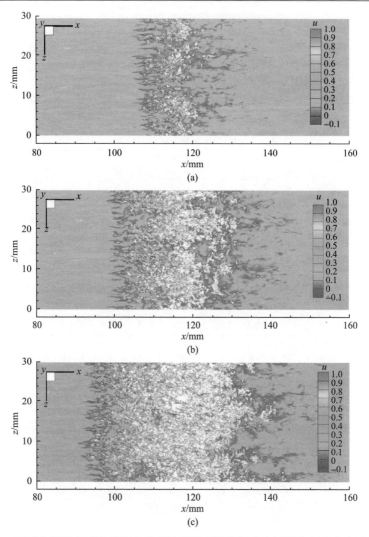

图 5.12　不同分离强度下平面激波/湍流边界层干扰流场分离区瞬态回流分布及 $y^+ = 5$
平面上的瞬态速度分布
(a)弱分离条件下；(b)中等强分离条件下；(c)大尺度分离条件下[1]

分离下，分离区呈现出大尺度的展向分布结构，其尺度与边界层厚度处于同一量级，远大于上游干扰区条带结构尺度；大尺度分离流中，干扰区流场展向分布尺度进一步扩大。为显示瞬态分离区的高度信息，图 5.13 给出了高度 $y = 2mm$ 平面上的瞬态速度分布及空间中的瞬态速度等势面($u = 0$)。同一高度位置上，平面激波/湍流边界层干扰流场瞬态分离流结构随分离强度的增大而增长。其中，弱分离流中，分离流展向尺度与来流边界层中速度条带的尺度结构相近，而在大尺度分离流中，分离流尺度结构显著可增大至两倍的来流边界层厚度尺度。

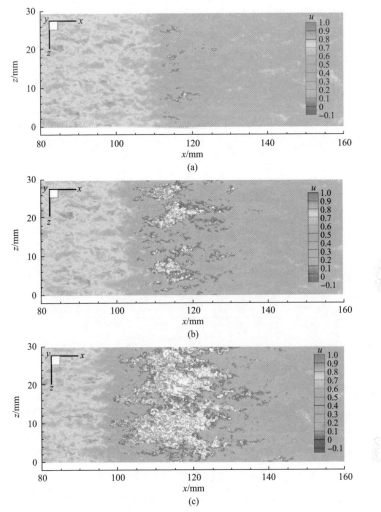

图 5.13 不同分离强度下流场分离区瞬态回流分布及 $y = 2\text{mm}$ 平面上的瞬态速度分布
(a)弱分离条件下；(b)中等强度分离条件下；(c)大尺度分离条件下[1]

5.2.2 流场拉格朗日拟序结构分析

为进一步揭示平面激波/湍流边界层干扰流场瞬态组织结构及其动态特性，针对中等分离平面激波/湍流边界层干扰流场(SWBLI-D9算例)瞬态结构进行了细致的时间序列描述。相关数值模拟共计迭代计算 58 万步，计算物理时间步长 $\mathrm{d}t = 5.0 \times 10^{-3} \delta_1^{\mathrm{vd}} / U_\mathrm{e}$，$\delta_1$ 为位移厚度，上标 vd 表示经 van-Driest 变换后的参数。初始的 12 万步迭代用于湍流边界层的充分发展和平面激波/湍流边界层干扰流场组织结构的逐步建立，随后的 46 万步迭代中开启数据统计与分析，数据统计阶段所覆盖的物理时间周期为 $\Delta T = 2300 \delta_1^{\mathrm{vd}} / U_\mathrm{e} = 365 \delta_\mathrm{t} / U_\mathrm{e}$。

　　为全面反映平面激波/湍流边界层干扰流场不同区域结构统计特征，数值模拟过程中分别对壁面瞬时压力、摩阻信息以及 5 个不同流向截面上的瞬时速度、密度信息进行了记录和分析。其中，5 个流向截面分别位于上游来流边界（$x = 82\text{mm}$）、自由干扰区（$x = 95\text{mm}$）、分离区中部（$x = 105\text{mm}$）、时均再附点（$x = 120\text{mm}$）以及下游恢复区（$x = 140\text{mm}$），如图 5.14 所示。计算过程中每 5 步记录一次瞬态流场数据，对应时间间隔 $\Delta T = 2.5 \times 10^{-2} \delta_1^{\text{vd}} / U_e$，这一时间分辨率足以反映瞬态平面激波/湍流边界层干扰流场中小尺度湍流脉动随时间变化的物理过程。

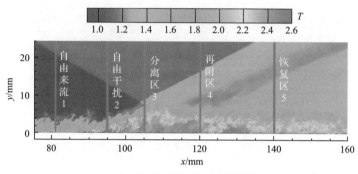

图 5.14　瞬态数据提取位置[1]

　　拉格朗日拟序结构（Lagrangian coherent structure，LCS）分析方法可对湍流边界层内部湍涡结构进行清晰的刻画，使其成为平面激波/湍流边界层干扰流场湍涡结构演化研究的理想工具。与 NPLS 流场显示相比，基于三维 DNS 结果的 LCS 提取可以得出更完整的湍涡空间三维结构信息，从而更准确地反映流场各个区域的湍流结构特征。为获取平面激波/湍流边界层干扰流场 LCS 信息，在本章 DNS 过程中每迭代 25 步输出一次完整的瞬态三维速度场数据，总共记录 400 组数据，相邻数据间物理时间间隔为 $\Delta T = 0.158 \delta_1^{\text{vd}} / U_e$。计算中基于四阶 Runge-Kutta 法进行粒子轨迹后向积分，积分过程跨越物理时间 $T = 1.25 \delta_{0.99} / U_e$，所得湍流边界层 LCS 如图 5.15 所示。

(a)

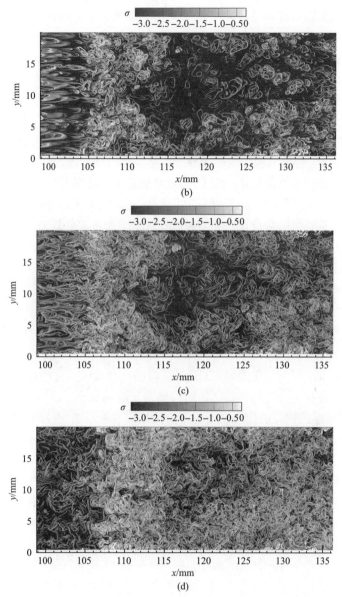

图 5.15　平面激波/湍流边界层干扰流场区域湍流拉格朗日拟序结构

(a)流向结构(xy平面)；(b)展向结构,高度位置对应来流边界层黏性底层(y^+=5)；(c)展向结构,高度位置对应来流边界层过渡层(y^+=15)；(d)展向结构,高度位置对应来流边界层对数律层(y^+=100)[1]

图 5.15 给出了某一瞬间平面激波/湍流边界层干扰流场不同方向和位置上的 LCS 切片,从图中可以看出在进入激波/边界层区域的过程中,湍流边界层底层湍流拟序结构发生了急剧变化,且整个平面激波/湍流边界层干扰流场呈现出显著的展向三维特征。图 5.15(a)展示的为流场瞬态流向结构(xy平面)。图中显示从分离

点附近开始形成了一道明显的剪切层，并一直延伸至下游附着流区。剪切层内部湍流涡结构与来流边界层湍流拟序结构之间的显著差异，使我们得以轻易将两者区分开来。在边界层上层，来流边界层流体在遇到平面激波/湍流边界层干扰流场剪切层时被迫抬升。尽管在此过程中剪切层实际穿越了分离激波，然而图中并没有显示出分离激波的痕迹，这意味着穿越分离激波前后边界层上层湍流结构并没有发生显著改变。这是由于湍流结构，即由于穿越激波时间太短以至于该过程中湍流结构暂时被"冻结"，而没能及时调整其自身结构以适应其无黏特性的改变。与之相反，近壁区湍流结构发生显著改变，从分离点开始湍流结构形态显著改变，且尺度迅速减小。这可能是由于分离点附近及流场底层回流区流速较低，近壁黏性对湍流结构作用时间相对较长，从而使得湍流结构变化更加明显。在回流区与外部主流之间的剪切层自身也存在着复杂的结构。图 5.15(a)中显示，该剪切层中存在大尺度的展向涡结构，与通常意义上的剪切层结构类似。在干扰区前部，该剪切层逐渐升离壁面，且厚度不断增大，到下游再附区时该剪切层几乎占据了整个边界层。由此可见，平面激波/湍流边界层干扰流场湍流结构变化的主导因素是壁面分离流及其上层剪切层结构的演化，而非激波与湍流结构之间的直接作用。

　　图 5.15(b)~(d)分别展示了平面激波/湍流边界层干扰流场中典型的展向湍流结构，其高度位置分别与来流边界层黏性底层($y^+ = 5$)、过渡层($y^+ = 15$)和对数律层($y^+ = 100$)对应。从图 5.15(b)可以看出在分离区点之前近壁湍流 LCS 已经出现了一定的变化，表现为鳞片状结构展向尺度的减小。在分离点附近 LCS 发生突变，意味着瞬态回流的出现使得近壁湍流结构发生了实质性的变化。图 5.15(c)中所示的过渡层湍流结构表现出类似的结构变化。图 5.15(b)和(c)显示，尽管平面激波/湍流边界层干扰流场分离区内部呈现出大尺度的展向非均匀结构，但分离点附近的湍流结构变化仍然呈现出相对较好的展向均匀性。与之相对，图 5.15(d)中对数律层湍流结构的变化则在展向上呈现出一定的带状分布特征，与之前流场显示结果较为类似，由此确认之前在瞬态流场中观察到的条带状结构主要与平面激波/湍流边界层干扰流场剪切层的三维特征有关。

5.3　不同壁温下的平面激波/湍流边界层干扰流场特性

　　在超声速以及高超声速飞行过程中，不同马赫数飞行工况下的壁面温度各不相同，另外，地面风洞实验研究与实际飞行过程中的壁面温度也存在差异。当壁面温度变化时，湍流边界层特性发生明显变化，即使是在相同的平面入射激波作用下，分离强度与特性也会表现出显著差异。不同的分离泡大小下，边界层压缩膨胀再压缩的过程也会变化，因此，有必要对平面激波/湍流边界层干扰流场的壁温效应进行探究。

对不同壁温下的三个平面激波/湍流边界层干扰流场进行 DNS 计算，具体参数如表 5.3 所示，从小到大的三个壁温值分别对应于冷却壁面、常温壁面和加热壁面。来流条件参考文献[1]中的实验工况，所有算例的边界层厚度均设置为 5mm。基于动量厚度的雷诺数为 1450，激波经数值手段生成。为了研究平面激波/湍流边界层干扰流场中壁温对分离的影响，气流偏折角取为 11°，该条件下能够产生较为明显的分离泡，便于对分离泡进行分析。黏性计算采用 Sutherland 定律，参考温度为 122.1K。

表 5.3 壁温效应模拟算例来流条件设置[5,6]

算例	Ma_∞	Re_θ	$\varphi/(°)$	s	T_w/T_∞
SWBLI-s0.5	2.7	1450	11	0.5	1.23
SWBLI-s1.0	2.7	1450	11	1.0	2.46
SWBLI-s2.0	2.7	1450	11	2.0	4.92

注：$s=T_w/T_r$ 表示壁面温度 T_w 与来流恢复温度 T_r 之比。

计算控制体如图 5.16 所示。考虑到不同壁温下的湍流边界层特性差异以及其与激波相互作用的强度不同，入射激波上沿与入口的距离设置为 $L_s=15\delta_i$，以保证来流边界层在与激波作用前有充分的发展距离。流向以及展向均采用均匀网格，法向网格采用壁面加密，逐渐向主流方向过渡为均匀网格。加密函数为

$$y_j = y_b \frac{\sinh(\beta\eta_j)}{\sinh\beta}, \quad \eta_j = \frac{j-1}{N_b-1} \tag{5.5}$$

其中，y_b 为预先定义的加密区域法向高度；N_b 为该区域的总网格数；β 为加密系数，在本算例中取为 4.5；j 表示第 j 层网络。壁面第一层网格分辨率为 $\Delta_y^+=0.8$，流向以及展向网格分辨率分别为 $\Delta_x^+=10$ 及 $\Delta_z^+=8$，如表 5.4 所示。流向、法向以及展向的总网格数分别为 2300、220 和 320。壁面采用无滑移边界条件，展向采用周期边界条件，法向上边界及流向出口边界均采用特征出口边界条件。

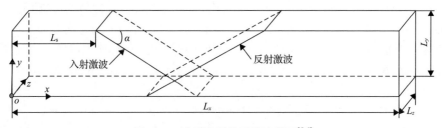

图 5.16 计算控制体及激波设置[5,6]

表 5.4　网格设置[5,6]

变量	x	y	z
L/δ_i	40	4	3
总网格数	2300	220	320
Δ^+	10	0.8	8

5.3.1　流场时均特性分析

图 5.17 所示为沿流向的二维密度云图。在湍流边界层中可以看到相干结构。从云图中清晰的反射激波轮廓可以看出，湍流边界层演化的距离大于 $10\,\delta_i$。通过前面的速度曲线对比，事实证明这种距离对于湍流边界层发展是可靠的。湍流边界层经过一段距离的发展后，将与产生的数值激波相互作用。边界层中的相干结构在激波作用下延伸到更上层。湍流边界层内的贴壁结构生成与发展被分离区所破坏。流动结构首先被分离泡沿上升过程压缩，然后经历一段膨胀过程，二次压缩发生在沿分离泡流动的再附过程中。在这两次压缩中分别会形成反射激波和再附激波。由于流动再附过程更长，形成的再附激波的强度也相对更弱。

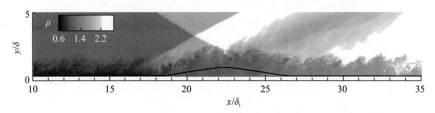

图 5.17　常壁温条件下平面激波/湍流边界层干扰流场流向截面密度云图
实线为时均分离泡位置[5,6]

在介绍平面激波/湍流边界层干扰流场的壁温效应之前，有必要先介绍一下湍流边界层中的壁温效应。van Driest 变换的速度绘制在图 5.18 中，结果表明，当壁冷却时，van Driest 变换的主流速度甚至更高。正如前面在比较 Schlatter 和 Örlü 的 DNS 数据中分析的那样，这种差异是各种壁温下壁面摩阻系数不同而引起的。在图 5.18(b) 中，我们可以看到，在不同的壁温下，速度的发展趋势存在明显差异。无论壁面是加热还是冷却，在贴近无滑移壁面处都具有相似的速度剖面。但是在更上层，壁加热/冷却确实对湍流边界层的发展有很大影响。在湍动能占据主导的区域，壁加热促进了外层的动量交换。而动量交换以及不同的湍动能强度对应着湍流边界层中结构的不同演化，下面将对此进行讨论。

图 5.19 所示为不同壁温下的时均速度云图。分离区的差异显而易见。显然，壁加热可以显著增强入射激波与湍流边界层之间的相互作用。分离点向上游移动，

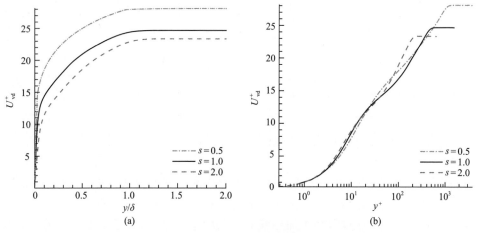

图 5.18　不同壁温下的边界层法向时均速度分布

(a) 无量纲高度为 y/δ；(b) 无量纲高度为 $y^{+[5,6]}$

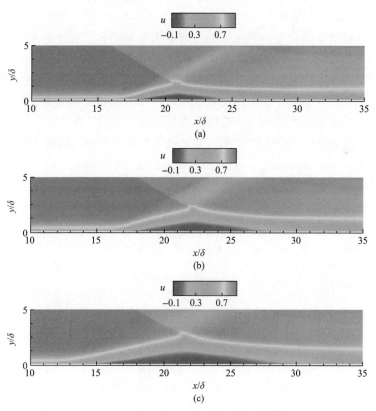

图 5.19　不同壁温下的时均速度云图

(a) $s=0.5$；(b) $s=1.0$；(c) $s=2.0^{[5,6]}$

而再附点向下游移动。加热壁下分离区的尺寸在各个维度上都显著放大。值得注意的是，壁面冷却无法使分离区全面收缩。尽管冷却壁面算例下的再附点位于更上游，但分离点与参考算例相比几乎没有差异。如上所述，壁温升高时，壁面摩阻变小。而入射激波产生的逆压力梯度保持不变。总体而言，在壁面摩阻和逆压力梯度的共同作用下，加热壁上的流动更易于分离，而壁面冷却会稍微削弱平面激波/湍流边界层干扰流场中的分离。壁面的异常高温会大大增加分离强度，改变流场性能，从而对飞行器造成巨大破坏。分离区的规模还受到湍流从分离泡中所带出的流体以及通过再附点进入分离泡的低速流体的影响，分离泡的这种一增一减的质量交换被称为分离泡的呼吸作用。分离泡的呼吸作用表明，进入气泡的流体等于在动量交换过程中与湍流作用下由核心流带出的流体，这种动态平衡维持着分离泡的尺寸。这也解释了加热壁下更大尺寸的分离泡的存在机制，在加热壁上湍流的动能要高得多，以将更多的流体带出分离泡。另外，更小的壁面摩阻导致壁面附近更多的流体被推入分离泡中。不管是流出还是流入的流体质量，都远高于绝热壁以及冷却壁面。

图 5.20 显示了不同壁面温度下的雷诺应力分量分布，通过主流参数对变量进行归一化，以比较其在不同温度下的绝对值。当壁温升高时，雷诺应力分量增加，这意味着湍流中的动量交换更强。壁面冷却时，雷诺应力减弱。同时，壁温越高，应力分量的最大值越接近壁面，表面壁面加热时湍流的影响逐渐贴近壁面。在不同的壁温下，湍动能遵循相同的趋势。在对分离强度的影响方面，通过壁面参数归一化的雷诺应力显然更值得参考。由壁面参数计算出的雷诺应力分布如图 5.21 所示。其分布规律受壁温的影响与主流参数无量纲下的规律相反。通过壁面参数归一化的应力随着壁温的升高而变小。考虑到分离首先发生在壁附近，因此通过壁面参数进行的归一化在解释分离泡的尺度变化方面是可靠的，这也与分离更容易在湍动能较低的边界层中发生相一致。

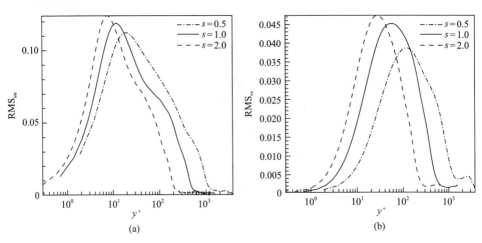

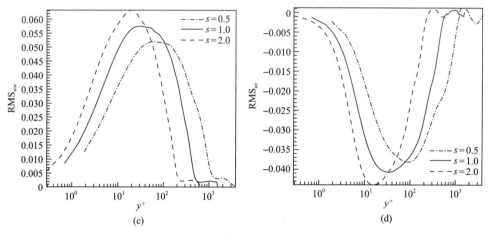

图 5.20　主流参数无量纲下的雷诺应力分量分布图

(a) uu；(b) vv；(c) ww；(d) uv[5,6]

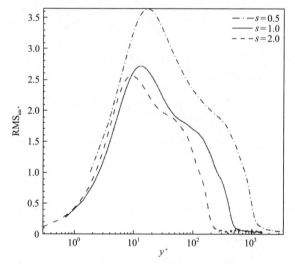

图 5.21　壁面参数无量纲化的雷诺应力分量分布图[5,6]

图 5.22 显示了在不同壁温下的流向摩阻系数分布。由于入口激波的存在，入口附近的摩阻系数出现下降再回升的过程，然后随着湍流边界层的演化发展到稳定状态。在图 5.22 (b) 中绘制了不同壁温下 $x/\delta = 10$ 处 (边界层充分发展区域) 的摩阻系数。平板上不同壁温的下的摩阻系数值分布接近一条直线。显然，当壁面冷却时，摩阻系数增加。这与不同壁温下的速度分布一致。摩阻系数由黏性系数和速度梯度共同决定。当壁温升高时，近壁涡结构的运动发展被加速，该运动导致湍动能增加，进一步促进湍流边界层内动量交换，结果导致上层的速度梯度得到增强。另外，在不同壁温下，主流流动速度和壁面速度保持相同。结果，当壁加

热时,近壁速度梯度减小。尽管黏性系数较高,但加热壁上的摩阻系数仍会降低。从图 5.22(a)中还可以看出,分离区的规模随壁温的不同而变化。表 5.5 给出了不同壁温下分离泡的定量数据。随着壁面冷却,分离泡略微收缩,随着壁加热,分离泡明显增大。

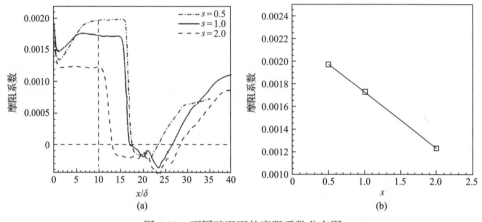

图 5.22 不同壁温下的摩阻系数分布图

(a)流向摩阻系数分布; (b) $x/\delta = 10$ 处摩阻系数分布[5,6]

表 5.5 不同壁温下分离点、再附点及分离泡数据[5,6]

壁温	x_s/δ	x_r/δ	L_s/δ
$s = 0.5$	17.6	23.5	5.9
$s = 1.0$	17.1	26.8	9.7
$s = 2.0$	13.1	28.6	15.5

5.3.2 不同壁温下流场瞬态结构及分析

图 5.23 所示为 xz 平面瞬时速度切片云图,以阐明壁温对近壁湍流结构的影响。切片在 $y/\delta = 0.02$ 处提取,离壁面距离较近。在该区域内,壁附近的带状涡流开始向复杂的三维结构演变,动量交换得到加强。上层中的高动量流体将低动量流体带到较高位置,同时也有高动量流体进入近壁区域。湍流边界层内部的这种动量交换产生相间的条带结构,如图 5.23(a)所示。当壁温变化时,这些近壁条带结构呈现出不同特征。壁面冷却时,近壁条纹趋向于更长,并且更稳定,这样的结构可以在流场中保持更长的时间。相反,加热壁面上的条带结构显然更加不稳定,流向尺寸更短,意味着其更快地向三维复杂涡结构演化。

为了进一步评估湍流特征和结构演变,对不同壁温湍动能方程各项进行了统计计算,结果均由壁面参数无量纲化。图 5.24 所示为 $x/\delta_i = 10$ 处各能量项分布图。

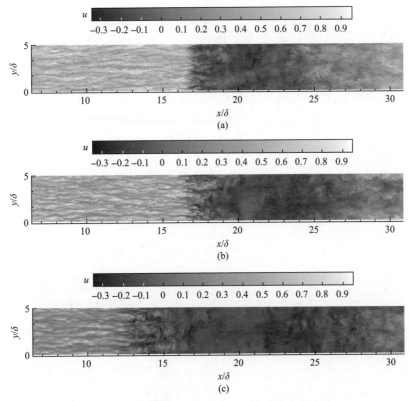

图 5.23　不同壁温下展向平面上的瞬时速度云图
(a) s=0.5；(b) s=1.0；(c) s=2.0[5,6]

在边界层的大部分区域，湍动能生成项与黏性耗散项相平衡。而在黏性层中，湍动能生成项较小，黏性耗散项与扩散项相平衡。湍动能生成项在加热壁和冷却壁中均被放大，Zhu 等[7]的论文也得到了类似的结果，但是没有对加热/冷却壁下不同能量项进行比较和分析，进一步分析壁温效应内在机制。由于加热/冷却壁上的壁温与流场滞止温度不匹配，内层（$y^+ < 10$）的扩散项和黏性耗散项均得到增强。与绝热壁下较弱的对流相比，加热/冷却壁面下的对流项也被放大。尽管湍动能方程各项的大小不随温度变化而遵循线性定律，但随着温度的升高，能量项分布更接近壁面。这意味着加热壁面可加速近壁相干结构的发展，这与前面观察得到的不同壁温下近壁条带结构特征相吻合。

图 5.25 中显示了流向截面瞬时温度云图，以对比加热/冷却壁中湍流边界层和平面激波/湍流边界层干扰流场的差异。在湍流边界层中，大尺度的相干结构在加热壁上更容易分解成小尺度涡。这个过程与湍流强度密切相关，湍动能在大尺度拟序结构破裂成小涡的同时被放大。这与图 5.20 显示的雷诺应力分布图结果一致，湍动能随壁温的升高而增加，湍动能的最大值出现在更加靠近壁面的位置。当壁

温升高时，分离泡的尺寸明显增加，壁面温度较高时尤为显著，且分离激波要强得多。在激波与湍流边界层的相互作用区域中，湍流边界层内拟序结构被压缩抬升到更高的高度，同时强度也得到增强。为了分析壁温效应对流场拟序结构的影响，采取涡显示技术对不同壁温下的流场结构进行可视化，如图 5.26 所示。其中涡特征量的计算方式如下：

$$M_{ij} = \sum_{k=1}^{3} (\Omega_{ik}\Omega_{kj} + S_{ik}S_{kj}) \tag{5.6}$$

$$S_{ij} = \frac{1}{2}\left(\frac{\partial u_i}{\partial x_j} + \frac{\partial u_j}{\partial x_i}\right) \tag{5.7}$$

$$\Omega_{ij} = \frac{1}{2}\left(\frac{\partial u_i}{\partial x_j} - \frac{\partial u_j}{\partial x_i}\right) \tag{5.8}$$

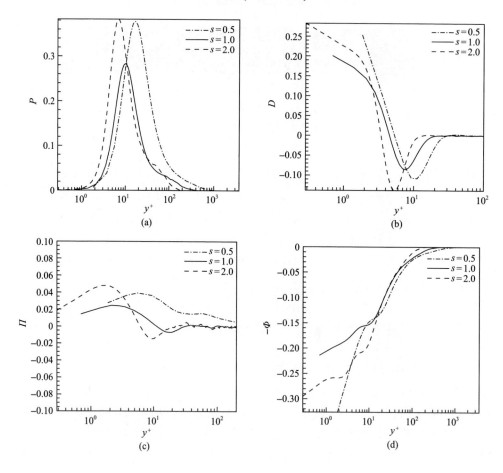

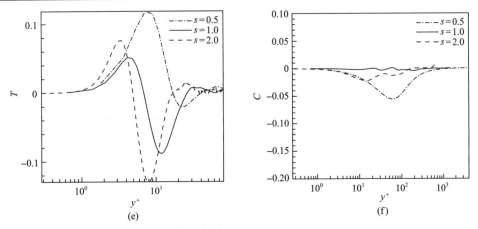

(e)

图 5.24　不同壁温下边界层充分发展区湍流能量项分布

(a)生成项；(b)扩散项；(c)压力膨胀和扩散组合项；(d)黏性耗散项；(e)输运项；(f)对流项[5,6]

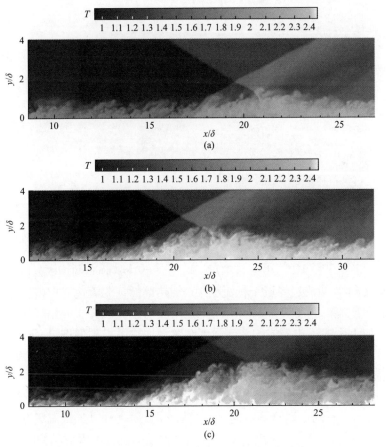

图 5.25　不同壁温下的流向截面瞬时温度云图

(a)s=0.5；(b)s=1.0；(c)s=2.0[5,6]

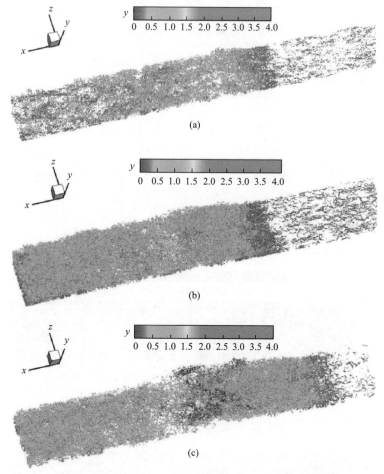

图 5.26　不同壁温下的流场涡量图 (法向距离着色)[5,6]
(a) s=0.5；(b) s=1.0；(c) s=2.0

λ_2 是 3×3 矩阵 M_{ij} 的第二特征量，以 $\lambda_2 = -0.1$ 绘制涡结构图。在不同壁面温度下的平面激波/湍流边界层干扰流场中，加热壁面下湍流边界层内拟序结构得到增强，表明湍流得到了放大，同时湍流在激波与湍流边界层的相互作用区域被迅速放大。如上所述，边界层的湍流强度在壁面加热下得到促进，而在冷却壁面下降低。另外，随着壁温的升高，分离泡的规模变大。这些因素共同导致平面激波/湍流边界层干扰流场中相干结构的发展差异。

平面激波/湍流边界层干扰流场下游再附区域的流动特性也受壁温的影响。图 5.27 显示了不同壁温流场下的速度等值 ($u/U_\infty = 0.45$) 三维流场图。在再附过程中可以发现沿流向的大尺度涡对结构，这种反向旋转的涡对结构被称为 Görtler 涡。超声速湍流边界层在压缩过程中存在类似的涡结构，这种大尺度涡结构对流场的湍流特性显然有不可忽视的影响，值得深入研究。平面激波/湍流边界层干扰流场后的再附过程也是一个典型的压缩过程，并有再附激波的存在。从图中可以看出，随着壁面温度的升高，流向涡对尺度增大、强度增加。这也验证了再附区湍流强度随壁面温度升高而显著增加的结果。不同壁面温度下分离泡尺度的显著差异，意味着再附过程中压缩强度以及逆压力梯度的不同，最终导致 Görtler 涡在不同壁面温度下呈现出不一样的特性。当壁面温度升高时，Görtler 涡的尺度明显增加，并且其在展向方向上的分布范围更广，这也与加热壁面下湍流相干结构发展过程被加速的结论相符合。

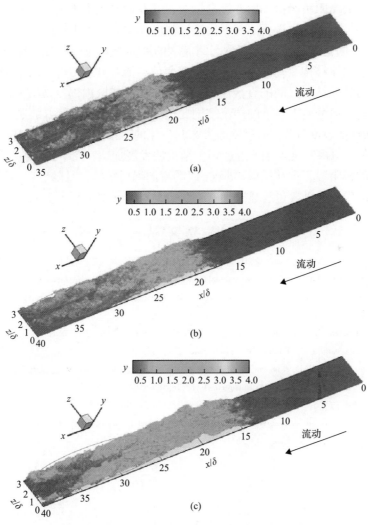

图 5.27　不同壁温流场下的速度等值三维流场图

(a) s=0.5；(b) s=1.0；(c) s=2.0[5,6]

5.4 本章小结

本章介绍了平面激波/湍流边界层干扰流场的结构。以数值仿真方法为主，阐述了不同干扰强度以及不同壁面温度下的平面激波/湍流边界层干扰流场时均和瞬态流场结构，以及流场的脉动统计特性，主要结论如下。

(1)终止于边界层声速线附近的入射激波使得边界层迅速增厚且壁面附近出现回流区，导致上游分离激波的产生。随着入射激波强度的增大，回流区尺度显著增大，壁面摩阻负峰值幅度亦逐渐增大；并在此基础上确定了干扰区起始点到压力梯度的极小值点为流场中与干扰激波强度无关的自由干扰区。

(2)流场瞬态分离流结构和瞬态回流区的展向覆盖范围随分离强度的增大而增长。流场湍流结构变化的主导因素是壁面分离流及其上层剪切层结构的演化，而非激波与湍流结构之间的直接作用。尽管流场分离区内部呈现出大尺度的展向非均匀结构，但分离点附近的湍流结构变化仍然呈现出相对较好的展向均匀性。

(3)随壁面温度升高，通过壁面参数归一化的雷诺应力和湍动能变小，壁面摩阻系数降低，分离程度增加，近壁相干结构的发展加速；在平面激波/湍流边界层干扰流场的再附段，存在类似 Görtler 涡的流向涡对结构，且随着壁面温度升高，流向涡对的发展及破碎过程显著加速，与边界层壁面附近现象类似。

参 考 文 献

[1] 王博. 激波湍流边界层相互作用流场组织结构研究[D]. 长沙: 国防科技大学, 2015.

[2] Marusic I, Mathis R, Hutchins N. Predictive model for wall-bounded turbulent flow[J]. Science, 2010, 329: 193-196.

[3] Humble R, Elsinga G, Scarano F, et al. Three-dimensional instantaneous structure of a shock wave/turbulent boundary layer interaction[J]. Journal of Fluid Mechanics, 2009, 622: 33-62.

[4] Ganapathisubramani B, Clemens N, Dolling D. Effects of upstream boundary layer on the unsteadiness of shock-induced separation[J]. Journal of Fluid Mechanics, 2007, 585: 369-394.

[5] Zhu K, Jiang L X, Liu W D, et al. Wall Temperature effects on shock wave/turbulent boundary layer interaction via direct numerical simulation[J]. Acta Astronautica, 2021, 178: 499-510.

[6] 朱轲. 激波/湍流边界层干扰流场分离及控制问题研究[D]. 长沙: 国防科技大学, 2021.

[7] Zhu X K, Yu C P, Tong F L, et al. Numerical study on wall temperature effects on shock wave/turbulent boundary-layer interaction[J]. AIAA Journal, 2017, 55(1): 131-140.

第 6 章　受扰动的超声速湍流边界层

射流与突起是超声速流场中最常见的边界层扰动因素。横向射流使得湍流边界层被截为两部分，汇合于射流后缘并碰撞产生复杂波系，它们将耦合并共同作用于湍流边界层；另外，突然出现在超声速寂静来流中的钝体也会导致边界层内湍流度、温度、压力、热导率等参数变化，突起与超声速湍流边界层相互作用往往会引起激波边界层干扰、湍流边界层再层流化、边界层分离等复杂流动问题。

由于射流与突起对超声速流场的扰动的产生方式和作用机理不同，湍流边界层厚度、涡结构、湍流度、换热系数等变化趋势也有所差异。那么，上述两种典型受扰动湍流边界层中，受扰机制是否具有一定相似性，本章将进行阐述。

6.1　受横向射流影响的湍流边界层

在存在横向射流的流动问题中，湍流边界层的状态会受到射流的显著影响。刘源[1]通过 PIV 技术提取边界层内定量信息，通过 NPLS 观察垂直和平行于壁面多个切面的流场细节，并使用油流法获取湍流边界层近壁面处流动特征，辅以 RANS 仿真补充受射流影响的边界层时均流场信息。Sun 等[2]通过 DNS，研究了横向射流作用下超声速边界层的湍流状态，充分展现横向射流对湍流边界层产生的重要影响，并对射流在边界层内产生回流区等结构的影响范围得出预测结论。

6.1.1　实验与数值模拟设置

1. 实验模型与工况

这里射流相关实验均在马赫数为 2.95 的静风洞中展开，实验平台详见 2.2.1 节所述。令喷孔中心为坐标原点，建立笛卡儿坐标系，x 轴方向为超声速自由来流方向，y 轴方向为平板法向，z 轴方向为展向。在距离实验模型前缘 10mm 处设置转捩带，并在喷孔与实验模型前缘间预留 250mm 长发展段，使转捩后的边界层发展充分。实验段入口参数为自由来流速度 $U_\infty = 605\text{m/s}$ ，总温 $T_0 = 300\text{K}$ ，总压 $P_0 = 101325\text{Pa}$ ，在距离喷孔上游 5mm 处，通过 PIV 技术测量得到的边界层厚度（边界层中速度达到主流速度 99%的位置距离平板的距离）为 6.0mm，对应的基于边界层厚度的雷诺数 $Re_\delta = 3.8 \times 10^4$ ，超声速来流具体参数见表 6.1。位移厚度 δ^* 与动量厚度 θ 可通过以下公式求出：

$$\delta^* = \int_0^\delta \left(1 - \rho U / \rho_\infty U_\infty\right) \mathrm{d}y \tag{6.1}$$

$$\theta = \int_0^\delta \rho U / \rho_\infty U_\infty \left(1 - U / U_\infty\right) \mathrm{d}y \tag{6.2}$$

其中，湍流边界层密度 ρ 可使用克罗科-布泽曼 (Crocco-Busemann) 关系式估算：

$$\frac{\rho}{\rho_w} = 1 + \left(\frac{T_{aw}}{T_w}\right)\frac{U}{U_\infty} - \frac{\gamma - 1}{2} Ma_\infty^2 r \frac{T_\infty}{T_w}\frac{U^2}{U_\infty^2} \tag{6.3}$$

式中，下标"aw"表示绝热壁面；γ 为比热比，$\gamma = 1.4$；r 为恢复因子。

表 6.1　自由来流边界层参数[1,3-5]

参数	Ma_∞	U_∞ /(m/s)	δ /mm	δ^* /mm	θ /mm	T_∞ /K	Re_δ	Re_θ
数值	2.95	605	6.0	1.5	0.3	105.1	3.8×10^4	1.9×10^3

由于平板边界层内压力变化不大，根据空气定压比热 $C_p = 4.7 \times 10^2 \mathrm{J/(kg \cdot K)}$，王前程[6]通过 van-Driest 壁面热力关系式估算得风洞工作 60s 时实验件表面温度降低 3.4K，变化幅度较小，故认为壁面温度保持恒定。可估算得摩擦速度 U_τ，进而由 $\tau_w = \bar{\rho}_w U_\tau^2$ 可得壁面剪切应力 τ_w。

射流喷孔通过平板下方管路与上游气源相连，其间设置压力调节阀控制射流喷注压力，从而控制射流/来流动量比。实验中使用氮气 (N_2) 作为喷注物来模拟乙烯 (C_2H_4)，喷孔直径 $d = 2\mathrm{mm}$，具体参数见表 6.2，下标"j"表示射流。可见，射流/来流动量比 $J = \rho_j V_j^2 / \rho_\infty U_\infty^2$ 选取为 2.3～28.9，ρ_j、V_j 为射流密度和速度，对应射流雷诺数 $Re_j = U_j d / \nu_j$ 为 6.6×10^4～8.3×10^5，d 为射流孔直径，ν_j 为运动黏性系数。

表 6.2　射流参数[1,5]

射流/来流动量比 J	射流马赫数 Ma_j	总温 T_{0j}/K	总压 P_{0j}/kPa	雷诺数 Re_j
2.3	1.0	300	110	6.6×10^4
5.5	1.0	300	259	1.6×10^5
7.7	1.0	300	375	2.3×10^5
11.2	1.0	300	525	3.2×10^5
16.0	1.0	300	750	4.5×10^5
20.6	1.0	300	967	5.9×10^5
28.9	1.0	300	1354	8.3×10^5

2. 数值模拟算例设置

整体计算网格尺寸为 $160mm \times 90mm \times 60mm$ ，采用结构网格，壁面与喷孔处采取加密处理，如图 6.1 所示。具体网格参数见表 6.3，数值计算入口参数设置与实验中自由来流工况一致，见表 6.1、表 6.2。

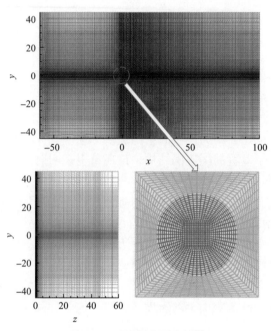

图 6.1　网格划分示意图[1]

表 6.3　网格参数表[1]

参数	N_{total}	N_x	N_y	N_z	Δ_x^+	Δ_y^+	Δ_z^+
数值	约 510×10^4	420	90	135	$20 \sim 40$	$0.3 \sim 50$	$20 \sim 50$

数值模拟中来流与射流入口选取压力入口，出口设置为压力出口；由于实验过程中壁面温降较小，壁面选取绝热、无滑移壁面条件；其余网格边界选取压力远场边界条件，参数与来流一致。

6.1.2　射流流场实验观测

1. NPLS 可视化密度场

NPLS 基于瑞利散射可以反映出流场中的密度信息[6]，在刘源[1]的实验中用于流场观测的射流内未加入纳米粒子，因此射流核心处图像灰度值不可用来反映当地密度变化。在射流边缘，射流羽流与主流掺混，动量交换会使得主流中纳米粒子进入到射流羽流，这一现象可用于评估射流掺混过程。

图 6.2、图 6.3 给出了射流/来流动量比 J 分别为 20.6、7.7 和 28.9 情况下的超声速来流中横向射流的 NPLS 瞬态图像。其中 $z=0$mm 剖面上的时空分辨率为 0.0259mm/pixel，$y=2$mm 和 4mm 剖面上的时空分辨率分别为 0.0332mm/pixel 和 0.0344mm/pixel。分别观察不同射流/来流动量比条件下的 NPLS 瞬态图像可得：不同射流/来流动量比仅改变射流流场中波系结构位置与强度及射流羽流大尺度涡的尺度特征。

在图 6.2(a)中，流向切面($z=0$mm)内可清晰地观测到大尺度涡[7]、弓形激波和分离激波[8]以及射流上游湍流边界层，射流下游湍流边界层与射流羽流的相互作用后结构亦清晰可辨。在射流的下游，出现了一块具有较高亮度的尾迹涡区域，它是超声速来流经过射流分割后绕流到射流后壁面所带来的，Fric 和 Roshko[7]通过烟线法证明了来流边界层为尾迹涡结构提供了速度支撑。两股主流在经过绕行后撞击在一起形成了垂直的尾迹涡结构，该现象也表明射流与超声速来流湍流边界层产生剧烈作用。

在平行于壁面方向，获取 $y=2$mm 与 4mm 两个截面上的流场图像信息，如图 6.2(b)和(c)所示。在射流上游，湍流边界层遭遇射流后产生了显著变化，自由来流与射流撞击产生弓形激波，引起湍流边界层分离，在该处诱导产生马蹄涡；在马蹄涡下游，边界层被射流分割为两部分，绕行至后方撞击产生碰撞激波与尾迹涡。对比 $y=2$mm 与 4mm 处流场图像，$y=4$mm 截面上的碰撞激波更清晰且空间尺度小于其在 $y=2$mm 截面上的尺度。说明在这两个截面上，该处流动处于超声速状态，而且碰撞激波具有强烈的三维特性。另外，在射流区域有一块涡结构较小的区域(图 6.2 的虚线框内)，此处湍流结构的变化与激波的产生说明此处湍流特性发生了明显改变。

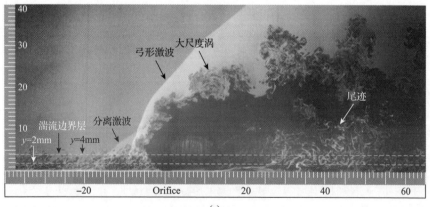

(a)

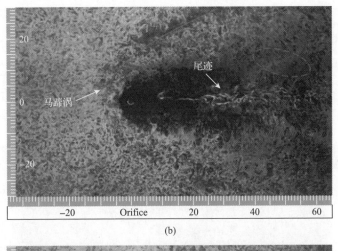

(b)

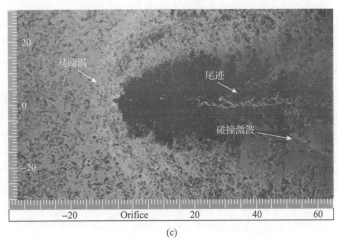

(c)

图 6.2　受射流影响的湍流边界层结构 (J=20.6)

(a) z=0mm 截面；(b) y=2mm 截面；(c) y=4mm 截面[1,3-5]。Orifice 表示射流孔，也是 x=0 位置

2. 瞬态速度场与涡量场

由 NPLS 直接观测到的信息多为定性的，而 PIV 实验可对所得定量信息进行提取并处理。在 NPLS 实验时，射流内增加粒子将很大程度上影响观测，而 PIV 实验中如果射流内无粒子将导致在主流无法混入的射流核心区域出现速度信息丢失。为更好地获得流场定量信息，刘源[1]的 PIV 实验中在射流内加入少量纳米粒子。

图 6.4、图 6.5 给出了平板横向射流流向中心截面的合速度值与各分量速度分布，为了更好地展示射流结构信息，又能保留部分瞬态特征，图中展示的速度场由 10 张瞬态速度场平均所得。如图 6.4 所示，两个工况的合速度值分布均显示超

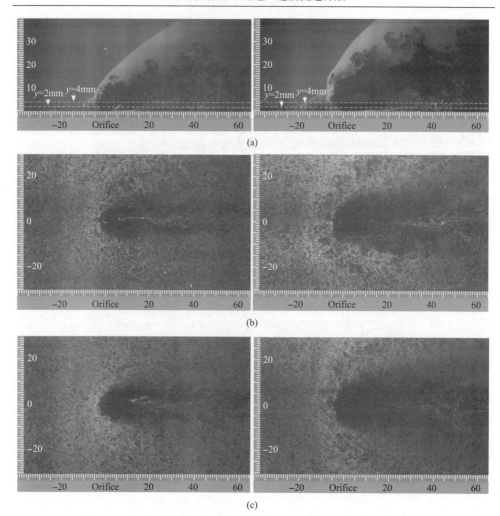

图 6.3 受射流影响的湍流边界层结构(左列 J=7.7，右列 J=28.9)

(a)z=0mm 截面，(b)y=2mm 截面，(c)y=4mm 截面[1,4-6]

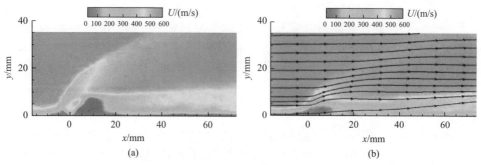

图 6.4 平板横向射流流向中心截面 PIV 瞬时合速度值分布

(a)J=20.6；(b)J=7.7[1]

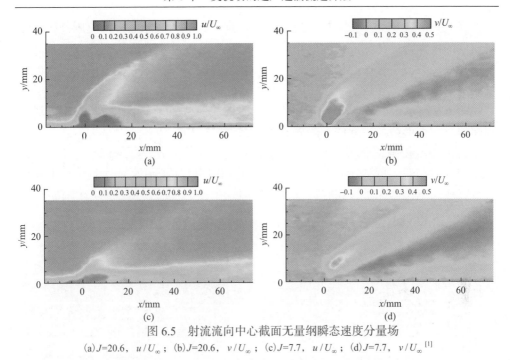

图 6.5　射流流向中心截面无量纲瞬态速度分量场

(a)J=20.6，u/U_∞；(b)J=20.6，v/U_∞；(c)J=7.7，u/U_∞；(d)J=7.7，v/U_∞ [1]

声速来流在遭遇射流后速度急剧下降，并在射流下游逐步恢复。在射流尾迹区内，速度值远低于超声速来流主流。在距离喷孔较近的射流上下游区域内，可观察到两个速度值接近 0 的低速区域。

　　对比图 6.4(a)与图 6.2(a)，发现射流与自由来流碰撞产生的弓形激波使得 y=10mm 以上区域内主流速度骤降。在射流尾迹区内，边界层内速度较低的流体被抬升，射流羽流则向下进入边界层内，羽流与边界层之间速度差所引起的剪切作用促使大量尾迹涡产生于尾迹区，并在射流核心区域下游与边界层之间形成一个低速区。在喷孔上游与下游近壁面区域内速度信息缺失，表示此处存在两个回流区，即射流前端回流区与下游回流区。前者已被大量文献所证实[8,9]，该分离区产生于弓形激波与边界层分离导致的分离激波之间。

　　图 6.4(b)给出了射流流向中心截面处的流线图，在边界层以上区域，主流被射流向上抬升，在经历一段时间发展后又逐步向下运动。边界层内，流体被缓慢抬升，向上与射流进行掺混。此处尾迹区内流线信息证明主流边界层为尾迹涡的产生提供了动力支撑。

　　图 6.5 给出射流中心截面的无量纲瞬态速度分量场，图中不同射流/来流动量比速度分量场的差别仅存在于弓形激波强度与低速区范围。如图 6.5(a)和(b)所示，射流的阻碍作用导致了主流流向速度在射流核心区域附近明显减小，射流的抬升作用使得主流在此处产生法向速度，但流向速度的降低远大于法向速度的提

升，因此整体表现为图 6.4 中合速度值的下降。与之相似的是，射流尾迹区内流向速度的极大降低与法向速度的小幅提升表现为合速度值的大幅下降。但不同的是，在弓形激波主导区与尾迹区之间的区域，主流流向速度的逐步恢复与法向速度的反向加速合力导致了该区域内合速度值的提升。

图 6.6 展示了射流/来流动量比为 7.7 时的展向截面无量纲标量瞬态速度场，同样地，在弓形激波引起的马蹄涡分离区与尾迹区内，流体速度呈现下降趋势。图 6.6(b) 中流线信息显示，主流边界层被射流分为两部分，并绕行至射流后缘，在尾迹区内相遇。两部分流体在射流后的碰撞作用产生了图 6.3(b) 中的 V 形碰撞激波，成为尾迹区内主流速度下降主要诱因。

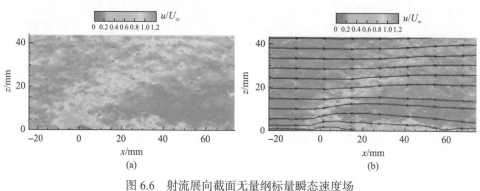

图 6.6　射流展向截面无量纲标量瞬态速度场

(a)J=7.7, y=2mm；(b)J=7.7, y=4mm[1]

图 6.7、图 6.8 分别给出了两种不同工况下的射流展向截面速度分量场，两个截面位置为 y=2mm 与 4mm，在来流未接触射流前，该位置位于湍流边界层内，速度值变化不大。当来流边界层遭遇射流后，在马蹄涡分离区内，主流流向速度 u 急剧减小，展向速度 w 获得正向加速，但展向速度增幅远小于流向速度降幅，故呈现出图 6.6 中合速度值的减小；在尾迹区内，流向速度减小，展向速度反向增大，最终合速度值也呈下降趋势。对比图 6.7 与图 6.8 可得：较大射流/来流动量比射流带来的流向减速与展向加速效应强于小射流/来流动量比射流。这是因为大射流/来流动量比射流具有较大的射流核心以及较大的质量流率，在与主流作用后可以产生更大的流向逆压力梯度与展向压力梯度。

综上，在马蹄涡分离区内，流向速度 u 大幅降低，法向速度 v 和展向速度 w 获得提高，最终体现为合速度值的降低；在射流尾迹区内，u 减小，w 和 v 增加，体现为合速度值减小，相应表示马赫数降低。

当湍流边界层与射流相互作用时，边界层内涡结构将发生变化。图 6.2 中，NPLS 结果显示湍流边界层在马蹄涡分离区内涡结构细小化，在尾迹区内大量尾迹涡产生。边界层脱离马蹄涡分离区影响后，涡结构大量减少，甚至出现没有观

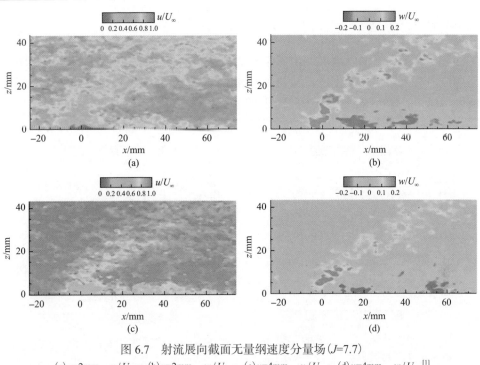

图 6.7　射流展向截面无量纲速度分量场(J=7.7)

(a)y=2mm，u/U_∞；(b)y=2mm，w/U_∞；(c)y=4mm，u/U_∞；(d)y=4mm，w/U_∞ [1]

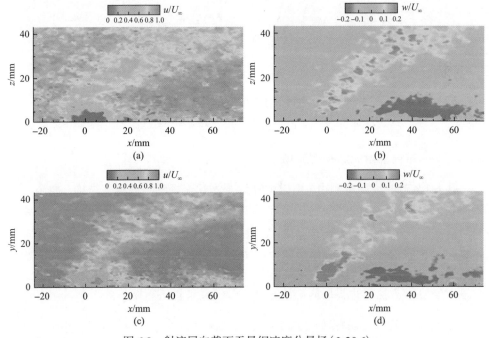

图 6.8　射流展向截面无量纲速度分量场(J=20.6)

(a)y=2mm，u/U_∞；(b)y=2mm，w/U_∞；(c)y=4mm，u/U_∞；(d)y=4mm，w/U_∞ [1]

察到涡结构的区域。

图 6.9 给出了 PIV 所得的两个不同位置（$y=2mm$ 与 $4mm$）的展向截面瞬态无量纲涡量场，图中可清晰地观测出涡结构在马蹄涡分离区内变得尺度小且数量多，尾迹区内有大量尾迹涡生成。从两个不同工况下的涡量场发现，在马蹄涡下游射流区域内，较大 J 工况中涡结构减小程度和范围远大于较小工况，实际上，在 $J=7.7$ 时，该区域内并未观察到明显的涡结构减小。

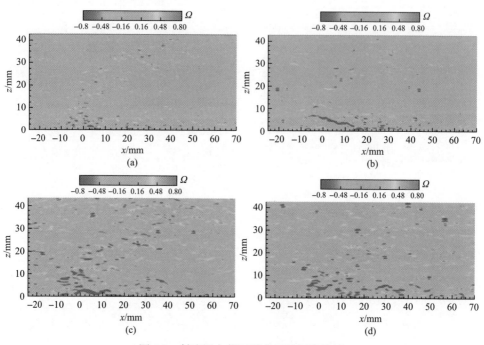

图 6.9　射流展向截面瞬态无量纲涡量场

(a)$J=20.6$, $y=2mm$；(b)$J=20.6$, $y=4mm$；(c)$J=7.7$, $y=2mm$；(d)$J=7.7$, $y=4mm$[1]

6.1.3　边界层内部射流结构与流场

在 6.1.2 节的流场观测中，可以清晰地观测到流场的一些瞬态结构，如湍流边界层与射流相互区内的马蹄涡、尾迹涡结构、射流羽流的大尺度涡结构、分离激波与弓形激波组成的 λ 波系结构等。但碰撞激波较为模糊，射流中常见的马赫盘、桶状激波及桶状激波末梢的反射激波尚未观察到，而这些波系结构都将有可能对湍流边界层内的湍流特性产生较大影响，刘源[1]通过实验所得数据进行时间平均，并辅以 RANS 方法对边界层内部波系结构及流动特性进行阐述。

1. 波系结构与流动特性的实验观测

图 6.10 所示为 $J=7.7$ 与 $J=20.6$ 两个工况下不同展向截面的 NPLS 平均图像（约

300 幅图像平均），图中灰度值可反映当地的密度变化。平均图像中可以清晰地观测到马蹄涡分离区以及尾迹涡主导区。J=7.7 时，在尾迹区内一系列碰撞波产生于射流下游，J=7.7 时，该波系由于碰撞强度减弱未被观测到。对比图 6.10(a) 与 (b)，y=2mm 截面中碰撞波系所占区域面积大于其在 y=4mm 截面中的面积，再次证明了碰撞波系具有强烈的三维特性。

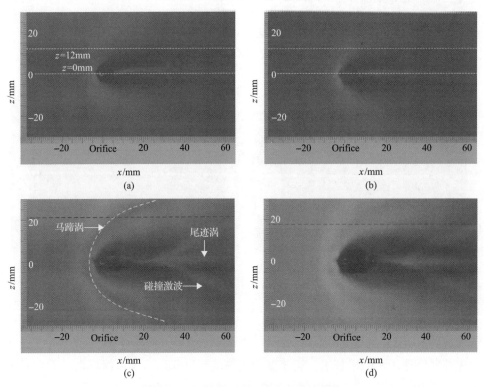

图 6.10　射流展向截面 NPLS 平均图像

(a)y=2mm，J=7.7；(b)y=4mm，J=7.7；(c)y=2mm，J=20.6；(d)y=4mm，J=20.6[1,3-5]

图 6.11 展示了图 6.10 所对应的 NPLS 灰度图的均方根图，其中波系结构信息与图 6.10 中所观察到的现象具有一致性。ρ_{rms} 可用来反映流场中的密度脉动，尾迹区与马蹄涡分离区由于有大量的涡结构生成而处于速度脉动值较高的区域，即灰度图中亮度较高的区域，也表示来流边界层在流经这些区域时会获得湍流度的提升。通过 NPLS 瞬态、平均和均方根图像可以观察到边界层内波系结构。

油流法可以有效地帮助获得边界层内壁面附近的流动特征，为研究边界层内射流与边界层之间的相互作用提供一种方法。此外，在实验过程中油流对边界层内流体的流动所产生的影响较为微小[10]。由于油流图像是经历一段有效流动时间

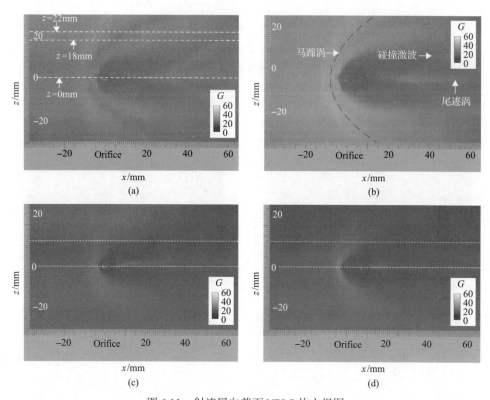

图 6.11　射流展向截面 NPLS 均方根图

(a)y=2mm，J=7.7；(b)y=4mm，J=7.7；(c)y=2mm，J=20.6；(d)y=4mm，J=20.6[1,3-5]。G 为 NPLS 灰度值均方根

后形成的，因此图像显示信息具有时均特性。实验中，将 TiO_2 均匀地混合于润滑油内部并涂抹于实验平板上，由于壁面流体的黏性作用，油膜缓慢移动并在实验件表面留下摩擦力迹线。从摩擦力迹线图 6.12(a)中可以通过油流迹线的发散与聚集清晰地分辨出再附区与分离区。在图 6.12(a)的放大视图中，可以观察到一个 V形分离区，该分离区分为上下两个对称的倾斜部分(填充覆盖区域)。在图 6.12、图 6.13 中，J=20.6、J=7.7、J=28.9 三个工况下的油流迹线图中，均可观察到分离区内部相似的流动特征，此处以射流/来流动量比为 20.6 为例进行阐述。图 6.12(a)中白色虚线所包围的部分流线呈发散状态，为再附区；在射流 V 形分离区下游部分，分离线终结于 V 形线，在此处之后油流迹线不再朝向来流反方向，如图中箭头簇所示，定义此点为分离区终点。在分离区终点之后的 V 形线周围，油流迹线方向一致，由于此处碰撞激波的作用，V 形线外侧流体与内侧流体产生速度差，导致此处出现滑移线。在激波结构上，源于马赫盘末梢的反射激波[11]在边界层内与碰撞激波相交，并进行相互作用。

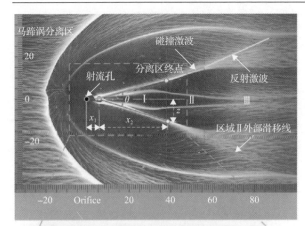

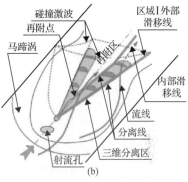

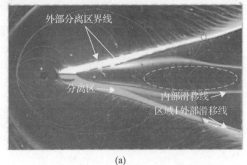

(a)

图 6.12　受射流影响的边界层内流动信息

(a)壁面油流迹线图(J=20.6)；(b)射流结构示意图[1,4-6]

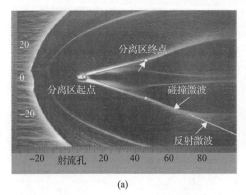

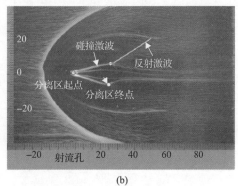

(a)　　　　　　　　　　　　　　　　　(b)

图 6.13　射流分离区油流迹线

(a)J=28.9；(b)J=7.7[1,5]

通过油流图与 NPLS 图所展示的信息，图 6.12(b)给出了边界层内尾迹区结构和流动示意图。碰撞激波产生于绕行至射流桶状核心之后的超声速来流边界层的碰撞面。由于射流背风区分离泡的产生，碰撞后来流体也被分离泡所阻挡，最终形成一个半锥形的激波面。碰撞激波所导致的分离区在展向上延伸至射流。在倾斜的 V 形分离区下游，越过分离区的来流边界层流体在此进行再附。

将射流后的尾迹区分为三部分，如图 6.12(a) 所示。区域 I 为碰撞激波所主导的 V 形分离区，区域 II 为分离后再附流动与碰撞激波共同主导区，区域 III 为大量滑移线出现的射流主流高效混合区及逐步脱离射流强激波结构影响的恢复区。在区域 II，脱离分离区的流体在此进行再附，速度梯度产生于尾迹流与来流边界层之间。此处有两种类型的滑移线，第一种是前面所提到的分离区终点之后，伴随着碰撞激波所产生的外部滑移线 I；第二种是产生于射流尾迹再附流体与越过 V 形分离区的流体接触面的内部分离线。在区域 III，反射激波接替碰撞激波继续在边界层内产生速度梯度，新的滑移线伴随着反射激波产生，称之为外部滑移线。这些滑移线周围，射流与来流边界层充分进行动量交换、燃料空气混合，产生较大的湍流脉动，并在区域 III 之后部分产生了一个脱离射流强激波结构影响的恢复区。

2. 波系结构与流动特性的数值模拟

由于实验中较弱的激波结构以及三维流场信息难以捕捉，接下来将通过数值模拟对实验中未观测的切面信息以及小工况中未显示的激波结构进行阐述。

图 6.14 展示了 $J = 20.6$ 和 $J=7.7$ 工况下的流向中心截面马赫数云图，并标识了相应流线及内部流场结构，不同工况下马赫数云图的区别主要存在于激波强度、马赫数峰值、射流核心区域和尾迹区尺度。图中不仅显示了 NPLS 实验中观测到的弓形激波、反射激波和上游边界层等结构信息，也观测到了射流前端分离区、下游分离区、滑移线、马赫盘、桶状激波等结构。图中三条滑移线从马赫盘一直延伸到下游流场，从上至下三条滑移线产生的诱因分别为射流上边界与主流速度差、射流下端与主流速度差以及射流尾迹与边界层之间的速度差。数值上，弓形激波后与尾迹区内马赫数明显降低，这与 PIV 测速实验所得结论一致。

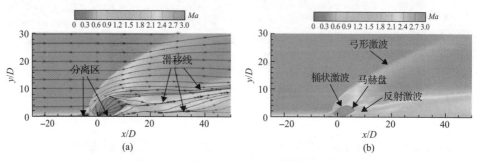

图 6.14　射流流向中心截面马赫数云图

(a) 马赫数云图和流线图 ($J=20.6$)；(b) 流场内各结构标识图 ($J=7.7$)[1]

图 6.15 给出图 6.14 所对应截面的密度云图，更为清晰地反映了激波结构，马赫盘上端一条反射激波沿着远离壁面的方向逐步耗散，并未进入边界层。提取 $u/U_\infty = 0$ 曲线并绘制于密度云图中，该曲线可用来代表此处分离区尺度信息。$J = 20.6$ 工况中实线显示范围明显大于 $J = 7.7$ 工况，说明分离区尺度与 J 呈正相关。在射流背风区，由于下游分离区在中心切面所占面积较小而未被明显展现出。

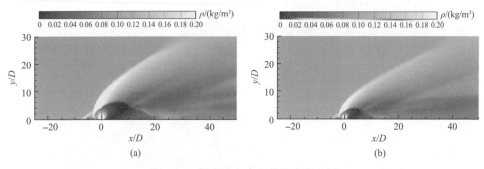

(a)　　　　　　　　　　(b)

图 6.15　射流流向中心截面密度云图
(a) $J=20.6$；(b) $J=7.7$[1]

为了更好地了解边界层内流体流动信息，提取马赫数为 1.4 的切面(用当地距离壁面的无量纲距离标示)，并提取 $y/D = 0.3$ 截面上的流线(用当地马赫数标示)覆盖在马赫数切面上，绘制于图 6.16(a)。图 6.16(b)更换了马赫数截面与流线的

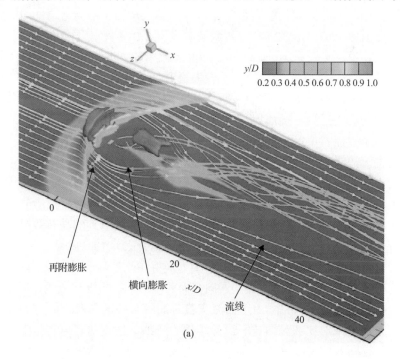

(a)

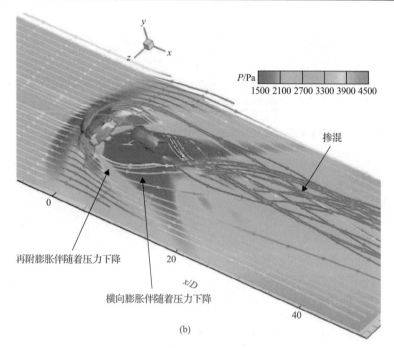

图 6.16　射流附近流场三维流线云图

(a)壁面无量纲距离标示等马赫数截面；(b)压力参数标示等马赫数截面[1]

标示方法，用压力参数替代壁面距离标示等马赫数截面，用当地与壁面的距离标示流线。在射流上游弓形激波与分离激波主导区，由于激波作用，当地流体马赫数明显降低，反映在图中为 $Ma=1.4$ 的截面高度在此处明显提升。同样等马赫数(1.4)截面在 V 形分离区附近也得到了较大提升。

　　在射流附近区域，边界层内流体被射流分割为两部分，越过马蹄涡分离区后有一个向下的再附过程。距离射流较近的一部分流体在射流进行膨胀，流线变得稀疏并绕行至射流背风区碰撞产生分离泡，最后被抬升与射流进行混合，形成射流流线与主流边界层流线交错掺杂的现象；而距离射流较远的流体，经过再附后恢复流动方向流向下游。在此过程中，射流近侧边界层流体马赫数在马蹄涡分离区附近减小，在再附过程与膨胀过程中获得提升，最后在流经碰撞激波与反射激波主导区后又重新减小。以上过程中，图 6.16(a)中所观测到的马赫数提升与降低分别对应于图 6.16(b)中的膨胀(压力减小)与压缩(压力增加)过程。

　　厘清射流附近边界层内流动信息后，接下来将在此基础上对边界层内三维激波结构进行阐述。图 6.17 展示了不同展向截面的马赫数、密度和流线特征，同时用 $u/U_\infty=0$ 曲线标示了分离区。由于油流实验时油膜有一定厚度，取 $y/D=0.08$[1] 的截面流线信息来对比油流图(图 6.13)摩擦力迹线，发现仿真与实验中流动信息较为一致。在图 6.17 中，多个界面内均可容易观察到碰撞激波与反射激波，碰撞

激波在壁面附近诱导产生了一个 V 形分离区，反射激波在 V 形分离区下游与碰

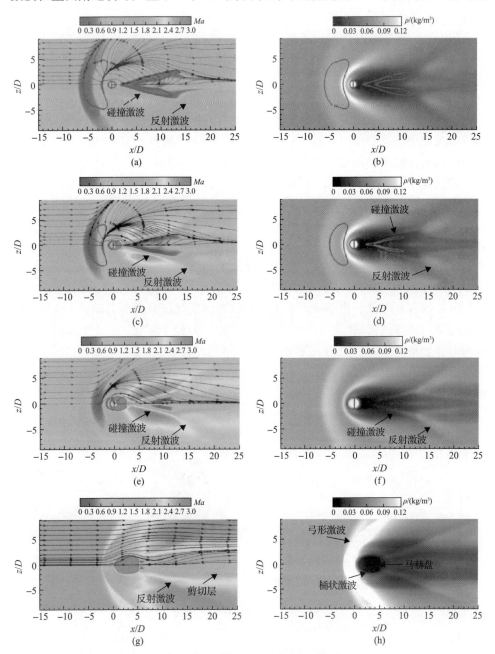

图 6.17　J=7.7 下射流展向截面马赫数与密度云图

(a) y/D=0.08，马赫数云图；(b) y/D=0.08，密度云图；(c) y/D=0.2，马赫数云图；(d) y/D=0.2，密度云图；(e) y/D=0.5，马赫数云图；(f) y/D=0.5，密度云图；(g) y/D=3.5，马赫数云图；(h) y/D=3.5，密度云图[1]

撞激波相交。当观测切面从壁面附近（$y/D = 0.08$）到远离壁面（$y/D = 0.5$）时，射流后分离区的尺度大幅度减小，直至消失。

NPLS 图像中所观察到的碰撞激波具有较强的三维特性，其所诱导产生的分离区也具有极强的三维特性；另外一个特征是碰撞激波与反射激波的相交位置逐步前移。在 $y/D = 0.08$ 到 $y/D = 0.2$ 截面，射流附近流线在分离区附近回流；在 $y/D = 0.5$ 截面，射流附近流线越过分离区，在斜形分离区下游进行再附；而在 $y/D = 3.5$ 截面上，流线特征变化显著，受射流膨胀加速的影响，来流绕行至射流背后尚未碰撞就获得反向展向速度，故在此截面上碰撞激波消失而未被观察到，碰撞激波仅存在于距离壁面较近位置。

通过提取 $u/U_\infty = 0$ 的三维截面可得到三维分离区型面，用当地与壁面的无量纲距离标示后，绘制于图 6.18（a）中。射流前端分离区分为两部分，距离喷孔较近的锥面分离区较小，远端分离区尺度较大。射流下游由碰撞激波引起的 V 形分离区在流向上尺度最大，由两个对称的分离翼组成，分离翼之间为再附区。为了更清楚地介绍分离区内流体组成，更改分离区染色方式为喷注物乙烯组分染色，如图 6.18（b）所示。由乙烯组分分布可发现，射流前端分离区分为两个极端，较大的一部分乙烯含量极低，推断此部分主要是由来流边界层分离所引起的，而另一部分中乙烯组分含量极高，可达到 0.9 左右，此部分分离区则是射流受超声速来流作用部分燃料滞止所形成的。在喷孔下游 V 形分离区内，乙烯组分含量适中，属于三部分分离区中最适合燃烧的一部分，Gruber 等[12]认为射流后分离区内燃料驻留是燃烧室内火焰闪回的主要诱因。

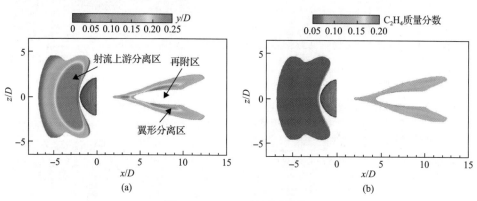

图 6.18　$J = 7.7$ 下射流分离区

（a）分离区由与壁面距离染色；（b）分离区由喷注物质量分数染色[1]

图 6.19 给出了油流迹线与数值模拟的分离区展向尺度对比图，图中点线所表示的分离区内外边界提取于图 6.13 中的 $J = 7.7$ 工况，实线所示为数值模拟中 $y/D = 0.08$ 切面上的分离区展向分布边界，对比结果表明数值模拟结果与油流实

验结果符合较好。

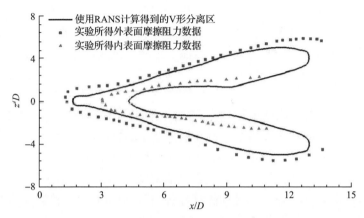

图 6.19　$J=7.7$ 下射流分离区油流迹线与数值模拟展向尺度对比图[1]

　　至此，射流与超声速来流边界层相互作用的波系三维结构与流动特征已基本明晰，如图 6.20 所示。在射流上游，来流边界层受射流核心阻碍作用产生弓形激波，致使边界层内部压力梯度改变，进而引起边界层分离，涡结构细小化并出现马蹄涡型分离区，最终在边界层分离区前端产生分离激波。分离激波在边界层上方与弓形激波面相交，产生类似于 λ 型的激波系。在喷孔下游，射流脱离喷孔后快速膨胀，与来流相互作用后形成桶状激波面，与此同时边界层内流体被射流核心分割为两部分后绕行至射流背风区产生碰撞激波，碰撞激波与来自桶状激波尾部马赫盘末梢的下行反射激波相交，这些复杂激波面构成了射流下游波系。在流

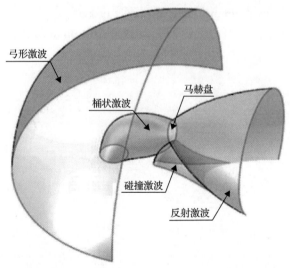

图 6.20　射流与超声速来流边界层相互作用结构示意图[1,5]

动上，超声速来流边界层流体被射流分割成两部分后，各自越过马蹄涡分离区后进行再附膨胀与横向膨胀，两部分流体中距离射流较近的部分流体绕行后碰撞产生碰撞激波，后此部分流体被抬升与射流进行混合并流向远场，距离射流较远处的流体绕行后遭遇碰撞激波，继而直接流向远场，进入恢复区。

6.1.4　边界层湍流特性

在 6.1.2 节的实验流场观测与 6.1.3 节的边界层内流动特性阐述中，得到一些可能给受射流影响的边界层湍流特性带来变化的特征，如激波结构、膨胀过程、再附与分离过程等。由于 NPLS 实验中射流内未加入粒子，射流核心附近区域 NPLS 图像灰度值为 0 的区域不能代表当地密度变化信息；而距射流核心区域足够远处，射流羽流与来流边界层掺混使得该处灰度值可有效反映当地的密度变化。

结合以上信息，在 $J = 20.6$ 工况下，选取 y 为 2mm 和 4mm 截面上 z 为 18mm 和 22mm 位置处的曲线信息研究射流边界层内湍流变化，提取 $z=0$ 位置处曲线数据研究射流尾迹区内湍流特性。其中 z 为 18mm 和 22mm 位置均经过图 6.2(b) 和 (c)所观察到的边界层结构减少区域，同时相较于 $z=22$mm 位置，$z=18$mm 在后端将经过碰撞激波系与反射激波波系，此两个位置末端数据的数值变化可用来研究碰撞波系与反射激波波系对湍流度的影响。在 $J = 7.7$ 工况下，选取 y 为 2mm 和 4mm 截面上 z 为 12mm 和 0mm 位置，用来与 $J = 20.6$ 工况做对比研究，同样地，该工况下 $z=12$mm 位置处经过湍流结构减少区域，并遭遇碰撞激波系与反射激波波系。

基于图 6.10 和图 6.11 上的数值信息，图 6.21 给出了 y 为 2mm 和 4mm 截面上 z 为 18mm、22mm 和 0mm 位置处无量纲密度脉动 $\rho_{\mathrm{rms}} / \bar{\rho}$（以下用密度脉动表示）曲线，图 6.22 给出了对应截面上 z 为 12mm 和 0mm 位置处密度脉动曲线，图 6.21(c)中不可信区域已通过虚线框标示。

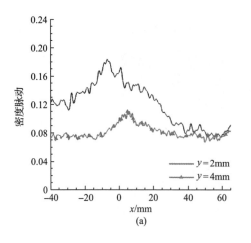

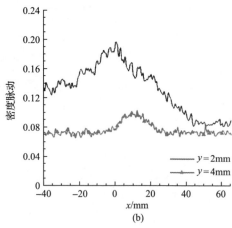

(a)　　　　　　　　　　　　　　　(b)

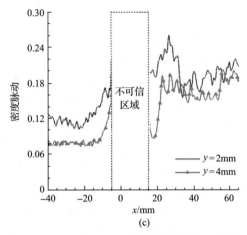

图 6.21　展向 y=2mm 与 4mm 平面上的密度脉动曲线(J=20.6)
(a)z=18mm；(b)z=22mm；(c)z=0mm[1,3-5]

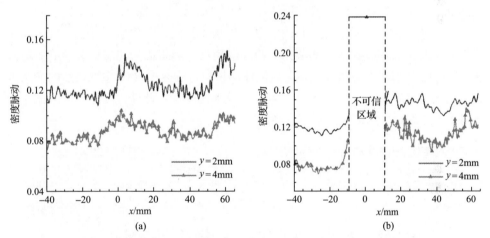

图 6.22　展向 y=2mm 与 4mm 平面上的密度脉动曲线(J=7.7)
(a)z=12mm；(b)z=0mm[1,4-6]

　　结合 NPLS 图 6.2 和图 6.21 发现，在射流区域(z 为 18mm 和 22mm)，密度脉动的峰值出现在马蹄涡分离区，之后其数值进入急速下降期，不同的是 z=18mm 曲线在后半段有一个密度脉动提升过程，这表示在该位置湍流度有一个先增强后急速减小再增加的过程。对比相同展向位置处不同截面上的密度脉动发现，密度脉动衰减区域内 y=4mm 截面上的衰减幅度远小于 y=2mm 截面，表明在射流区域内，与壁面较远处截面密度变化感受性小于较近截面。在 z=0mm 处，两个不同截面上的密度脉动在射流下游区域均远强于上游自由来流区域的现象，揭示着射流下游区域内湍流度的极大提升，而射流下游内碰撞激波的产生(图 6.2(b)与图 6.12)和大量尾迹涡结构的生成(图 6.2(a))对此次提升起到关键作用。

对比图 6.21(a)与图 6.22(a)发现：相同截面下，即使在距离射流更近位置处
(z=12mm)，J=7.7 工况下密度脉动衰减幅度与峰值仍小于 J=20.6 工况(z=18mm)，
证明了射流边界层湍流度受大射流/来流动量比射流的影响远大于小射流/来流动
量比下所受影响。在 z=0mm 位置处射流尾迹区内，此结论同样成立。在射流下
游区域，J=7.7 工况较 J=20.6 工况拥有更早的密度脉动回升起始位置，即小工况
下湍流边界层将更早地流经碰撞激波系与反射激波波系所在区域。

为了更好地理解射流湍流衰减过程，补充 z 为 18mm（J = 20.6 工况）和 12mm
（J = 7.7 工况）处流向 NPLS 瞬态流场，如图 6.23、图 6.24 所示。在图 6.23 的局
部放大图中，可以清晰地观测到此处湍流边界层所流经的 λ 波系。在 λ 波系的交
叉点，一道由射流边缘与超声速来流的速度差所引起的滑移线产生于此处。在射
流上游区域，由于距离壁面不同位置处边界层所受 λ 波系逆压力梯度影响的感受
性不同，距离壁面较近位置处的低动量流体向上运动，较远处的高动量流体向壁
面运动，受剪切作用的影响，边界层内涡结构破碎成较小涡团，见图 6.23、图 6.24。
在射流下游区域，一道明显的再附波系可以被观测到，边界层厚度也呈现先减小
后增加的趋势，减小是因为边界层脱离了马蹄涡分离区内边界层提升影响后的恢
复作用，提升则是由马蹄涡分离区后流体的再附过程与图 6.16 中观察到的膨胀过
程引起的，在此过程中涡结构逐步恢复为较大涡团。在此处边界层厚度的减小为
图 6.2 中湍流结构的减少提供了有力解释。

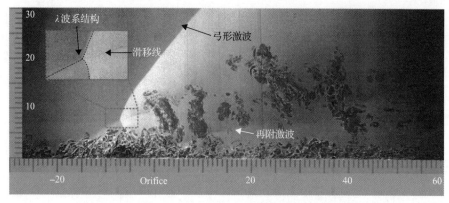

图 6.23　J=20.6 工况下 z=18mm 流向截面 NPLS 瞬态图[1,3-5]

由于不同射流/来流动量比下，受射流影响的湍流边界层的变化仅体现在强
度以及变化的起始位置上，之后的阐述以 J = 20.6 工况为基础展开。基于射流密
度脉动值的变化，再次观察 J = 20.6 条件下的油流图像，并将射流区域分为三个
区域，如图 6.25 所示。

图 6.24　J=7.7 工况下 z=12mm 流向截面 NPLS 瞬态图[1,3-5]

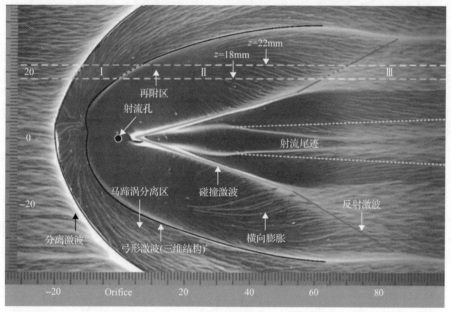

图 6.25　J=20.6 工况下壁面油流迹线图[1,3-5]

　　由图 6.25 可见，区域 I 主要由马蹄涡分离区构成，由弓形激波与分离激波所主导。区域 II 内摩擦力迹线分离，由马蹄涡分离区后再附区和膨胀区主导。区域 III 由反射激波与碰撞激波波系主导，其内摩擦力迹线再次聚集，相互交错，表征此处湍流脉动增强。在喷孔下游的尾迹区内，射流的摩擦力线在此聚集并与射流流体相互作用，表示湍流度提升。此结构与图 6.21 中一致，都表征了当地湍流度的改变。

　　图 6.26 所示为 $J = 20.6$ 工况下在 y 为 2mm 和 4mm 截面瞬态涡量场上叠加速度脉动信息的云图，该信息量为二维向量，图中无量纲涡量 $\Omega_x d/U_\infty$ 可表示为

$$\frac{\Omega_x}{U_\infty / d} = \frac{d}{U_\infty}\left(\frac{\partial w}{\partial x} - \frac{\partial u}{\partial z}\right) \tag{6.4}$$

图 6.26 中高涡量区域主要集中在马蹄涡分离区与尾迹区，且在此处速度的展向行为尤为明显，这与这些区域内存在着大量的马蹄涡与尾迹涡有着密切关联，也表示这些区域内湍流度的提升。

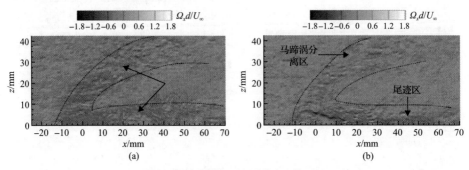

图 6.26　展向截面涡量分布（J=20.6）

(a)y=2mm；(b)y=4mm[1]

时均速度数据可以为阐述射流与边界层相互作用过程中产生的潜在结构提供有效支撑，y 为 2mm 和 4mm 截面上的流向时均速度 $\bar{u}/U_\infty$ 与展向时均速度 $\bar{w}/U_\infty$ 云图展示于图 6.27 中。从图中可以清晰地分辨出射流前马蹄涡分离区以及射流下

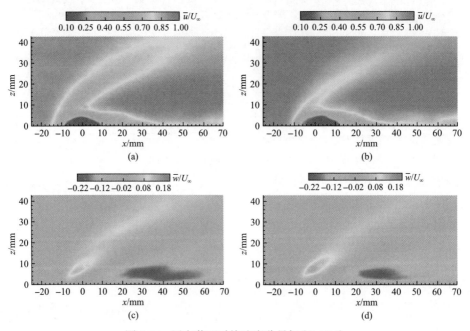

图 6.27　展向截面时均速度分量场（J=20.6）

(a)y=2mm，$\bar{u}/U_\infty$；(b)y=4mm，$\bar{u}/U_\infty$；(c)y=2mm，$\bar{w}/U_\infty$；(d)y=4mm，$\bar{w}/U_\infty$[1]

游尾迹区。在射流中心位置，流体成分主要由喷注物构成，速度值主要来源于法向初始喷注快速膨胀（图 6.27(d)），流向与展向速度较小，故此区域显示为低速区。

进一步提取时均速度信息，图 6.28 给出了 y 为 2mm 和 4mm 截面上不同展向位置处展向时均速度 $\overline{w}/U_\infty$ 和流向时均速度 $\overline{u}/U_\infty$ 曲线。在射流上游区域，超声速来流尚未接触声速射流，展向速度与流向速度仅进行小幅振荡。在图 6.28(a) 和(b)中，流向速度保持下降趋势直到流动脱离马蹄涡分离区。

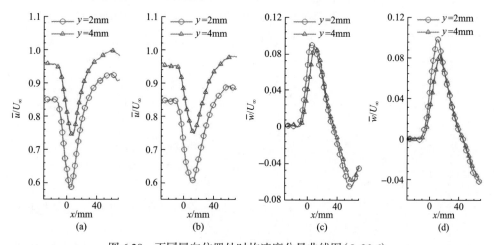

图 6.28　不同展向位置处时均速度分量曲线图（J=20.6）
(a)z=18mm，$\overline{u}/U_\infty$；(b)z=22mm，$\overline{u}/U_\infty$；(c)z=18mm，$\overline{w}/U_\infty$；(d)z=22mm，$\overline{w}/U_\infty$ [1,5]

结合图 6.16，此现象是由于在马蹄涡分离区内 λ 波系在此处产生了较强的逆压力梯度与压缩效应。紧接着流体越过马蹄涡分离区后的再附膨胀过程为流向速度带来了一个正向加速过程，叠加射流区域内的膨胀过程，流向速度最终达到较自由来流状态下该截面速度值更高的流态。正如在图 6.2 中观测到的现象，z=18mm 位置处流体在 x=58mm 附近遭遇反射激波，压缩效应与逆压力梯度造成了此处流体的流向速度再次减小。相同的现象在图 6.28(b)中未被观测到，因为 PIV 场观测范围内（24mm ≤ x ≤ 70mm），z=22mm 处流体未流经反射激波。在 y=4mm 截面上，射流流体的流向时均速度 $\overline{u}/U_\infty$ 已经接近甚至超过自由来流主流速度，证明此处速度边界层厚度减小。

图 6.25 中超声速横向来流被射流分割成两部分，每部分流体都获得了一个相应的顺压力梯度，导致流体在展向加速，并达到一定的展向速度值，其展向时均速度 $\overline{w}/U_\infty$ 的加速过程可在图 6.28(c)和(d)中观测到。在流体流经马蹄涡分离区后，受射流后类真空回流区与射流之间逆压力梯度的影响，展向时均速度 $\overline{w}/U_\infty$ 一直减速到零，继而获得反向加速拥有一个反向速度。而图 6.2(b)和(c)中流体在 x=58mm 位置附近遭遇反射激波，受激波压缩作用影响，$\overline{w}/U_\infty$ 的反向速度值减小。在

z=22mm 位置处，流体未受到反射激波影响，故相似现象没有展现在图 6.28(d)中。

　　图 6.29 所示为 y 为 2mm 和 4mm 截面上提取的 z 为 18mm 和 22mm 位置处的无量纲体积膨胀系数（$(\nabla \cdot U) \cdot \delta / U_{\infty}$）曲线。流体所经历膨胀与压缩区域可轻松通过无量纲体积膨胀系数的正负值分辨出。图中竖直虚线所标示的位置为图 6.28 中展向时均速度 $\bar{w} / U_{\infty} = 0$ 的点，该点刚好处于体积膨胀系数型线某一谷底位置。在 $\bar{w} / U_{\infty} = 0$ 点位之前，$\bar{w} / U_{\infty} > 0$，因此横向来流对流体起压缩作用，而之后展向时均速度 $\bar{w} / U_{\infty}$ 反向，不利于流体的膨胀过程，从而产生了体积膨胀系数型线上的波谷。在该点之前，膨胀过程由再附膨胀所主导，之后横向膨胀为主要驱动力。

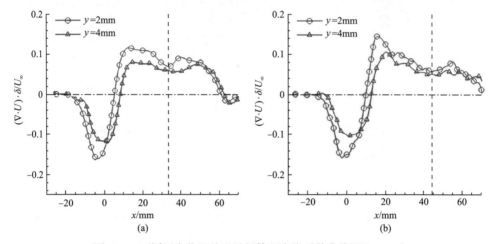

图 6.29　不同展向位置处无量纲体积膨胀系数曲线图（J=20.6）

(a)z=18mm；(b)z=22mm[1,5]

　　如图 6.29(a)所示，在 $x = -15 \sim 3$mm 处，来流边界层先经历了一个压缩过程，引起 $\bar{u} / U_{\infty}$ 的减小，这是边界层与 λ 波系相遇所导致的结果。在 $x = 3 \sim 58$mm 处，流体依次经历再附膨胀与横向膨胀过程，两个膨胀过程对 $\bar{u} / U_{\infty}$ 产生加速效应，而膨胀过程产生了展向逆压力梯度，最终将导致 $\bar{w} / U_{\infty}$ 减小。在 $x = 58 \sim 65$mm 处，边界层流体遭遇反射激波，压缩效应导致了流向时均速度与展向时均速度的减小过程。在图 6.29(b)所示的 z=22mm 处位置，相似现象没有出现。

　　由于法向速度分量 v 在展向截面中未能体现出，边界层内的湍动能在此处无法给出，因此采用参数 $u_{\mathrm{RMS}} / \bar{u}_{\infty}$、$w_{\mathrm{RMS}} / \bar{u}_{\infty}$ 以及 $-\overline{u'w'} / U_{\infty}^2$ 来阐述射流边界层的湍流统计特性。图 6.30(a)和(b)给出了 y 为 2mm 和 4mm 截面上 z 为 18mm 和 22mm 位置处的流向速度脉动分布。图中垂直虚线对应位置为图 6.28(a)和(b)中流向时均速度 $\bar{u} / U_{\infty}$ 的最小值处，而该位置恰好对应于流向速度脉动最大处，即流向速度在其数值最小时脉动最强。

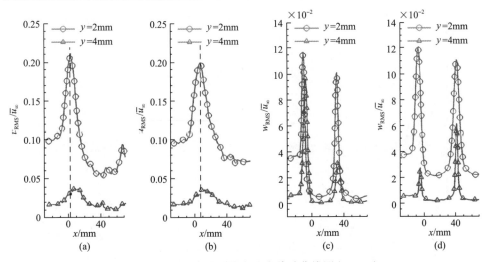

图 6.30　不同展向位置流向速度脉动曲线图(J=20.6)

(a)z=18mm，$u_{RMS}/\bar{u}_\infty$；(b)z=22mm，$u_{RMS}/\bar{u}_\infty$；(c)z=18mm，$w_{RMS}/\bar{u}_\infty$；(d)z=22mm，$w_{RMS}/\bar{u}_\infty$ [1,5]

作为边界层内流体速度分量最大的一项，流向速度的脉动能很好地反映当地的湍流度变化。在图 6.30(a)中，随着边界层发展，流向速度脉动 $u_{RMS}/\bar{u}_\infty$ 在 x=$-25\sim-15$mm 范围内维持较缓慢的增长，并保持较小的振荡。遭遇 λ 波系后，$u_{RMS}/\bar{u}_\infty$ 获得较大提升直到在 x=3mm 处达到最大值。之后 x=3~58mm 范围内受再附膨胀和横向膨胀过程的影响，$u_{RMS}/\bar{u}_\infty$ 下降到较当地截面自由来流边界层处更低的水平，表示此处湍流度可能已低于自由来流水平，也为该范围内边界层厚度低于自由来流边界层厚度提供了一种解释。在 x=58~65mm 处，碰撞激波再次增强了当地湍流度，流向速度脉动获得提升。除了 x=58~65mm 范围内的脉动增强外，z=22mm 处流体与 z=18mm 处流体有着相似的现象。

相应地，图 6.30(c)和(d)给出了 y 为 2mm 和 4mm 截面上 z 为 18mm 和 22mm 位置处的展向速度脉动($w_{RMS}/\bar{u}_\infty$)分布。从图中可以明显地区分出两个展向速度脉动峰值，对比图 6.25 和图 6.29，可以推断出第一个峰值是因为射流阻碍作用带来的压缩过程，第二个峰值对应马蹄涡分离区与射流尾迹之间的膨胀过程。展向速度脉动在 $\bar{w}/U_\infty$ 为零(图 6.28(c)和(d))时达到最大值，紧接着展向速度脉动随着展向速度的反向加速而逐步减小。

在展向 PIV 流场中，可以轻易获得 x 轴和 z 轴方向上的湍流速度分量 $u'=(u-\bar{u})/U_\infty$ 和 $w'-(w-\bar{w})/U_\infty$，从而可以计算出所在截面的无量纲雷诺应力 $-\overline{u'w'}/U_\infty^2$。$y$ 为 2mm 和 4mm 截面上 z 为 18mm 和 22mm 位置处的雷诺应力分布由图 6.31 给出。同样地，图中垂直虚线所代表的为 $\bar{u}/U_\infty$ 最小值处，而此处 $-\overline{u'w'}/U_\infty^2$ 和 $u_{RMS}/\bar{u}_\infty$ 的值最大，表示当地湍流度最强。

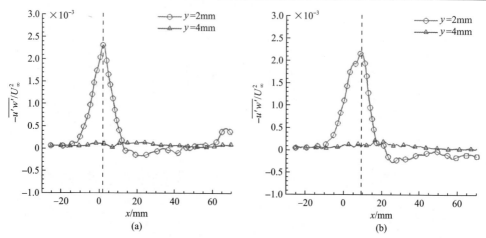

图 6.31　不同展向位置处无量纲时均雷诺应力曲线图(J=20.6)

(a)z=18mm；(b)z=22mm[1,6]

在图 6.31(a)中，受射流阻碍作用带来的压缩效应以及 λ 波系的影响，雷诺应力在 x=3mm 处达到最大值。在 x=58～65mm 处，流体遭遇反射激波而带来了湍流度提升。在图 6.30 与图 6.31 中，对比相同展向位置处不同截面上的速度脉动与雷诺应力变化可以发现，距离壁面较近截面(y=2mm)上的展向与流向速度脉动幅度和雷诺应力均强于较远截面(y=4mm)，再次印证了距离壁面较近截面对射流影响的感受性更强。

6.1.5　数值仿真结果

除了通过 RANS 得出受射流影响的边界层瞬时和时均流场信息外，还可以通过 DNS 研究横向射流作用下超声速边界层的湍流状态。Sun 等[2]的研究结果表明，在近壁区，随着射流周围横向边界层中射流/空气动量比的增加，湍流被显著抑制，且在下游恢复区一直为受抑制状态，局部边界层厚度在射流展向下游区域明显减小。本节将以此为依据开展数值仿真验证。

图 6.32 显示了 J=0、J=2.3 和 J=5.5 时一定的壁面无量纲距离(y/D=0.08 和 y/D=1.0)下的密度云图。图 6.32(a)中可以识别低密度(深色)和高密度(浅色)的条带。在射流喷孔上游平板的未扰动边界层中，条带沿流向发展。J=2.3 和 J=5.5 时，低密度条带结构聚集在射流上游的分离区域。在射流的侧面，条带被射流引起的弓形激波所切断。对于 J=2.3 和 J=5.5 两种情况，在射流横向分离区域下游，连续的条带结构大大减弱且近乎消失，同时密度增加(以灰白色显示)。图 6.32(b)中边界层与喷注射流周围气流碰撞并相互作用，其中的密度轮廓非常清晰。可以看出，λ 形分离区域受到限制，分离高度受到限制，因为在 y/D=1.0 时，分离高度显著降低。但该干扰作用仅存在于有限区域内，射流横向(z/D>3.0 或 z/D<-3.0)的高速

气流似乎不受影响。受扰动的气流落入再附区，经过一定距离后，条带结构在对称平面附近重新组织。

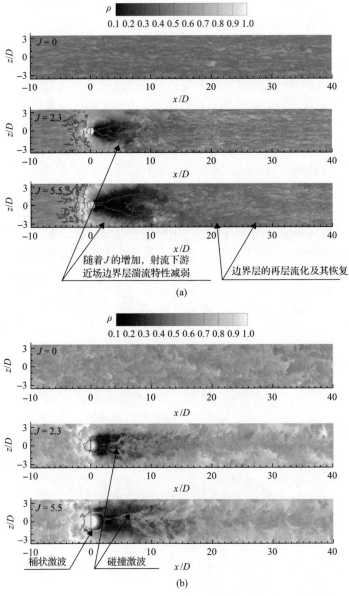

图 6.32　不同 J 下的密度俯视云图（实线代表 $u/U_\infty = 0$ 等值线）

(a) y/D=0.08；(b) y/D=1.0[2]

比较图 6.32(a)和(b)，特别是对于 J=2.3，表明在 y/D=0.08 时，条带结构比 y/D=1.0 更早恢复，这表明横向边界层内层的湍流比外层恢复得更快一些。而 J=5.5

和 J=2.3 之间的比较表明，高动量比 J 会导致对壁面边界层气流的强化抑制。对于 J=5.5，强化抑制导致主流处于弱湍流状态，即使在出口附近也没有完全恢复。对于 J=2.3 和 J=5.5 两种情况，碰撞冲击影响区域下游的中心区域似乎保持强湍流状态，因为条带结构丰富且呈波纹状。这一现象表明，射流对边界层的干扰作用导致边界层中局部湍流的放大。观察图 6.2、图 6.3 可得，图 6.32 反映了真实的流动特性，并揭示了模拟的有效性。

图 6.33 显示了由壁面无量纲距离着色的三维流场中流向速度的等值面。对于平板（J=0），我们可以清楚地看到 $u/U_\infty = 0.4$ 等值面中的经典细长流向涡流，其在整个计算域内始终保持相似的特性。对于 J=2.3 和 J=5.5 的情况，上游结构类似于射流上游的平板情况。但在下游，近壁条带发展成一种全新的图案，该图案表现出对条带结构的抑制，且这种现象在 J=5.5 的情况下尤为突出。远场中的湍流受射流附近湍流衰减效应的影响，较高的动量比 J 将导致更强烈的相互作用和更明显的湍流衰减，这需要更长的距离才能恢复。在中心线附近的射流背风区域，湍流不受抑制，因为射流与主流的相互作用增加了局部湍流强度，尤其是当碰撞激波与边界层产生强烈的相互作用时，更大范围的湍流强度呈现增强态势。

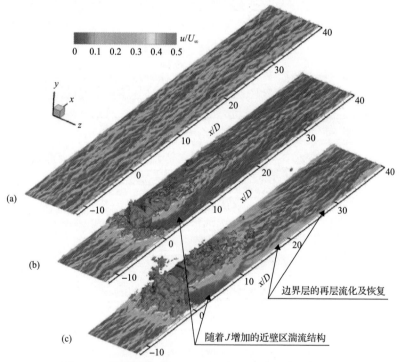

图 6.33　射流扰动边界层流向速度等值面（$u/U_\infty = 0.4$）

(a)J=0；(b)J=2.3；(c)J=5.5[2]

图 6.34 绘制了 J=5.5 时不同壁面无量纲距离(y/D=0.08 和 y/D=0.5)平面上的湍动能云图，显示了包括射流尾迹和远场在内的整个流场。可以看出，在 y/D=0.08 和 y/D=0.5 平面上，与上游的湍动能相比，射流前方分离区域的湍动能增加。在迎风分离泡的下游，湍动能显著降低；但在射流远场中，由于近场湍流的衰减效应，湍动能保持在较低水平。回流区内碰撞激波后的 λ 形分离区的湍动能具有较低的水平，而在 λ 形区域之外，由于激波与边界层的相互作用以及射流背风流的重新附着，湍动能明显增加。在 λ 形区域上方(y/D>0.5)，碰撞冲击和流动冲击的相互作用使得湍动能增强，而对于射流远场下游区域，中心线处的湍动能高于沿展向的湍动能。

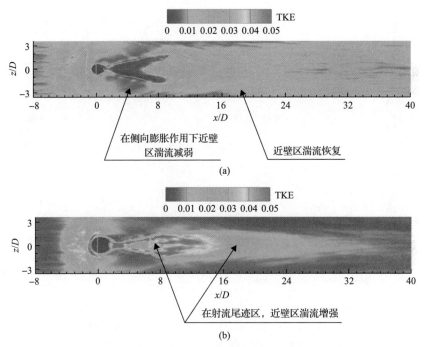

图 6.34　J=5.5 下不同壁面无量纲距离平面上的湍动能云图
(a) $y/D = 0.08$；(b) $y/D = 0.5$ [2]

在 $z \in [3.0D, 3.5D]$ 剖面上的特征湍动能沿流线方向的变化规律如图 6.35 所示，其中黑实线表示平板(无射流)的情况，与 J=2.3、J=5.5 两种射流情况进行比较。在 x/D=5.0 时，由于射流与边界层流动的强烈相互作用，两种射流情况下的湍动能都要高得多。当 x/D=20.0 时，湍动能持续减少，在内层和外层之间形成一个湍动能的"凹"形谷。尤其是图 6.35(d)中箭头所指的位置，上述这种现象更为明显，尽管边界层一直在恢复中。与平板情况相比，两种射流情况下的湍动能都增加了，这表明气流穿过射流迎风分离区后，近壁湍流仍保持在较高的水平。与平板情况相比，湍动能剖面图中的"凹"形谷非常清晰，这表明在内层附近存在显著的湍动能衰减。在外层，射流与边界层流动之间存在相互作用，局部湍动能值与平板情况有显著偏差。随着边界层的增长，由于喷孔附近湍流受到抑制作用，湍动能"凹"形谷延伸至外层。

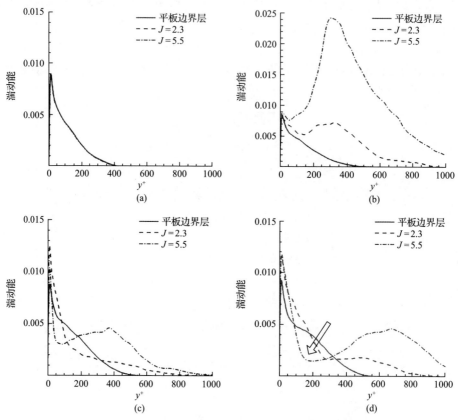

图 6.35　不同位置的 $z \in [3.0D, 3.5D]$ 特征湍动能剖面图

(a) $x/D=-10.0$；(b) $x/D=5.0$；(c) $x/D=20.0$；(d) $x/D=35.0$[2]

$x/D=35.0$ 处射流下游边界层中的湍动能在区域 $z \in [-0.5D, 0.5D]$ 上的平均值如图 6.36 所示，与平板相比，由于碰撞激波的相互作用和围绕射流的横向超声速流的冲击，湍动能保持在较高的水平。因此，在 $z \in [-0.5D, 0.5D]$ 区域内有大量湍流产生，较高动能的湍流旋涡在射流下游汇集。

图 6.37 给出了在 $x/D=10.0$ 处通过水平线 $y/D=0.5$ 的流线。可以发现围绕射流侧向的流线向射流背风面中心线聚集，靠近射流喷孔位置的流线在射流背风面产生倾斜和折叠。射流尾迹的流动表现出强烈的旋转，这是由射流背风面的 λ 形分离区上的气流再附引起的。激波和尾迹旋转涡共同作用，显著增大了边界层中的湍流强度，同时也导致了射流背风面的分离区下游和远场中的湍流脉动增强。

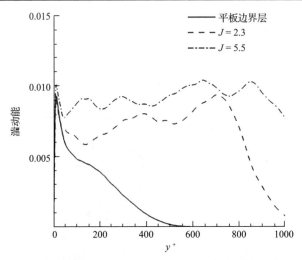

图 6.36 $x/D=35.0$ 处 $z \in [-0.5D, 0.5D]$ 区域内的特征湍动能剖面图[2]

综上所述，在近壁流动中，射流喷孔附近的湍流条带结构明显减弱而且该状态保持在射流侧面的下游恢复区域。边界层厚度随着射流展向下游的 J 的增加而显著减小。射流背风中心线附近区域的湍流强度由于射流与边界层的相互作用而放大。近壁区边界层中沿流向的湍动能分布显著降低，边界层外层中的湍流急剧衰减，并沿主流方向持续抑制。该现象阻碍了内层和主流之间的能量交换，并导致边界层内层的快速恢复和边界层外层的缓慢恢复。在远场边界层中，射流中心线的湍动能高于沿展向的湍动能，较高的动量比 J 导致下游更强烈的湍流抑制作用。

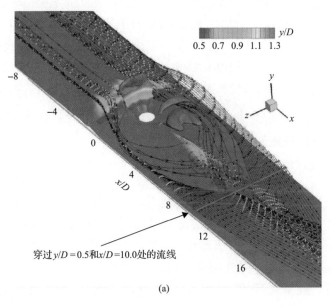

(a)

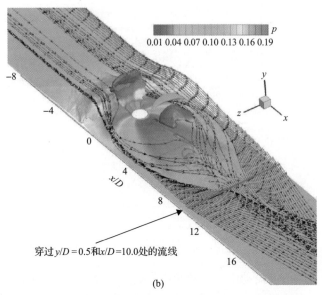

图 6.37　射流尾迹通过 x/D=10.0 和 y/D=0.5 的流线图
(a)壁面无量纲距离分布；(b)压力分布[2]

6.2　受圆柱突起影响的湍流边界层

作为典型边界层扰动案例，受柱形涡流发生器影响的湍流边界层通常被当作射流扰动边界层的对比研究对象。本节主要讲述的是圆柱绕流流向/展向截面处的湍流边界层状态变化规律。刘源[1]通过 PIV 提取边界层内定量信息，通过 NPLS 观察垂直于壁面以及平行于壁面多个切面的流场细节，使用油流法获取湍流边界层近壁面处的流动特征，并辅以 RANS 补充边界层时均流场信息，最终得到圆柱绕流对湍流边界层产生的重要影响，并预测出圆柱在边界层内的影响区域大小与所在位置。

6.2.1　实验与数值模拟设置

1. 实验模型

柱形涡流发生器相关实验均在马赫数为 2.95 的静风洞中展开(详见 2.2.1 节所述实验平台)，实验模型由一块 450mm 长平板与一个直径为 4mm、高为 20mm 的圆柱体组成，如图 6.38 所示。坐标系原点设置为圆柱体下缘中心点，其余设置及边界层的强制转捩方式与 6.1.1 节中相同。

实验中流场观测截面选取 y 为 2mm 和 4mm 的展向截面、z 为 0mm 和 12mm

的流向截面，相应截面上的空间分辨率详见表 6.4。

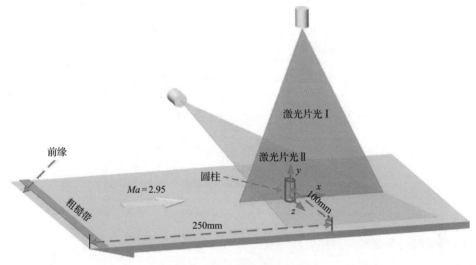

图 6.38　实验设置图[1]

表 6.4　实验观测详细参数[1]

截面位置/mm	观测区域/(mm×mm)	PIV 图像时空分辨率/(μm/pixel)	问询区尺度/(pixel×pixel)
$y=2$	1330×840	0.0336	64×32
$y=4$	1375×875	0.0350	64×32
$z=0$	829×527	0.0211	64×32
$z=12$	790×503	0.0201	64×32

2. 数值模拟设置

网格尺度与射流部分整体计算网格尺度相同，为 160mm×90mm×60mm，采用结构网格，由于圆柱体顶部会有前缘激波生成，在圆柱体顶部进行了加密处理，其余加密处理方式与射流部分相同，额外加密网格部分见图 6.39，总体网格数约 718 万个，网格参数见表 6.5。数值计算入口参数设置与射流实验中自由来流工况一致，见表 6.1 与表 6.2。边界条件设置上，自由来流入口选取压力入口，出口设置为压力出口，壁面条件选取绝热、无滑移壁面，其余边界条件选取压力远场。

表 6.5　网格参数表[1]

参数	N_{total}	N_x	N_y	N_z	Δ_x^+	Δ_y^+	Δ_z^+
数值	约 $718×10^4$	440	102	160	20~40	0.2~50	20~50

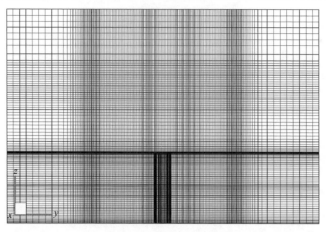

图 6.39　网格划分示意图[1]

6.2.2　受圆柱影响的边界层流场观测

1. NPLS 瞬态密度场

图 6.40 给出了直径 D=4mm、高度 H=20mm 圆柱影响下超声速来流边界层的 NPLS 瞬态图像，各截面上的时空分辨率已由表 6.4 给出。在流向中心截面中，圆柱上游和下游湍流边界层清晰可见，主流流体受柱形扰流器作用在圆柱下游形成大量尾迹涡结构，这里的涡结构分为两部分：一部分是主流绕行至圆柱后，碰撞产生压力梯度而诱导产生的平行于壁面的流向尾迹涡结构；另一部分则是受碰撞压力梯度与主流湍流边界层双重作用的垂直尾迹涡结构。相对于垂直尾迹涡结构，流向尾迹涡结构表现为低密度区。在圆柱上游，一道极强的弓形激波被观测到平行于圆柱中心线，考虑到圆柱顶端极强的反光会对相机造成不可逆伤害，柱形顶端及以上主流区域未纳入观测平面。

图 6.40(b) 和 (c) 给出了平行于壁面受圆柱影响的边界层瞬态流场结构，由于圆柱的不可透光性，在圆柱下侧展向区域形成了一块不可观测区域。在 y=2mm 与 4mm 截面中，由弓形激波诱导产生的马蹄涡结构形成于圆柱上游，马蹄涡分离区内涡结构较自由来流边界层内的涡结构的表现更加细小化、繁多化，表示湍流度在此处可能提升。在圆柱下游近场区域内，可观测到圆柱背后有一块亮度极低的黑色尾迹区域，表明该位置可能存在粒子含量较低的回流区，此后该部分流体不断与湍流边界层相互作用并在远场区域发展为尾迹涡结构，此现象在 y=4mm 截面上更为明显。观察 y=4mm 展向截面，另外一个明显的特征是在圆柱下游区域有一道明显的激波，这是由主流被圆柱分割成两部分后，各部分流体绕行至圆柱下游碰撞而产生的，在此处定义为碰撞激波。假定两部分流体的碰撞接触面为壁面，各部分流体在接触该壁面后进行再附膨胀，膨胀波系下游流体受该碰撞面

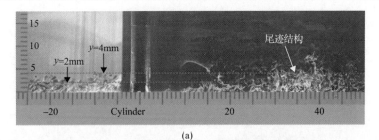

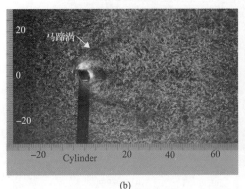
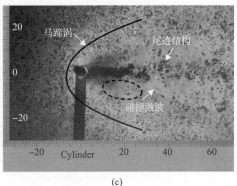

图 6.40　受圆柱影响的边界层湍流结构

(a)z=0mm；　(b)y=2mm；　(c)y=4mm[1]。Cylinder 表示圆柱

压缩形成激波，因此碰撞激波又属于再附激波的一种。在圆柱尾迹与马蹄涡分离区之间存在着一块涡结构相对减少的空白区域(图 6.40(c)中虚线框)，暗示着此处湍流度较马蹄涡分离区处降低。

2. 瞬态速度场与涡量场

在流向中心截面处，圆柱体对激光的反射将在很大范围内影响 PIV 测速的准确性，故并未给出圆柱扰流流向中心截面 PIV 速度场信息，相关内容由数值模拟进行补充。

图 6.41 展示了圆柱扰流流向 z=12mm 截面处 PIV 瞬时合速度值分布，实线方框内为受激光漫反射影响的不可信区域。受圆柱前缘所形成的弓形激波影响，压力梯度导致自由来流速度在此处明显降低。为厘清压力梯度对截面内各个速度分量的影响，图 6.42 给出了圆柱扰流流向截面(z=12mm)PIV 瞬态无量纲速度分量场。如图 6.42 所示，在主流方向，激波所产生的压力梯度体现为逆压力梯度，造成流向速度减小；相反，受圆柱阻碍作用影响，该处压力梯度在法向上体现为顺压力梯度，主流流体被抬升获得法向速度。因为法向速度增幅远小于流向速度降幅，主流合速度值降低。

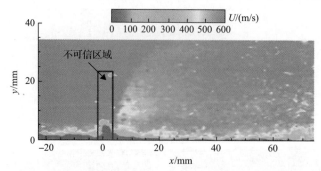

图 6.41　圆柱扰流流向截面(z=12mm)PIV 瞬时合速度值分布[1]

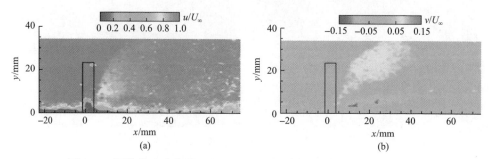

图 6.42　圆柱扰流流向截面(z=12mm)PIV 瞬态无量纲速度各分量分布

(a)x 方向速度分量；(b)y 方向速度分量[1]

图 6.43 所示为圆柱扰流流向 z=12mm 截面 PIV 瞬态涡量场。在边界层内涡量值远高于主流区域，该高涡量值区域在马蹄涡分离区附近获得明显提升，在马蹄涡分离区下游，高涡量区域又逐步降低，直到在远场处再次提升。该现象反映了当地边界层厚度在马蹄涡分离区与远场区域内获得提升，在马蹄涡分离区下游近场区域内降低，是图 6.40(c)中虚线框内涡结构减小的另外一种体现。对比弓形激波上游区域与下游区域发现，弓形激波下游区域内涡量值获得了较大提升，结合图 6.40(a)中涡结构可知这是由尾迹区内大量尾迹涡结构生成所引起的。

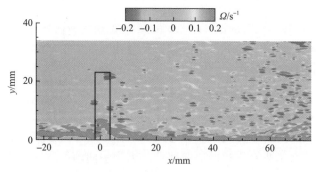

图 6.43　圆柱扰流流向截面(z=12mm)PIV 瞬态涡量场[1]

从图 6.40 可知，y=2mm 截面与 y=4mm 截面上的波形结构以及作用机理基本相似，下面将以 y=4mm 截面上的 PIV 信息量为代表对圆柱影响与内边界层展向流动特征进行阐述。图 6.44、图 6.45 给出了圆柱扰流展向截面 PIV 瞬时合速度值及各分量速度分布场与速度分量场。

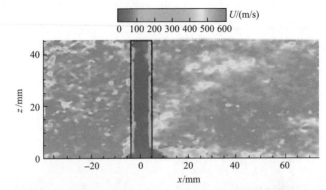

图 6.44　圆柱扰流展向截面(y=4mm)PIV 瞬时合速度值分布[1]

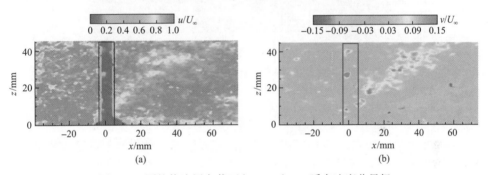

(a)　　　　　　　　　　　　　　(b)

图 6.45　圆柱扰流展向截面(y=4mm)PIV 瞬态速度分量场
(a)x 方向速度分量；(b)y 方向速度分量[1]

与流向截面类似，受弓形激波和分离激波所引起的逆压力梯度的影响，流向速度在马蹄涡分离区附近大幅度减弱，如图 6.45(a)所示。在展向上，当地流体受圆柱的压缩作用而获得展向加速。相比于流向速度的减弱，展向速度增幅较为微小，因此合速度值呈减小状态，如图 6.44 所示。观察流体在尾迹区域的速度信息，发现在该区域内流向速度再次降低，展向速度呈现出沿 z 轴反向。参考图 6.40 可知，碰撞激波的存在导致了此区域内流向速度减小。此处，流体脱离圆柱压缩作用后绕行至圆柱下游，绕行过程中，展向速度逐步减小并反向加速，形成了图 6.45(b)所示的负展向速度区，而边界层流体流经圆柱区域后，流体空间突然膨胀所带来的展向逆压力梯度成为此次绕行的主要驱动力。

综上，在马蹄涡分离区内，流向速度减小，展向与法向速度提升，最终表现为合速度值的降低，此处马赫数降低。在碰撞激波主导区内，流向速度减小，法向和展向速度反向增加，体现为合速度值减小，表示相应马赫数降低。

图 6.46 是圆柱扰流 $y=4mm$ 截面处 PIV 瞬态涡量场，图中区域 1 为马蹄涡分离区，前面已经指出此处涡结构增多且细小化，涡量得到提升。区域 2 为流体越过马蹄涡之后的再附区，此区域对应于图 6.40(c) 中的虚线框内部分，该区域内涡结构明显减少，涡量降低。区域 3 为碰撞激波主导区，激波导致此处压力梯度发生变化，边界层内不同位置流体对压力梯度感受性的差异致使高、低动量流体之间形成剪切作用，最终诱导产生较区域 2 内更多的涡结构，涡量提升。区域 4 为尾迹区，大量的尾迹涡生成造成了此处涡量的大幅提升。

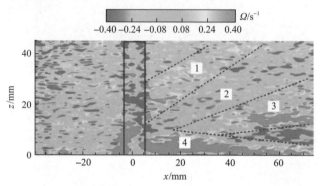

图 6.46　圆柱扰流展向截面 $(y=4mm)$ PIV 瞬态涡量场[1]

6.2.3　圆柱附近边界层内部结构与流动

前面已涉及一些瞬态流场结构，如湍流边界层内的马蹄涡、尾迹涡结构、弓形激波和碰撞激波。但受限于流场观测范围，圆柱顶部及其以上位置处波系结构以及流动特征并未进行有效观测。

1. 流动特性与波系结构的实验观测

图 6.47 所示为圆柱扰流不同展向截面的 NPLS 平均图（300 幅左右平均），图中灰度值反映当地密度变化。平均图中可以清晰地观测到马蹄涡分离区以及尾迹涡主导区。在圆柱下游，尾迹区内一系列碰撞波可被观测到，在 $y=2mm$ 截面上，该波系强度明显减弱，对比图 6.47(a) 与 (b)，$y=2mm$ 截面中碰撞波系所占区域面积几乎等于其在 $y=4mm$ 截面中的面积，表示碰撞波系在圆柱顶端以下区域内可能具有二维特性。

图 6.48 展示了图 6.47 所对应的 NPLS 均方根图，相似的波系结构在均方根图中也可被观测到。图中灰度值脉动可用来反映流场中的密度脉动，尾迹区、马蹄涡分离区以及碰撞激波主导区内由于有大量的涡结构生成（图 6.46 与图 6.40）而处于速度脉动值较高的区域，展现在灰度图中为亮度较大区域，反映了来流边界层

在上述区域内会获得湍流度的提升。

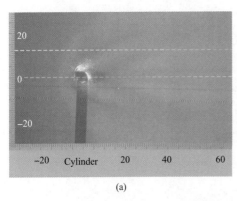 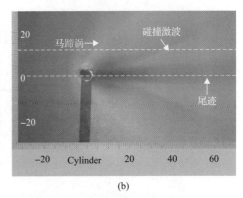

图 6.47　圆柱扰流不同展向截面的 NPLS 平均图

(a)y=2mm；(b)y=4mm[1]

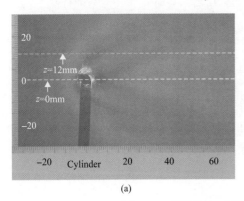 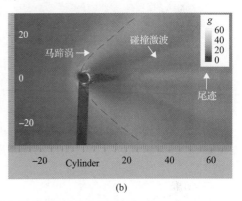

图 6.48　圆柱扰流不同展向截面 NPLS 均方根图

(a)y=2mm；(b)y=4mm[1]；g 为 NPLS 图像的均方根统计值的绝对值

　　为补充壁面附近边界层内详细流动信息，通过油流实验获得受圆柱影响下壁面附近摩擦力迹线图，展示于图 6.49 中。在圆柱上游区域，根据摩擦力迹线的汇聚与发散可以清晰地分辨出弓形激波与分离激波，这与射流喷孔上游所观察到的现象一致，其形成机理可参考 6.1.3 节。在柱形扰流器下游，被圆柱分割流体绕行后碰撞产生碰撞激波，其绕行过程中伴随着膨胀过程(如图中箭头标识的"横向膨胀"区域)，后膨胀过程终止于碰撞激波面。与受射流影响的边界层不同的是，在下游区域内，碰撞激波并未在尾迹区内形成 V 形分离区，即在此处并未观察到摩擦力迹线逆流转向现象，因此碰撞激波在其激波面附近仅体现为波前与波后流体的速度差，所形成的滑移线如图中圆柱下游 V 形实线标识处的流场特征所示。在圆柱下游远场区域，碰撞激波与弓形激波逐步耗散并相互作用，形成了两道相互平行的速度滑移线，如 V 形区下游两道平行实线所标识的流场特性所示。

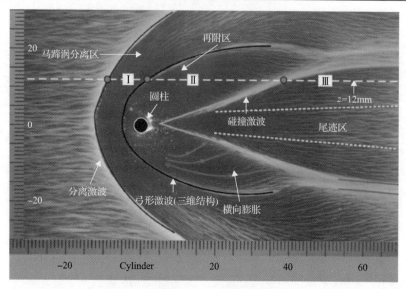

图 6.49　受圆柱影响下壁面油流迹线图[1]

　　结合图 6.40(b) 和 (c) 中的展向涡结构与图 6.49 中的流动信息，可将圆柱形涡流发生器影响下的流动过程分为三部分，如图 6.49 所示。区域Ⅰ主要由马蹄涡分离区构成，由弓形激波与分离激波所主导。区域Ⅱ与射流情况相似，摩擦力迹线出现分离，由马蹄涡分离区后的再附区和膨胀区主导。区域Ⅲ由碰撞激波与弓形激波波系主导。在圆柱下游尾迹区内，摩擦力迹线交错，相互作用明显，表示湍流度提升。

2. 流动特性与波系结构的数值模拟

　　图 6.50 为基于 RANS 的圆柱影响下气流的流向中心截面马赫数与密度云图，密度云图中实线所示为 $u/U_\infty = 0$ 曲线，该曲线可用来标示流场中回流区分界面。在密度云图中可以明显观测到两个回流区，分别为上游回流区与下游回流区。形成机理上，弓形激波与圆柱上游湍流边界层相互作用，三维马蹄涡分离区形成于弓形激波上游，边界层厚度的提升压缩上游流体在马蹄涡分离区前端诱导产生分离激波，马蹄涡内流体在两个激波面间不断回流形成上游回流区；下游回流区则位于圆柱后缘壁面附近，受制于圆柱体阻碍作用，上游流体无法直接流动到圆柱体后缘，圆柱体后缘流体只能由上游流体绕行或下游流体受圆柱体后缘类真空区域与下游流体之间压差导致的回流所补充，下游流体的回流形成了圆柱下游回流区，回流区内流线特征见图 6.50(a)。

　　相比于图 6.40(a)，图 6.50 给出了圆柱顶部及以上区域内的激波特征，三维弓形激波在圆柱底部以上、顶部以下区域内始终平行于柱面，表现出二维特性，

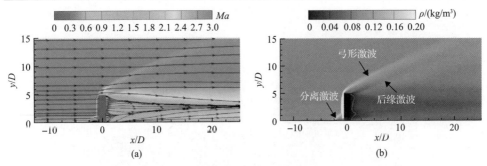

图 6.50　圆柱影响下的气流流向中心截面马赫数与密度云图

(a) 马赫数云图；(b) 密度云图[1]

到达圆柱顶部以上区域后，弓形激波表现出强烈的三维特性，从圆柱顶部延伸至下游流体。在圆柱下游，一道激波产生于圆柱后缘并平行于弓形激波面，这是因为流体流经圆柱顶部后流场空间突然增大，流体在此处急速膨胀，膨胀流体在圆柱壁面附近受压缩作用而产生再附激波。由于此激波位于圆柱后缘，在此处命名为"后缘激波"，由图 6.50(b)可知后缘激波朝远离壁面方向耗散，未对湍流边界层形成干扰。

观察图 6.50(a)上流线信息可知，在圆柱下游区域内，越过圆柱顶部的高速流体因流道突然扩张而向壁面运动，边界层内低动量流体被抬升而向远离壁面方向移动，高低动量流体在圆柱中部高度汇集，这一速度差效应进一步和圆柱后缘两侧流体的碰撞作用相叠加，导致圆柱尾迹区内形成复杂的尾迹涡结构，如图 6.40 所示。

图 6.51(a)给出了马赫数为 1.0 的中心截面流场信息(用当地与壁面的无量纲距离标示)，叠加 $y/D=1$ 截面上的三维流线(用当地马赫数标示)。图 6.51(b)变更马赫数截面与流线的标示方法，用压力参数替代壁面无量纲距离标示等马赫数截面，用当地与壁面距离标示流线。由图 6.51 可知，在柱形扰流器上游马蹄涡分离区内，受弓形激波与分离激波作用，当地流体马赫数明显降低，图中 $Ma=1.0$ 截面高度在此处明显提升。在圆柱下游受碰撞激波影响，流体马赫数降低，反映在图 6.51 中为等马赫数截面在碰撞激波附近得到提升。

在圆柱扰动区域内，边界层流体被柱体分割为两部分，距柱体较近的流体越过马蹄涡分离区后有一个向下的再附过程，之后在圆柱进行膨胀(流线变得稀疏)并绕行至圆柱后缘碰撞产生碰撞激波。较远侧的那一部分流体，经过再附后恢复流动方向并在下游远场受碰撞激波作用。在此过程中，受扰动边界层流体在马蹄涡分离区附近马赫数减小，在马蹄涡下游再附区域和膨胀区域中马赫数获得提升，最后遭遇碰撞激波马赫数再次减小。

图 6.52 给出了流向中心截面上圆柱后缘分离区马赫数与流线信息云图。由图

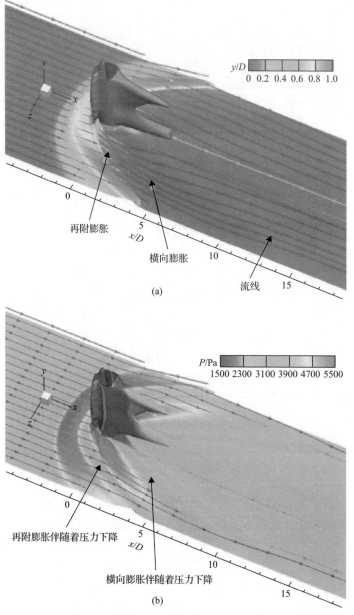

图 6.51　圆柱影响下的流场三维流线云图

(a)壁面无量纲距离标示等马赫数截面；(b)压力参数标示等马赫数截面[1]

中流线信息可知，圆柱后缘回流区可分为三部分，其中顶部回流区是由高速流体越过圆柱顶部并向下运动形成的回流区，中部回流区由中部流体主导，底部回流区由边界层内流体被抬升后回流诱导产生。顶部与中部回流区形成过程中伴随有强烈的法向分速度，因而较中部回流区呈现出波峰形态。

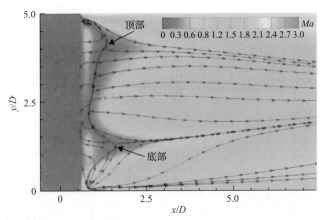

图 6.52　流向中心截面圆柱后缘分离区马赫数和流线信息云图[1]

为明晰边界层内部分离区和波系三维特征，图 6.53 展示了不同展向截面的马赫数、密度和流线特征，分离区边界通过 $u/U_\infty = 0$ 界定。随着观测切面从壁面附近（$y/D = 0.08$）提升到远离壁面（$y/D = 2$），圆柱前回流区的尺度大幅度减小，直至消失，这是因为马蹄涡分离区产生于弓形激波所引起的边界层分离，它将仅存在于边界层内部区域，并具有强烈的三维特性。不同于柱前分离区，圆柱后缘分离区随观测面的提升而呈现出先减小后增加的趋势。

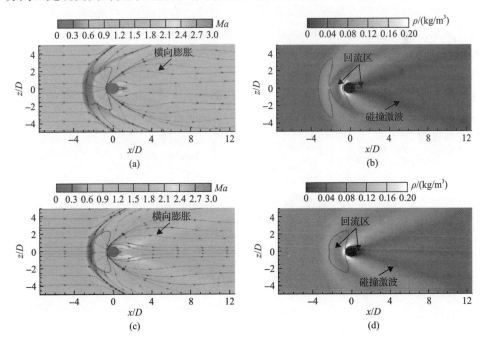

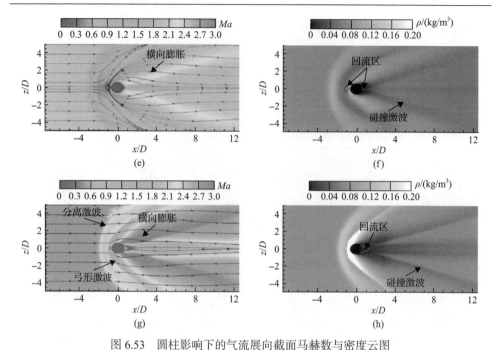

图 6.53　圆柱影响下的气流展向截面马赫数与密度云图

(a) y/D=0.08，马赫数云图；(b) y/D=0.08，密度云图；(c) y/D=0.2，马赫数云图；(d) y/D=0.2，密度云图；(e) y/D=0.5，马赫数云图；(f) y/D=0.5，密度云图；(g) y/D=2，马赫数云图；(h) y/D=2，密度云图[1]

　　图 6.53 所示不同截面的马赫数与密度云图中，碰撞激波展现出较强的二维特性，即激波主要位置几乎不随切面位置发生改变，但激波强度却随着观测平面的提升逐步加强。而图 6.54 展示了圆柱顶部及以上区域截面密度云图信息，图中分离激波消失，弓形激波与碰撞激波逐渐减弱并向下游区域发展，不同于圆柱顶部以下截面而呈现出三维特性。通过马赫数云图上所叠加的流线信息，可得到与图 6.51 一致的结论：边界层内流体流经弓形激波、分离激波和碰撞激波各自主导区时马赫数显著降低；在马蹄涡分离区下游再附区与膨胀区内，边界层流体马赫数获得提升。

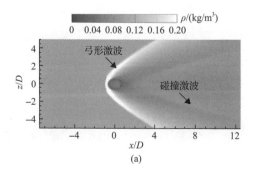

(a)

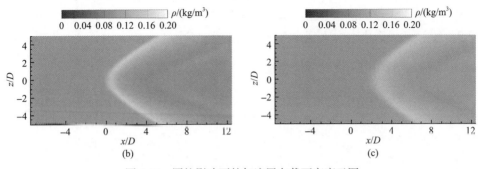

图 6.54　圆柱影响下的气流展向截面密度云图

(a) y/D=10，(b) y/D=12.5，(c) y/D=15[1]

图 6.55 给出了圆柱影响下的主要波系结构和流动特征示意图。在圆柱上游，来流边界层受柱体阻碍作用产生弓形激波，致使边界层内部压力梯度改变，进而诱发边界层分离，涡结构细小化并出现马蹄涡分离区，分离区压缩边界层在分离区前形成分离激波，最终在边界层分离区前端产生分离激波，构成 λ 波系。同时，边界层内流体被柱体分割为两部分，绕行至圆柱背风区产生碰撞激波，绕行过程中，超声速来流边界层流体依次经历再附膨胀与横向膨胀并受再附过程所产生的再附波系(图 6.53 (b))影响。最终，边界层流体遭遇碰撞激波后进入恢复区。

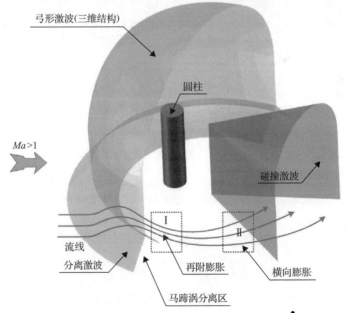

图 6.55　圆柱影响下的波系结构与流动特征示意图[1]

综上，圆柱附近边界层流动特性与波系结构可以归纳为激波结构上，分离激波仅存在于边界层内部，弓形激波与碰撞激波在圆柱顶部以下区域内呈现出二维特性，在顶部以上主流内表现出三维特征并逐步耗散。

6.2.4　圆柱影响与内边界层湍流特性

图 6.56 所示为 $z=12mm$ 处流向 NPLS 瞬态流场，图中可以清晰地辨别出湍流边界层所流经的 λ 波系。类似于射流对湍流边界层的干扰，在上游区域内，由于距离壁面不同位置处边界层所受弓形激波逆压力梯度影响的感受性不同，距离壁面较近位置处的低速流体向上运动，较远处的高速流体向壁面运动，剪切作用致使边界层内涡结构破碎成较小涡团；在下游区域，边界层厚度呈现出先减小后增大的趋势，减小是因为边界层脱离了马蹄涡分离区内边界层提升影响后的恢复作用，增大则是由马蹄涡分离区后流体的再附过程与图 6.51 中观察到的膨胀过程引起的，涡结构逐步恢复为较大涡团。此过程中边界层厚度的降低为图 6.40 中圆柱尾迹涡结构的减少提供了验证。

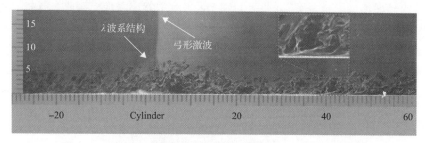

图 6.56　圆柱影响下的流向截面($z=12mm$)的 NPLS 瞬态图[1]

图 6.57 为 RANS 所获得的圆柱影响下的流向截面($z=12mm$)马赫数和密度云图。从马赫数云图上所覆盖的流线可以分辨出，湍流边界层在越过马蹄涡分离区后有一个明显的再附过程。在密度云图中，弓形激波、分离激波、后缘激波、再附激波以及碰撞激波均可被观察到，各激波位置对应到马赫数云图上表现为当地马赫数降低。

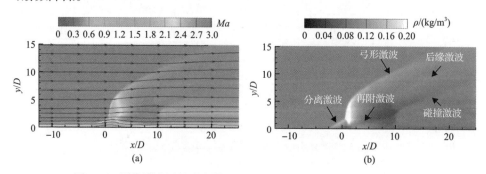

图 6.57　圆柱影响下的流向截面($z=12mm$)RANS 马赫数与密度云图
(a)马赫数云图；(b)密度云图[1]

图 6.58 所示为圆柱影响下的流向截面(z=12mm)PIV 无量纲时均速度分量云图(来自 600 个向量场平均)。在弓形激波与再附激波处,流向速度减速明显。法向速度在弓形激波处获得提升,在再附激波处减小。在圆柱下游近场区域内,法向速度因再附过程而反向,形成低速区。此处与之前对应瞬态速度场以及 RANS 模拟中的阐述一致,不同之处在于 PIV 流场内未观测到圆柱后缘激波所带来的减速过程。

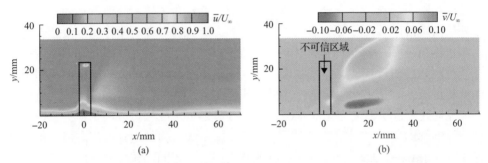

图 6.58 圆柱影响下的流向截面(z=12mm)PIV 无量纲时均速度分量云图
(a) $\bar{u}/U_\infty$; (b) $\bar{v}/U_\infty$ [1]

受各类激波以及膨胀过程影响,边界层内各流向速度型将发生改变。图 6.59 所示为圆柱影响下的法向 PIV 无量纲时均流向速度型,提取自图 6.60(a)中流向速度分量场。在圆柱上游区域,受壁面强反光影响,底部 1mm 区域内速度值无效,此部分未展示在图 6.59 中,圆柱下游区域壁面经特殊处理,有效数据范围可达距壁面 0.5mm 左右。

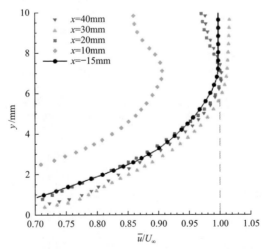

图 6.59 圆柱影响下的法向 PIV 无量纲时均流向速度型[1]

在 $x = -15$mm 处,边界层尚未受圆柱扰动,速度型与 Touber[13]所使用的理论预估剖面中充分发展后的平板边界层基本一致，为直观对比，此处型线通过曲线给出。在 $x=10$mm 处，受弓形激波与分离激波所带来的逆压力梯度的影响，流向速度大幅度减小。在 $y=7$mm 以上区域，边界层内流向速度降幅随与壁面距离的增高而逐步加大，这是因为此处边界层被抬升至主流高度，原高度内流向速度大幅下降。在 $y=7$mm 以下区域，流向速度降幅则随着与壁面距离的增加呈减小趋势，在 $y=7$mm 处，无量纲流向速度降幅为 0.095，而在 $y=2.5$mm 处，无量纲流向速度降幅则高达 0.155，充分地说明了边界层内低动量流体对激波扰动的感知性强于外层高速流体。在 $x=20$mm 处，受马蹄涡分离区后流体再附作用以及膨胀过程影响，$y=7$mm 以下区域内流体流向速度提升并逐步恢复至受扰动前水平，值得注意的是距离壁面较近处流体恢复幅度仍大于距离壁面较远处流体，证明了边界层内低动量流体对膨胀过程的感知性强于外层高速流体。在 $y=7$mm 以上区域内，流体流向速度尚未恢复至主流水平。在 $x=30$mm 处，膨胀过程尚未消失，边界层内流体继续加速，速度型却基本平行于扰动前型线，但其内外层流向速度均超过未受扰动前水平。比较 $y=7$mm 以下流体内与壁面不同距离处的速度增量，再次证明了边界层内低动量流体对膨胀过程的感知性强于外层高速流体。在 $x=40$mm 处，受碰撞激波影响，边界层内流体流向速度再次降低，在 $y=7$mm 以上区域内流体流向速度降幅较大，而在其以下区域流体流向速度变化不大。

图 6.60 所示为圆柱影响下的流向截面($z=12$mm) 在 y 为 2mm 和 4mm 处 PIV 无量纲时均速度分量曲线图。受圆柱壁面反光影响，$x=-4\sim4$mm 内流体速度置信度较低，虽然在图 6.60～图 6.62 中给出了这一区域的数据，但这里不做具体讨论。

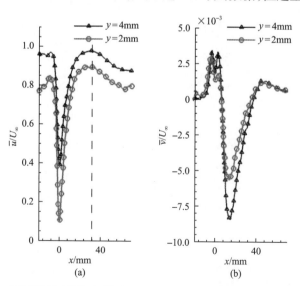

图 6.60　圆柱影响下的流向截面($z=12$mm) PIV 无量纲时均速度分量曲线图

(a) $\bar{u}/U_\infty$；(b) $\bar{v}/U_\infty$ [1]

图 6.60(a)中流向速度受 λ 波系压缩作用影响,流向速度在 $x=-10\sim-4$mm 范围内大幅度降低,后受再附膨胀与横向膨胀过程影响,流向速度在 $x=-4\sim32$mm 范围内逐步恢复甚至超过未受扰动前水平。在 $x=38$mm 处,流向速度受碰撞激波所带来的逆压力梯度影响逐步减小。最终,脱离碰撞激波影响后的边界层流体流向速度在远场区域逐步恢复。

图 6.60(b)中,边界层流体被马蹄涡分离区抬升并在 $x=-10\sim-4$mm 区域内获得法向速度,越过马蹄涡分离区的边界层流体因流道突然扩张而急速膨胀并再附,由于该膨胀过程为法向反向,对边界层内流体作用先体现为逆压力梯度,在边界层内流体法向速度反向后,其作用又表现为顺压力梯度,流体获得法向反向加速并逐步完成再附。在 $x=16$mm 附近,流体再附过程完成,再附过程所产生的再附激波作用于边界层流体,在法向逆压力梯度的作用下,原本趋向于壁面的法向流动速度值逐渐减小,甚至反向并远离壁面,并最终在远场逐步恢复为 0。在此处值得注意的是,法向速度曲线斜率并未因流体遭遇碰撞激波而发生明显改变,表明碰撞激波在该平面内仅作用于流向速度,再次证明碰撞激波在圆柱顶部以下区域内具有强烈的二维特性。

结合图 6.49 并基于法向速度曲线再次观察圆柱下游流向速度曲线,在 $x=-4\sim16$mm 范围内,流体主要受再附膨胀与横向膨胀过程影响,流向速度大幅回升,在 $x=16\sim38$mm 内,边界层流体受膨胀过程与再附波系影响,在 $x=32$mm 之前位置,膨胀作用所带来的流向加速效应大于再附波系所带来的减速效应,流向速度继续获得加速,但加速度逐步减小(速度型线斜率减小),到达 $x=32$mm 处时,再附波系所带来的流向减速效果强于膨胀加速效果,流向速度逐步减速,并在 $x=38$mm 处叠加碰撞激波作用,减速效果进一步增强(速度型线斜率值反向增大)。

图 6.61 给出了 6.1.4 节阐述过程中提到的无量纲体积膨胀系数 $((\nabla\cdot U)\cdot\delta/U_\infty)$,体积膨胀系数正负值分别对应于该处流体的二维膨胀与压缩过程。在 $x=-10\sim-4$mm 处,来流边界层先经历了一个压缩过程,引起了流向速度 $\bar{u}/U_\infty$ 的减小,这是边界层与 λ 波系相遇所导致的。在 $x=-4\sim16$mm 时,流体依次经历再附膨胀与横向膨胀过程,两个膨胀过程对 $\bar{u}/U_\infty$ 产生加速效应,而再附过程产生了法向逆压力梯度,最终将导致法向速度 $\bar{v}/U_\infty\geqslant0$ 的减小并反向加速,如图 6.60(b)所示。在 $x=16\sim32$mm 时,膨胀过程的膨胀效应相较于再附激波的压缩效应起主导作用,$\bar{u}/U_\infty$ 继续增大。在 $x=32$mm 之后区域,再附激波以及碰撞激波的压缩效应导致流体流向速度 $\bar{u}/U_\infty$ 减小。

图 6.62 所示为圆柱影响下的流向截面($z=12$mm)在 y 为 2mm 和 4mm 处 PIV 无量纲雷诺应力($-\overline{u'v'}/U_\infty^2$)曲线图。其无量纲雷诺应力曲线的变化过程基本上对应于当地无量纲膨胀系数曲线,即膨胀系数体现为膨胀效应时,雷诺应力减小,湍流度减弱;膨胀系数表现为压缩效应时,雷诺应力增大,湍流度增强。

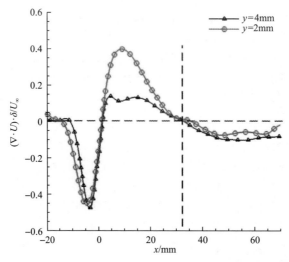

图 6.61　圆柱影响下的流向截面($z=12\mathrm{mm}$)PIV 无量纲膨胀系数曲线图[1]

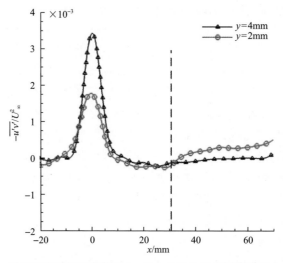

图 6.62　圆柱影响下的流向截面($z=12\mathrm{mm}$)PIV 无量纲雷诺应力曲线图[1]

　　图 6.58、图 6.60 针对圆柱截面内流向速度($\bar{u}/U_\infty$)与法向速度($\bar{v}/U_\infty$)给出了详细的解释，图 6.63 将对展向平面上的流向速度($\bar{u}/U_\infty$)和展向速度($\bar{w}/U_\infty$)展开阐述，并通过该截面上的无量纲速度脉动以及雷诺应力对当地湍流度进行研究。

　　图 6.63 所示为圆柱影响下的展向 y 为 2mm 和 4mm 截面 PIV 无量纲时均速度分量云图（620 个瞬态向量场的平均结果）。受圆柱遮挡激光影响，$x=-5\sim6\mathrm{mm}$ 内为不可信区域。在流向速度云图中，由 λ 波系和碰撞激波带来的减速较为明显，圆柱尾迹区内流向速度明显低于未受扰动区域。展向速度云图中，两处明显的高

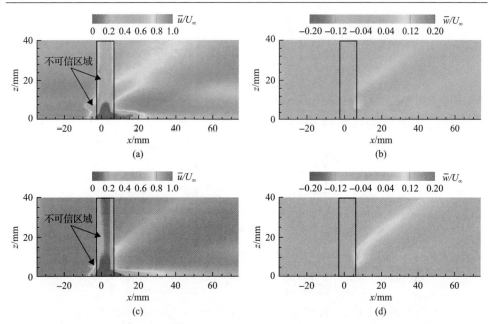

图 6.63　圆柱影响下的展向 $y=2$mm 和 4mm 截面 PIV 无量纲时均速度分量云图

(a)$y=2$mm,　$\bar{u}/U_\infty$；　(b)$y=2$mm,　$\bar{w}/U_\infty$；　(c)$y=4$mm,　$\bar{u}/U_\infty$；　(d)$y=4$mm,　$\bar{w}/U_\infty$ [1]

低速度区域分别位于马蹄涡分离区与膨胀区域,其他区域内展向速度变化不明显。

　　提取图 6.63 上 $z=12$mm 位置处速度分量信息,绘制于图 6.64 中。在 $z=12$mm 处,非同步获取的流向截面与展向截面流场信息具有统计特性,无时间相关性。图 6.64(a)中具有统计特性的无量纲时均流向速度与图 6.60(a)中相应曲线具有极高一致性,该速度曲线走势不再重复阐述。图 6.64(b)给出了 $z=12$mm 位置处展向速度分量曲线图,未受扰动前,流体中几乎无展向速度 $\bar{w}/U_\infty$ 产生。当边界层流体遭遇圆柱时,受圆柱阻碍作用影响,边界层内流体被分割为两部分,获得展向速度并向圆柱两侧流动。运动流体在圆柱下游受圆柱后回流区与流体间压力梯度影响,展向速度逐步减小并获得反向加速,拥有反向展向速度。在 $x=38$mm 处,湍流边界层遭遇碰撞激波叠加逐步脱离绕行的恢复作用,反向展向速度快速减小。

　　图 6.64 所对应的无量纲膨胀系数($(\nabla \cdot U) \cdot \delta / U_\infty$)如图 6.65 所示,无量纲膨胀系数的两次峰值分别对应于马蹄涡分离区以及其后的快速再附膨胀过程,流体流经快速再附区以后,主要受膨胀过程作用,抵消掉再附激波压缩效应后,膨胀系数减小,在 $x=36\sim38$mm 范围内,再附激波所产生的压缩效应成为主要作用,由于此截面上二维膨胀系数未计入再附激波对流向速度所带来的压缩影响,且流向截面上该系数(图 6.61)又未曾计入膨胀过程对展向速度的膨胀效应,故该系数在 $x=36$mm 处才减小至 0,较流向截面该系数归零延后。湍流边界层在 $x=38$mm 处遭遇碰撞激波,流体继续受压缩作用。

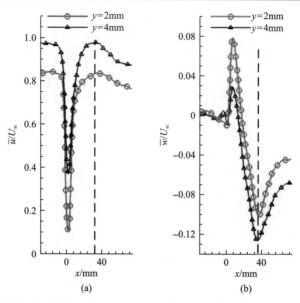

图 6.64　圆柱影响下的展向截面 z=12mm 位置处 PIV 无量纲时均速度分量曲线图

(a) $\bar{u}/U_\infty$；(b) $\bar{w}/U_\infty$ [1]

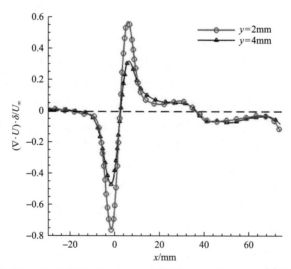

图 6.65　圆柱影响下的展向截面 z=12mm 位置处 PIV 时均无量纲膨胀系数曲线图[1]

在图 6.66(a)中，流向速度脉动在 x= −35～−10mm 范围内始终维持在特定值附近，并进行较小振荡。遭遇 λ 波系后，$u_{RMS}/\bar{u}_\infty$ 瞬间得到大幅提升。越过马蹄涡分离区后，边界层流体受再附膨胀和横向膨胀过程的影响，$u_{RMS}/\bar{u}_\infty$ 下降到较当地截面自由来流边界层处更低的水平，表示此处湍流度可能已低于自由来流水平，为此处边界层厚度低于自由来流边界层厚度提供数据支撑。在 x=38mm 附近，碰撞激波再次增强了当地湍流强度，流向速度脉动再次提升。图中流向速度脉动的增减基本与图 6.65 中膨胀系数的膨胀与压缩效应保持一致，仅在特定激波位置处略有延迟。

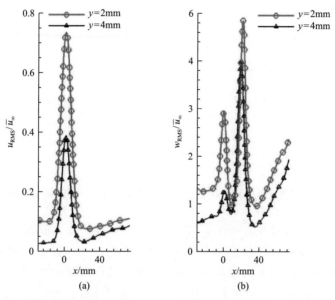

图 6.66　圆柱影响下的展向截面 z=12mm 位置处 PIV 时均速度脉动曲线图

(a) $u_{\mathrm{RMS}}/\overline{u}_{\infty}$；(b) $w_{\mathrm{RMS}}/\overline{u}_{\infty}$ [1]

图 6.66(b) 给出了圆柱影响下的展向截面 z=12mm 位置处 PIV 时均展向速度脉动（$w_{\mathrm{RMS}}/\overline{u}_{\infty}$）曲线。图中出现两个展向速度脉动峰值，第一个峰值是因为射流阻碍作用带来的压缩过程，第二个波峰峰顶刚好对应于展向速度 $\overline{w}/U_{\infty}$ 为零时（图 6.64），因为展向速度值在零值附近时，流体所受展向压缩效应开始转变为膨胀效应。波峰位于马蹄涡分离区与圆柱尾迹之间的膨胀过程中，随着展向速度值的增大，相对速度脉动很快降至较自由来流更低水平。此后受碰撞激波压缩作用影响，展向速度脉动大幅提升。

图 6.64 对应位置处无量纲雷诺应力 $-\overline{u'w'}/U_{\infty}^{2}$ 可由湍流速度分量 $u'=(u-\overline{u})/U_{\infty}$ 和 $w'=(w-\overline{w})/U_{\infty}$ 计算得出，结果如图 6.67 所示。雷诺应力曲线变化趋势基本对应于流向速度脉动曲线，表示当地边界层内湍流度也获得了相应的增强与减弱。在图 6.62、图 6.66 与图 6.67 中，对比相同展向位置处不同截面上的速度脉动与雷诺应力变化可以发现，距离壁面较近截面（y=2mm）上的展向与流向速度脉动幅度和雷诺应力均强于较远截面（y=4mm），说明距离壁面较近截面对射流影响的感受性更强。

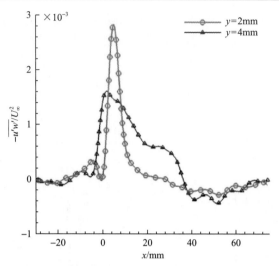

图 6.67 圆柱影响下的展向截面 $z=12$mm 位置处时均雷诺应力曲线图[1]

综上，圆柱湍流边界层流体依次经历了分离激波、弓形激波、再附膨胀、横向膨胀、再附激波和碰撞激波作用。上述所有结构以及过程带来的压缩与膨胀效应均作用于流体在流向上的分量。而作用于流体法向分量的效应有：弓形激波所带来压力梯度对边界层流体的抬升作用、流体越过马蹄涡分离区后的再附过程和再附膨胀后再附激波所带来的压缩效应。作用于流体展向分量的效应有：圆柱阻碍作用所带来的压缩效应、膨胀过程带来的膨胀效应以及碰撞激波的压缩效应。

刘源[1]基于 NPLS、PIV、油流法和 RANS 方法详细地研究了圆柱扰流器对超声速湍流边界层的影响。在圆柱附近存在两个回流区，一个位于马蹄涡分离区内的上游回流区，另一个是位于圆柱尾迹区内的后缘回流区。激波结构上，分离激波存在于边界层内部，弓形激波与碰撞激波在圆柱顶部以下区域内呈现出二维特性，在顶部以上主流内表现出三维特征并逐步耗散，圆柱顶部后缘存在一道后缘激波，该激波向远离壁面方向耗散，未对边界层流体产生扰动。

在圆柱上游流场，圆柱阻碍作用诱导弓形激波形成于圆柱前缘，逆压力梯度的存在抬升了当地边界层流体并在分离区前端产生一道分离激波，分离激波与弓形激波组成 λ 波系，并在弓形激波与分离激波间形成马蹄涡分离区，分离区内涡结构细小化，当地湍流度提升，以上过程与射流扰动边界层作用机理一致。边界层内流体越过马蹄涡分离区后先进行再附膨胀，后经过横向膨胀过程绕行至圆柱后缘，此过程中流体涡结构恢复为正常尺度，边界层厚度降低后逐步恢复，流体湍流度获得提升。绕行流体在射流后缘碰撞后产生碰撞激波，受此波系影响，当地流体湍流度再次提升。

6.3 本章小结

本章围绕可能存在于超声速飞行器表面以及燃烧室内的各类受扰动边界层的结构、作用机理和边界层内的混合特性,采用数值模拟、理论分析与多手段实验观测相结合的方法进行了系统性论述。先通讨 NPLS 实验流场观测初步寻找并发现值得深入研究的科学问题,再结合 PIV 和 RANS 等手段综合获得了各类边界层受扰动的物理机制,明晰受扰动边界层中的燃料混合与分布特性。

(1)受横向射流影响的湍流边界层中,射流在喷孔上游的阻碍作用致使弓形激波产生于边界层中,并在分离区前端产生一道分离激波,分离激波与弓形激波组成了 λ 波系,在二者之间形成马蹄涡分离区,分离区内涡结构变得细小化,射流下游内碰撞激波的产生和大量尾迹涡结构的生成导致了当地湍流度提升。射流边界层流体越过马蹄涡分离区后先进行再附膨胀,后经过横向膨胀过程绕行至射流后缘,边界层厚度降低后逐步恢复,流体湍流度也有所下降。

(2)受圆柱突起影响的湍流边界层中,在圆柱附近存在两个回流区:一个是位于马蹄涡分离区内的上游回流区,另一个是位于圆柱尾迹区的后缘回流区。分离激波作用于边界层内部,弓形激波与碰撞激波在圆柱顶部以下区域内呈现出二维特性,在顶部以上主流内表现出三维特征并逐步耗散,在圆柱尾迹区内形成复杂的尾迹涡结构。而后流体越过马蹄涡分离区后有一个向下的再附过程,之后在圆柱进行膨胀,出现再层流化现象,流体湍流度逐渐降低。

(3)湍流边界层在受横向射流影响与受圆柱突起影响的扰动过程在上游有一定的差异:在射流扰动下,来流与射流撞击产生弓形激波,引起湍流边界层分离并诱导产生马蹄涡,致使射流后方产生碰撞激波与尾迹涡;在圆柱突起扰动下,主流一部分绕行至圆柱后碰撞产生流向尾迹涡结构,另一部分受压力梯度与边界层双重作用产生垂直尾迹涡结构。但两种受扰动的边界层在下游具有相似之处:各类激波结构带来了边界层内湍流度的提升,后续的再附膨胀和横向膨胀过程会引起边界层内湍流度降低,边界层厚度经历了先降低后恢复的过程,并出现再层流化现象。

参 考 文 献

[1] 刘源. 受扰动的超声速湍流边界层结构与作用机理研究[D]. 长沙: 国防科技大学, 2020.

[2] Sun M B, Liu Y, Hu Z W. Turbulence decay in a supersonic boundary layer subjected to a transverse sonic jet[J]. Journal of Fluid Mechanics, 2019, 867: 216-249.

[3] Liu Y, Sun M B, Liang C H, et al. Flowfield structures of pylon-aided fuel injection into a supersonic crossflow[J]. Acta Astronautica, 2019, 162: 306-313.

[4] Liu Y, Sun M B, Liang C H, et al. Structures of near-wall wakes subjected to a sonic jet in a supersonic crossflow[J].

　　　　Acta Astronautica, 2018, 151: 886-892.

[5] Liu Y, Sun M B, Yang Y X, et al. Turbulent boundary layer subjected to a sonic transverse jet in a supersonic flow[J]. Aerospace Science and Technology, 2019, 104: 106016.

[6] 王前程. 超声速边界层流向曲率效应研究[D]. 长沙: 国防科技大学, 2018.

[7] Fric T F, Roshko A. Vortical structure in the wake of a transverse jet[J]. Journal of Fluid Mechanics, 1994, 279: 1-47.

[8] Gruber M R, Nejad A S, Chen T H, et al. Bow shock/jet interaction in compressible transverse injection flowfields[J]. AIAA Journal, 1996, 34(10): 2191-2193.

[9] Gruber M R, Nejad A S, Chen T H, et al. Compressibility effects in supersonic transverse injection flowfields[J]. Physics of Fluids, 1997, 9(5): 1448-1461.

[10] Squire L C. The motion of a thin oil sheet under the steady boundary layer on a body[J]. Journal of Fluid Mechanics, 1961, 11(2): 161-179.

[11] Liang C H, Sun M B, Liu Y, et al. Shock wave structures in the wake of sonic transverse jet into a supersonic crossflow[J]. Acta Astronautica, 2018, 148: 12-21.

[12] Gruber M R, Carter C D, Montes D R, et al. Experimental studies of pylon-aided fuel injection into a supersonic crossflow[J]. Journal of Propulsion Power, 2012, 24(3): 460-470.

[13] Touber E. Unsteadiness in shock-wave/boundary layer interactions[D]. Southampton: University of Southampton, 2010.